SPECIES TECHNICA

DANS LA MÊME COLLECTION

Pour Demain

Fondateur : A. Robinet Directeur : G. Hottois

BUYDENS M. – *Sahara. l'esthétique de Gilles Deleuze*, 1990, 184 pages

COURTINE-DENAMY S. – *Le souci du monde. Dialogue entre Hannah Arendt et quelques-uns de ses contemporains*, 1999, 232 pages

FISETTE D. et POIRIER P. – *Philosophie de l'esprit. État des lieux*, 2000, 338 pages

HOTTOIS G. – *Essais de philosophie bio-éthiques et bio-politique*, 1999, 192 pages

– *Pour une métaphilosophie du langage*, 1981, 170 pages

HOTTOIS G. (éd.) – *Évaluer la technique. Aspects éthiques de la philosophie de la technique*, 1988, 176 pages

HOTTOIS G. et WEYEMBERGH M. (éd.) – *Richard Rorty, Ambiguïtés et limites du postmodernisme*, 1994, 318 pages

LENAIN T. – *Pour une critique de la raison ludique. Essai sur la problématique nietzschéenne*, 1993, 196 pages

MISSA J.-N. – *L'esprit-cerveau. La philosophie de l'esprit à la lumière des neurosciences*. Préface de C. Debru, 1993, 226 pages

PONTON, L. – *Philosophie et droits de l'homme de Kant à Lévinas*, 1990, 216 pages

ROBINET A. – *Justice et terreur. Leibniz et le principe de raison*, 2001, 192 pages

WEYEMBERGH M. – *Entre politique et technique. Aspects de l'utopisme contemporain*, 1991, 224 pages

VAN SEVENANT A. – *Philosophie de la sollicitude*, 2001, 192 pages

DU MÊME AUTEUR

- *La philosophie du langage de L. Wittgenstein* (préface de J. Bouveresse), Éditions de l'Université de Bruxelles, 1976.
- *L'inflation du langage dans la philosophie contemporaine* (préface de J. Ladrière), Éditions de l'Université de Bruxelles, 1979.
- *Pour une métaphilosophie du langage*, Paris, Vrin, 1981.
- *Pour une éthique dans un univers technicien*, Éditions de l'Université de Bruxelles, 1984.
- *Le signe et la technique (La philosophie à l'épreuve de la technique)* (préface de J. Ellul), Paris, Aubier, 1984.
- *Du "sens commun" à la "société de communication". Études de philosophie du langage*, Paris, Vrin, 1989.
- *Penser la logique. Une introduction technique et théorique à la philosophie de la logique et du langage*, Paris-Bruxelles, Éditions Universitaires-De Boeck, 1989 (2e éd., 2002).
- *Le paradigme bioéthique (Une éthique pour la technoscience)*, Bruxelles-Montréal, De Boeck-Erpi, 1990.
- *G. Simondon et la philosophie de la "culture technique"*, Bruxelles, De Boeck, 1993, 140 pages
- *Entre symboles et technosciences. Un itinéraire philosophique,* Seyssel (Paris), Champ Vallon (PUF), 1996.
- *De la Renaissance à la Postmodernité. Une histoire de la philosophie moderne et contemporaine,* Bruxelles-Paris, De Boeck Université (Belin), 1997; (3e éd., 2001).
- *La philosophie des technosciences,* Presses des Universités de Côte d'Ivoire, Abidjan, 1997.
- *Essais de philosophie bioéthique et biopolitique,* Vrin, 1999.
- *Technoscience et Sagesse ?,* Nantes, Éditions Pleins Feux, 2002.

Coordination d'ouvrages collectifs

- *Enseignement de la morale et philosophie*, Éditions de l'Université de Bruxelles, 1979.
- *Philosophie et langage*, Éditions de l'Université de Bruxelles, 1982.
- *Ethique et technique*, Éditions de l'Université de Bruxelles, 1983.
- *Philosophie, morale et société*, Éditions de l'Université de Bruxelles, 1982.
- *Aspects de l'irrationalisme contemporain*, Éditions de l'Université de Bruxelles, 1984.
- *Science-fiction et fiction spéculative*, Éditions de l'Université de Bruxelles, 1985.
- *Justifications de l'éthique*, Éditions de l'Université de Bruxelles, 1984.
- *Penser l'informatique. Informatiser la pensée*, Éditions de l'Université de Bruxelles, 1987.
- *Bioéthique et libre-examen*, Éditions de l'Université de Bruxelles, 1988.
- *Evaluer la technique*, Paris, Vrin, 1988.
- *L'affect philosophe*, Paris, Vrin, 1990.
- *Aux fondements d'une éthique contemporaine : H. Jonas et H.T. Engelhardt*, Paris, Vrin, 1993.
- *H. Jonas : Nature et Responsabilité*, Paris, Vrin, 1993.
- *R. Rorty. Limites et ambiguïtés du postmodernisme*,Paris, Vrin, 1994.
- *Temps cosmique. Histoire humaine* (avec M. Weyembergh), Paris, Vrin, 1996.
- *Philosophie et Science-Fiction*, Paris, Vrin, 2000.

Direction d'ouvrages encyclopédiques

- *Les Mots de la bioéthique. Un vocabulaire encyclopédique*, Bruxelles-Montréal, De Boeck-ERPI, 1993.
- *Nouvelle Encyclopédie de Bioéthique*, Bruxelles-Paris, De Boeck Université (Belin), 2001.

Pour Demain

SPECIES TECHNICA

suivi d'un

Dialogue philosophique
autour de Species Technica *vingt ans plus tard*

par

Gilbert HOTTOIS

PARIS
LIBRAIRIE PHILOSOPHIQUE J. VRIN
6, Place de la Sorbonne, Ve

2002

Entre modernité et post-modernité, cette collection d'essais a pour vocation première d'encourager des réflexions originales sur l'avenir d'une civilisation caractérisée par l'affrontement entre traditions et technoscience.

Imprimé en France

ISSN 0180-4847

ISBN 2-7116-1565-0

AU LECTEUR

Species Technica, le récit, a été imaginé et écrit au cours des vacances de printemps (Pâques) de 1981. Je publie aujourd'hui ce texte sans aucune modification, car il est devenu pour moi une sorte de témoignage.

Je le dédie aux quelques amis qui lurent et apprécièrent *Species Technica* voici vingt ans.

L'essai de commentaire philosophique dialogué intitulé *Dialogue autour de Species Technica – Vingt ans plus tard* a été rédigé de l'été à l'hiver 2001.

Chapitre Premier

LA LETTRE DE GADOR

N'eût été la disparition de sa femme et de son fils, André Gillian n'aurait peut-être pas entrepris ce voyage. Vieille maintenant de quelques mois, cette disparition l'avait rendu à une disponibilité qui, tour à tour, l'anéantissait ou le lançait en avant. La pluie qui, depuis plusieurs jours tombait sur Bruxelles maintenait la journée dans un crépuscule impuissant que le train de Paris trouait comme un tunnel. Peut-être était-ce un contraste qui avait déclenché son départ, car la lettre, qu'il relisait machinalement une nouvelle fois comme si elle recelait un sens caché, venait d'une des régions les plus ensoleillées d'Espagne.

« Très estimé Collègue,

Nous ne nous connaissons pas ; toutefois, des fils invisibles relient les véritables chercheurs à travers le monde. Quelquefois, ces fils apparaissent à l'occasion d'une lecture. Ainsi est-ce avec énormément d'intérêt que j'ai pris connaissance de votre dernier ouvrage : *Species Technica. Pour une Philosophie du Futur.* Nos pratiques et recherches de laboratoire manquent précisément du miroir spéculatif qu'apporte votre livre. J'aimerais beaucoup vous rencontrer pour discuter avec vous et pour vous montrer certaines de nos recherches et réalisations. Accepteriez-vous de nous faire l'honneur d'une série de conférences à l'Institut que je dirige ? Comme elles tourneraient autour de votre livre, je crois que si vous en acceptez le principe, il serait possible de les organiser au début de l'été.

En attendant, etc. »

La lettre était signée : Professeur D. Alcherson, Président de l'Institut de Recherches Bio-cybernétiques de Gador, Province d'Almeria.

Le ton de la lettre l'avait d'abord intrigué avec son cliquetis de mystère et d'emphase qui sonnait faux. Mais il avait accepté le principe avec indifférence, se disant qu'il serait toujours possible, le moment venu, de renoncer sous un prétexte quelconque.

Le train venait de contourner Paris. La pluie tombait toujours, uniforme, diffuse, universelle. Il se prit à songer à ce qu'auraient été le savoir et le pouvoir humains, si le climat terrestre avait été tel en permanence. Une planète perpétuellement voilée d'une couche nuageuse sans fissure et continuée jusqu'au sol par des bruines, des brumes et des brouillards. Comme si vraiment le monde s'amortissait à la verticale de quelques brasses. Un monde sans ciel, aux formes gommées par une lumière diffuse, venue de nulle part. Sans étoiles pour enseigner les Nombres, sans Soleil initiatique du Centre et de l'Unité, sans couleurs, sans perpective, sans infini... Un monde de formes infantes, de lignes brouillées, de volumes fondus. L'imagination spéculative de Gillian peuplait ce Cosmochaos de créatures fluides et rampantes, des êtres glissants mus par des instincts mêlés et des émotions ambiguës, des êtres gris et amorphes retenus au seuil de la conscience et en deçà de la raison dans des limbes éternelles. Il sourit en pensant qu'il venait sans doute de décrire l'existence de pas mal de ses semblables.

Soudain, il sentit qu'il était arrivé quelque chose de terrifiant. Une clameur silencieuse, exprimant une indicible douleur morale vrillait son cerveau. Il sauta de sa voiture, bondit au-dessus de la barrière, très basse, d'accès à la propriété, se rua à l'intérieur de la maison plongée dans la nuit, notant à peine que la porte d'entrée était restée entr'ouverte. Toujours mu par son seul instinct, il pénétra dans le grand living et pressa le commutateur. La lumière inonda la pièce. Une fraction de seconde, il entrevit la *chose,* n'ayant pas seulement le temps de lui donner un nom. Déjà, un double cri de douleur et de désespoir le tirait de son cauchemar : Monique ! Pierre !

Bien qu'il fût éveillé et tout en sueur, son angoisse changea seulement de forme. Où était-il ? Autour de lui, l'obscurité absolue n'offrait aucun point de repère. Il voulut se redresser et heurta du front une cloison de métal. A sa droite aussi, il rencontra le froid métallique. *Où* était-il ? Dans quel piège d'acier se trouvait-il encapsulé ? Il étouffait physiquement et moralement dans cette boîte, cherchait machinalement le corps familier de sa femme à côté de lui, télescopant le passé et le présent dans le désespoir d'une angoisse plus atroce encore que celle de son cauchemar, parce que plus informe et plus anonyme, sans nulle issue d'un second éveil.

La perception d'un rythme le rendit enfin à son identité et à celle des choses. Il se souvint brusquement qu'il était dans une couchette du train qui l'emportait à toute allure à travers la France nocturne vers l'Espagne. Il tâtonna jusqu'à l'interrupteur et s'assit au bord du lit.

Ce n'était pas la première fois qu'il faisait ce cauchemar. Depuis le drame, il l'avait subi cinq ou six fois, suivant un schéma quasi identique, angoissant et frustrant. Comme si son esprit cherchait ainsi à décharger l'émotion de l'événement. Mais il ne pouvait s'empêcher d'attacher à ce rêve une signification cachée, ou plus exactement *inachevée.* C'était la troisième fois que le cauchemar explosait littéralement au moment même où il voyait *ce* qu'il y avait dans la maison. Mais l'énergie émotionnelle libérée par cette vision était telle qu'elle bloquait toute identification, toute nomination et fixation dans la mémoire consciente, de la chose entrevue, l'arrachant instantanément au sommeil et l'abandonnant pantelant et soulagé tout à la fois. Or, pendant les minutes qui suivaient ces éveils brutaux, il éprouvait la conviction absolue que la clé de l'énigme de la disparition de sa femme et de son fils était là, *avait été là,* devant lui, une trop courte fraction de seconde. Ensuite, cette conviction s'estompait à mesure qu'il reprenait pied dans le monde réel. Après tout ce n'était qu'un mauvais rêve amplement motivé par le drame qu'il avait vécu et par l'état dépressif dans lequel il vivait depuis lors. Le caractère répétitif du cauchemar était même un phénomène bien connu des psychanalystes et relativement normal à la suite d'un traumatisme profond. Comment un rêve aurait-il pu apporter une information là où les recherches de la police n'avaient rien donné ? Tout s'était passé à peu près comme dans son cauchemar, la fin exceptée. C'est-à-dire qu'il ne s'était *rien* passé, si ce n'est le constat d'une maison vide. Le soir de ce jeudi 20 février, qu'il avait consacré, comme chaque jeudi, à s'entretenir, à l'Université de Bruxelles-Wallonie, avec ses étudiants au sujet des cours assurés par ordinateur et à expédier les affaires qui exigeaient encore une présence physique, il était arrivé aux « Epines Noires » – sa propriété située en lisière de l'Ardenne belge – vers 22 heures. Il avait trouvé la grande demeure toutes portes et fenêtres closes, lumières éteintes. Les choses somnolaient dans une température agréable, comme en une maison que ses occupants viennent de quitter depuis peu. Etonné plutôt qu'inquiet, il avait en vain cherché un message. L'anxiété croissant au fil des minutes, il était allé aux nouvelles à la ferme agrotechnique distante des « Epines Noires » de quelques centaines de mètres. On n'avait vu ni Monique ni Pierre de la soirée. Personne n'avait rien noté d'insolite. Il est vrai que par ce temps de gel profond, chacun se calfeutrait dès la tombée du soir. Vers minuit, il s'était décidé à signaler son inquiétude à la police. Des coups de téléphone furent donnés dans les cliniques et hôpitaux des environs. En vain. Jusqu'au matin, il avait retourné la maison en quête d'un indice. Rien. Aucune trace. Pierre et Monique s'étaient tout simplement volatilisés. Ce ne fut que vingt-quatre heures plus tard que la police se mit à considérer plus sérieusement la double disparition. On interrogea les rares voisins. Avec quelques bonnes volontés de la région, on organisa une battue dans les collines et les bois environnants. Les soupçons s'étaient orientés tout naturellement vers les étranges occupants du Château. A moins d'un kilomètre des « Epines Noires », un grand château, imitation Renaissance du siècle dernier, entouré d'un vaste domaine boisé aux nombreux taillis impénétrables, était depuis quelques années le siège d'un Ashram. Une communauté s'y était installée, composée en majorité de Hollandais et d'Anglais, entre vingt et quarante ans, accompagnés de leurs enfants. D'abord accueillie avec méfiance, cette collectivité très bucolique avait fini par être bien acceptée par les habitants de la région. Jamais personne n'avait eu à s'en plaindre. On les voyait souvent, seuls ou par petits groupes, sur les routes et les sentiers de la campagne, marchant d'un pas lent et égal, revêtus de longues robes à la manière des bonzes asiatiques, l'air méditatif et absorbé en une contemplation intérieure ou psalmodiant doucement une prière aux accents de mélopée. Une ou deux fois l'an, quelques-unes des jeunes femmes de l'Ashram allaient frapper aux portes des fermes et des résidences des alentours, non pour quémander mais pour offrir aux habitants un morceau de gâteau à l'arôme exotique et agréable. Ces soirs-là, des chants profonds s'élevaient du parc et la façade du Château reflétait les lueurs de hautes flammes. Gillian avait souvent songé au hasard étrange qui avait installé à quelques centaines de mètres de son propre lieu de réflexion et de recherche sur la technique et la science occidentales, ce centre de spiritualité tout orientale qui relevait d'une pensée et d'une approche du monde aux antipodes de sa propre conception. Aucun dialogue n'avait été tenté. L'eût-il été, il se serait sans doute révélé impossible. Une sagesse supérieure, qui est toute dans la capacité d'accepter simplement la différence, invitait à ne rien chercher d'autre qu'un voisinage imprégné d'une mutuelle et bienveillante indifférence. L'enquête ne révéla aucun lien direct ni indirect entre les occupants du Château et les milieux de l'Anarchécologie Internationale, dont certains groupes européens avaient quelquefois pris pour cible l'œuvre de Gillian. Le mouvement Anarchec était le rejeton hybride de groupes terroristes d'extrême-gauche du dernier tiers du siècle passé et des franges extrémistes de mouvements écologiques.

Bien que les grandes organisations classiques de « gauche » et de « droite » aient conservé une importance dominante, un nouveau manichéisme politique s'était surimprimé au dualisme traditionnel avec une force qui n'était plus du tout marginale. Les organisations écologiques qui se voulaient d'inspiration éthique plutôt que politique, mais dont l'impact politique était en fait considérable. Les formations de scientifiques technocrates qui regroupaient des chercheurs et des techniciens de haut niveau. Bien que ces nouvelles organisations aient continué d'user, dans leurs polémiques, du vocabulaire politique classique, aucune des étiquettes traditionnelles ne s'appliquait adéquatement. Il était peu sérieux de proclamer « de gauche » les écologistes, dont la plupart des idées étaient extraordinairement conservatrices, voire réactionnaires (quoique le virage conservateur et réactionnaire eût précisément affecté la gauche classique d'une façon générale vers la fin du XXe siècle). Pour des raisons similaires, l'étiquette de « droite » seyait mal à des groupes techno-scientifiques privilégiant la recherche de pointe et encourageant l'innovation technique et scientifique sous toutes leurs formes. L'idéologie individualiste et élitiste de la droite traditionnelle ne trouvait ici plus guère de prises. L'une et l'autre tendances avaient d'ailleurs adopté vis-à-vis du *politique* en général une attitude réservée et distante.

Comme si le politique en tant que tel ne les inspirait plus, étant d'un autre âge, s'enfonçant peu à peu dans une époque révolue de l'Histoire qui s'achevait, en pourrissant, au tournant du troisième millénaire. Gillian n'était membre, ni même sympathisant actif d'aucune organisation « politomorphe » (comme il disait volontiers). Pourtant, au lendemain de la parution de son livre, *Species Technica,* auquel certains média dominés par des groupes technocratiques avaient réservé un accueil plus que favorable, il avait reçu une lettre de menaces et d'injures frappée de l'« Arbre Rouge », emblème romantique d'un groupuscule Anarchec belge. Il n'y avait attaché aucune importance, conscient que tout succès public, même modeste, polarise inévitablement les passions de quelques illuminés. Il avait négligemment détruit le document. La disparition de Pierre et de Monique lui avait remis en mémoire cet épisode et la police lui reprochait maintenant d'avoir jeté la lettre dont il devenait impossible de vérifier l'authenticité. Car l'« Arbre Rouge » constituait une piste non négligeable. Les groupuscules Anarchecs, comme tous les mouvements terroristes, se spécialisaient dans l'attentat et l'enlèvement. Les attentats Anarchecs prenaient le plus souvent pour cible non des personnes, mais des installations technologiques de pointe : centres informatiques, laboratoires de biotechnologie, centrales nucléaires, hyperordinateurs... Les enlèvements revêtaient une coloration particulièrement inhumaine, plus affreuse que les enlèvements « classiques ». Les personnes enlevées disparaissaient sans laisser de traces, aucune rançon n'était exigée, aucune revendication n'était posée. Quelques semaines, voire quelques mois plus tard, on retrouvait le disparu, reconditionné dans le meilleur des cas ; mort, victime d'effroyables expérimentations techno-scientifiques dans les pires. Alors que les grands mouvements écologistes s'étaient sensiblement rapprochés des religions instituées, les groupuscules Anarchecs nouaient des liens multiples et obscurs avec diverses sectes et petites communautés irrationalistes et spiritualistes. Certains groupes extrémistes, comme le mouvement californien du « Return to Earth », pratiquaient ce qu'ils nommaient le « Sacrifice technologique », sorte de mime expiatoire de l'anéantissement de l'homme par la techno-science diabolique.

André Gillian se leva. Il avait chaud. Malgré la nuit, la température devait croître à mesure que le train filait vers le sud. Les Pyrénées ne devaient plus être bien loin. Le train ralentissait à l'approche de la halte prévue à l'entrée de l'Espagne. Il eut brusquement envie de sentir la nuit méridionale. Il éteignit et fit légèrement glisser la fenêtre. Un air doux, riche en senteurs, l'enivra aussitôt, enfiévrant mollement des couches profondes de sa mémoire. Pour l'habitant du Nord, l'air du Midi est chargé de réminiscences et de désirs. La nuit était sans lune. C'était une de ces vastes nuits du sud où les étoiles en grappes brillent d'une clarté pleine, tels des fruits célestes trop mûrs, prêts à se détacher du rameau des nébuleuses, dès le premier point de l'aube.

Chapitre 2

L'INSTITUT DE BIOCYBERNÉTIQUE

L'Institut de Biocybernétique s'élevait au milieu de la Sierra de Gador. Gillian était perplexe. Les philosophes n'ont pas l'habitude d'être invités par des institutions placées sous le sceau du secret ou, du moins, de la plus grande discrétion. L'Institut n'avait pas été construit, comme il se l'était imaginé, en bordure du village de Felix, mais à plus de quinze kilomètres de celui-ci, déjà perdu lui-même dans la montagne et point d'aboutissement d'une mauvaise route qu'aucune carte ne prolongeait.

À la descente du train, en gare d'Almeria, Gillian avait été pris en charge par l'envoyé de l'Institut : un Andalou, effilé comme une lame de navaja. En le voyant dressé, immobile et haut dans son costume noir, Gillian songea qu'il était de la même essence que les cyprès qui se profilent en flammes sombres auprès des cimetières inondés de soleil. Certains êtres sont ainsi faits pour s'intégrer à un paysage, une scène ou un tableau auxquels ils apportent une forme ou une tache de couleur spécifiques et nécessaires, une touche irremplaçable. L'Andalou était de cette espèce esthétique.

Il répondait à contrecœur et avec effort semble-t-il, par monosyllabes, dans un Castillan que sa bouche mince laminait au point de le rendre quasiment incompréhensible. Reçu d'ordinaire, lorsqu'il se déplaçait pour donner une conférence, par des collègues affables, Gillian vivait le plus lugubre accueil de sa carrière. La fatigue du voyage et la moite touffeur de l'Andalousie maritime aidant, un sentiment d'irréalité l'avait envahi qui accusait les contrastes, détachant les êtres et les choses selon les règles simples d'un manichéisme d'ombre et de lumière.

La fraîcheur de la voiture climatisée, à l'arrière de laquelle il s'était coulé, le rendit peu à peu à une perception plus égale et plus sereine. Il reconnut la route côtière en direction d'Aguadulce où il avait jadis passé en compagnie de Monique ses premières vacances espagnoles. Peu après cette localité, la voiture s'enfonça dans la montagne sur une voie étroite et sinueuse, bordée d'une profusion de lauriers roses en fleurs. Une légère somnolence s'était emparée de Gillian.

La voiture ralentit en franchissant la place principale de Felix. Autour d'une fontaine-lavoir abritée par des platanes, plusieurs femmes toutes de noir vêtues puisaient de l'eau et frottaient durement des pièces de linge étalées sur des planches inclinées dans des baquets. Deux mules attendaient dans l'ombre. Ici, on continuait à vivre suivant les rites d'une quotidienneté multiséculaire et au rythme d'un temps qui ne coulait que pour répéter le passé. Des enfants bruns, vêtus de chiffons colorés, suivirent la voiture en courant quelques dizaines de mètres et en criant des mots qui ne parvenaient pas jusqu'aux oreilles de Gillian, mais qui, à en juger d'après les mimiques, ne devaient pas être amènes. Déjà, Felix disparaissait dans le nuage de poussière soulevé par l'automobile. La route n'était plus qu'un lit de pierraille poudreuse qui grimpait sèchement le flanc de la montagne. La Sierra de Gador présentait un relief aride, que l'érosion du vent et de la pluie avait profondément raviné et rendu totalement stérile. Dunes et dents de scie amoncelées, dures et craquelées, où ne poussent que quelques touffes raides et pointues. Hors du confort de la voiture, la route eût été un véritable calvaire. Gillian se demandait pourquoi on avait choisi de construire un Institut au milieu de ces « mauvaises terres ».

Là, en bas !

Gillian s'arracha à sa torpeur. Ils venaient de franchir une sorte de col entre deux dunes de terre jaunâtre durcie. La voiture s'arrêta au bord du virage surplombant l'étroite vallée vers laquelle la route descendait en une succession serrée de lacets. Au fond de la vallée, s'étageant de part et d'autre le long des pentes, un parc très boisé concentrait toutes les couleurs vives de la région. La ligne de démarcation entre la palette verte des palmes, feuilles, buissons et pelouses d'une part et les jaunes, gris et ocres de la Sierra était si nette et brutale qu'on avait l'impression qu'une sorte de microcosme étranger avait été inséré au milieu des montagnes désertes. Gillian distingua la blancheur de plusieurs bâtiments rectangulaires peu élevés, ainsi que la forme inattendue d'une tour qui dominait l'ensemble. Quelques minutes plus tard, ils franchissaient une haute grille qui s'était ouverte automatiquement à l'approche de l'auto. Il eut le temps de déchiffrer sur une plaque métallique : « Institut de Recherches Bio-cybernétiques – Entrée strictement interdite – Danger ». Il eut le sentiment, vaguement désagréable, de pénétrer dans une sorte de base secrète militaire. Le nom de « Los Alamos » traversa fugitivement son esprit. Mais la beauté fraîche et sereine des pelouses agrémentées de fleurs, l'allée plantée de palmiers, l'approche, enfin, du bâtiment principal entouré de massifs de lauriers roses effacèrent cette fâcheuse impression. La voiture s'immobilisa devant une large porte entièrement vitrée. Un petit homme descendit du seuil pour accueillir son visiteur. Il tendit la main.

—Je suis le docteur Alcherson. Avez-vous fait bon voyage ? Vous devez être fatigué ? Venez, ne restons pas dans cette fournaise ! Entrez, je vous en prie ! Carlos s'occupera de vos bagages.

Alcherson sautillait, volubile. Tout son corps paraissait danser autour de son hôte. Etait-ce la chaleur de l'air qui faisait vibrer les formes ? Gillian se passa la main sur les yeux. Il se sentait las et vide, comme « déplacé ». La porte vitrée glissa silencieusement.

—Nous sommes dans la Résidence. Votre chambre se trouve au troisième étage. Mais permettez-moi de vous offrir d'abord un rafraîchissement. Ils franchirent une seconde porte, également vitrée, formant avec la première une sorte de sas très spacieux au milieu duquel trônait, sur une colonne de marbre blanc, un imposant buste de bronze. La fraîcheur brutale de l'air conditionné fit frissonner Gillian.

—Vous avez reconnu Delgado, bien sûr, poursuivait le petit homme. Delgado, notre père à tous, le fondateur de la neuro-cybernétique.

Alcherson ne devait pas avoir plus d'un mètre soixante. Le nez aquilin, les yeux sombres que l'on ne distinguait que par éclairs, extraordinairement perçants. Mais c'était par son étonnante mobilité gesticulante et grimaçante qu'Alcherson s'imposait. Il n'était qu'expressivité profuse, des pieds à la tête.

— Voici l'ascenseur. Mon bureau se trouve au deuxième. Mais les laboratoires sont en face, de l'autre côté du Rio Verde. Cette vallée fleurie a dû vous surprendre au milieu de ce désert ! Le Rio Verde est un affluent de l'Andarax. En réalité, nous avons simplement aménagé le site. Il y avait ici une sorte d'oasis naturelle. Voyez-vous...

Après le taciturne Carlos, c'était vertigineux. Ils longèrent un couloir aux portes numérotées. Alecherson poussa celle portant le numéro 1 avec la précision : Presidente del Instituto. Le vaste bureau reflétait le dépouillement et la fonctionnalité télématiques. Il était éclairé par une large baie vitrée qui s'assombrissait en fonction de la clarté extérieure et de la position du soleil de manière à maintenir la pièce dans une lumière égale. Seuls trois fauteuils autour d'une table basse apportaient une note d'hospitalité. Gillian revit en pensée son grand bureau-bibliothèque aux murs tapissés de milliers de livres et centré autour du confort chaleureux d'un grand feu ouvert de pierre et de crépi.

— Whisky ? Tonic ? Cognac ?

Alcherson sortit une bouteille et deux verres d'un frigidaire invisible encastré dans un mur.

— J'ai pris la direction de l'Institut voici cinq ans, lors de sa création. Je dirige une équipe d'une douzaine de permanents, tous chercheurs de très haut niveau. Deux adjoints directs me secondent, le professeur Si-Lang et le docteur Olafsohn. Tous les permanents sont pluridisciplinaires. Biologiste et ingénieur. Médecin et électronicien. Cybernéticien et neurologue. Ou encore informaticien et spécialiste de la chimie du cerveau. Cette liste n'est pas exhaustive. D'autres combinaisons existent. Toutefois, conformément à la finalité d'un Institut de Bio-cybernétique, nous sommes attentifs à la jonction entre la compétence en une technologie physique et la maîtrise d'une science du vivant. Moi-même, je suis biologiste et informaticien. Nous recevons chaque année un contingent d'une vingtaine de stagiaires très sélectionnés, post-universitaires et, pour la plupart, pluridisciplinaires de formation. Au terme du stage, quelques-uns ont la possibilité de devenir des permanents dans l'un ou l'autre des Grands Instituts. Ainsi, cette année...

C'était fascinant, quasi hypnotique. Gillian avait l'impression que son vis-à-vis tissait autour de lui une toile verbale ; les mots, les gestes, les mimiques dansaient une sarabande, comme si ce n'était pas un individu qui lui parlait, mais une enceinte tournante de signes expressifs en lesquels son interlocuteur se serait décomposé et qui le paralysaient, lui, Gillian, l'ensorcelaient par le rythme, non par le contenu.

— ...ferai visiter le domaine. Le parc, les labos et séminaires. Et la Tour avec Biocyb I. Je suis sûr qu'il vous intéressera. Vous ne commencerez vos exposés qu'après-demain. Carlos doit avoir monté vos bagages. Je vais vous conduire dans votre chambre. Vous pourrez dîner au restaurant du rez-de-chaussée dès 21 heures. Ou bien prendre le repas dans votre chambre. Téléphonez au 901. Tout le monde comprend l'anglais ici. (Il eut un petit rire, comme si ce qu'il venait de dire était particulièrement amusant pour une raison qui échappait à Gillian). Vous m'excuserez pour ce soir de ne pas vous tenir compagnie. Une expérience à terminer au labo, une réunion du Bureau de l'Institut. Excusez-moi. Au revoir. A demain. Au revoir.

Il répéta trois ou quatre fois, abandonnant Gillian sur le seuil de sa chambre. Ses valises avaient été rangées. Il se laissa glisser sur le lit. Dehors, la lumière était plombée. Aucun son ne perçait le vitrage. Seul lui parvenait, presque imperceptible, le léger vrombissement de l'air artificiel.

La nuit était complètement tombée. André Gillian venait d'achever le repas composé de crudités, de jambon et de crevettes fraîches, que lui avait apporté un serviteur guère plus loquace que Carlos. Gillian eut le goût d'une courte promenade dans le parc nocturne. Il descendit, pénétra dans le sas d'entrée pour se heurter à la grande porte vitrée. Dans la pénombre, le buste de Delgado semblait le considérer avec un sourire ironique. Il avisa une jeune servante espagnole sortant du restaurant. Peut-on ouvrir la porte ? demanda-t-il en un espagnol laborieux. Voyant qu'il était étranger, elle répondit spontanément en anglais.

— Si vous n'avez pas de Telek, il faut demander au Directeur.

Un Telek ? Gillian ne se sentait pas le courage d'affronter encore le tourbillon verbal d'Alcherson. D'ailleurs, celui-ci n'avait-il pas laissé entendre qu'il serait occupé toute la soirée ? Gillian haussa les épaules et rejoignit sa chambre. Dans le couloir, il croisa deux hommes en blouse de laboratoire qui lui souhaitèrent courtoisement la bonne nuit. L'anglais était décidément la langue vernaculaire. Il se résigna à contempler la nuit à travers la fenêtre de sa chambre. À la lumière adamantine des étoiles et d'une lune effilée à l'extrême qui s'accrochait aux dents noires de la Sierra, il distinguait la grande pelouse plantée de quelques palmiers-dattiers nains. Plus loin, entre les arbres, vers le fond de la vallée, il aperçut le faible scintillement de l'eau. Le Rio Verde, songea-t-il. Il allait se détourner, lorsqu'il vit soudain, sur l'autre berge de la rivière, une forme, qui lui parut féline. Une panthère ? Un tigre ? Une lionne ? Ou simplement un très grand chien, pensa-t-il, sans trop y croire, voulant mettre la fugitive vision au compte de la lassitude du voyage. Il resta néanmoins de longues minutes posté derrière la fenêtre scrutant les ténèbres du parc, et se disant qu'il y avait peut-être des raisons au strict contrôle des sorties nocturnes.

—Je conclurai, mes chers Collègues, par une interrogation. Le problème fondamental est-il moral ? Et si oui, qu'est-ce que cela signifie ? Nous acquerrons de plus en plus le pouvoir de modifier, de déconstruire et de reconstruire le vivant en général, l'humain en particulier. L'homme de demain est à inventer. Au sens technologique du terme « inventer ». Mais est-il sûr que cette invention méritera encore le nom d'*homme* et d'*humanité* ? Au-delà du problème de savoir *quelle* pourrait être l'*identité* de l'« espèce technique » que nous produirons peut-être – s'agira-t-il, ainsi que le suggèrent certaines recherches de l'Institut, d'une sorte de Cyborg ? Sera-ce plutôt un être génétiquement remodelé ? Ou une espèce technique ayant tiré parti du possible cybernétique *et* du possible biologique ? Faut-il songer à l'uniformité ou plutôt à une variété telle que chaque individu du « genre ou du règne technique » sera *spécifiquement* distinct des autres ? Toutes ces questions méritent d'être posées. Mais au-delà, disais-je, de ces questions et réflexions sur ce qui sera ou pourra être, il y a la question sur ce qui *doit ou ne doit pas être.* Je voudrais conclure, aujourd'hui, en l'énonçant simplement : avons-nous le droit de déconstruire technologiquement l'humain vers autre chose, dont nous ignorons tout ? Est-ce un bien ? Est-ce un mal ? L'ingénié-rie de l'humain doit-elle être restreinte à la sauvegarde de l'« homo naturalis », c'est-à-dire de l'*homo sapiens,* de l'anthrope, tel que plusieurs millions d'années d'évolution l'ont naturellement produit ? Ou est-ce que les questions éthiques du bien et du mal n'ont plus de pertinence ici, parce que ces questions et ces valeurs appartiennent en propre à l'espèce *homo sapiens* et ne sauraient guider ou inspirer un processus appelé justement à la transcender ?

Gillian considéra l'assistance. Une trentaine de personnes rassemblées dans l'auditoire principal. Presque tout le personnel scientifique de l'Institut – permanents et stagiaires – s'était réuni pour suivre sa première conférence sur « L'évolution technologique ». Il écouta distraitement les remerciements prolixes d'Alcherson et attendit les questions.

—Si j'ai bien compris, vous placez la technologie dans la perspective de l'évolution. Cela me semble très intéressant. Tout se passe donc aujourd'hui comme si l'homme avait pris le relais, conscient et lucide, du moteur évolutif qui en des milliards d'années a aveuglément conduit jusqu'à nous ?

C'était le docteur Jan Olafsohn, l'un des deux adjoints d'Alcherson, qui avait pris la parole. Gillian n'en était pas surpris. Son bref séjour lui avait déjà permis de comprendre que la micro-société de l'Institut était fortement hiérarchisée, extrêmement respectueuse des préséances. Les stagiaires ne poseraient des questions qu'après les permanents.

—Je ne serais pas aussi affirmatif, docteur Olafsohn. Il est exact que je situe le « progrès » techno-scientifique dans la perspective de l'évolution et je serais complémentairement tenté d'éclairer technologiquement l'évolution naturelle dont on connaît maintenant les ressorts et les rouages. Mais là où je me sens beaucoup moins assuré, c'est à propos du partage de la lucidité et de la cécité. Je doute que la conscience humaine, cette fragile lumière caractéristique de l'espèce, puisse porter bien loin et guider là où il est question de transcender l'espèce. Je serais tenté de dire que l'invention technologique de l'au-delà de l'homme naturel, la production de la *Species*

Technica, sera aussi aveugle, imprévisible, du moins à l'échelle de l'Evolution, qu'a été aveugle la production naturelle de l'homme lui-même. Ou alors ni l'un ni l'autre de ces procès ne sont aveugles. Je n'en sais rien. Ce que je crois, c'est que la lumière, l'orientation – s'il y en a une – ne viendront pas pour l'avenir davantage de la conscience individuelle ou collective que ce ne fut le cas pour le passé. Dans l'hypothèse, bien sûr, où l'homme ne décide pas de bloquer la voie de la prospection technologique évolutive. Mais à supposer qu'il décide de ne pas troubler la « nature humaine », d'où lui viendra l'inspiration de cette décision ?

— Vous faites allusion à une dimension théologique ?, sourit Olafsohn.

— Seulement pour souligner l'impuissance de l'homme et la vanité conjointe de certains humanismes et futurismes à courte vue. Soyons sérieux : à moins de se croire prophète – et donc positivement inspiré par une instance transcendante – ou d'être totalement dépourvu d'imagination, qui osera dire ce qu'il en sera de l'homme dans quelques millions d'années ?

— En somme, le futur est, selon vous, entièrement impénétrable ?, demanda un autre permanent dont Gillian ignorait l'identité, mais qui était reconnaissable à sa blouse blanche (l'uniforme des stagiaires étant bleu).

— Absolument. Et il l'a toujours été. Il y a deux cent millions d'années, l'anthrope, l'espèce « Homo », était radicalement imprévisible. Et il n'aurait pu être construit directement sur une forme de vie inférieure. L'anthrope est une entité complexe, qui ne pouvait s'élaborer que sur certaines espèces, elles-mêmes déjà édifiées sur d'autres. Ici encore, le procès techno-scientifique et le procès évolutif s'apparentent. Ce sont des *constructions,* dont le plan ne préexiste pas à la réalisation. Si aujourd'hui, compte tenu de notre pouvoir et de notre savoir, nous sommes capables d'augurer jusqu'à un certain point d'inventions et de possibles techno-scientifiques directement dépendants du stade actuel de notre technique et de notre science, nous ne pouvons presque rien dire au sujet d'inventions qui ne seront possibles qu'après que les inventions prévisibles et certaines autres non prévues auront été réalisées. Moins encore au sujet d'inventions ou de possibles que j'appellerai du troisième ou du quatrième degré, c'est-à-dire édifiées sur plusieurs niveaux d'inventions encore à faire et qui se conditionnent de façon prospective. L'Hyperordinateur à fonctions holographiques intégrées était totalement imprévisible avant l'invention du laser et le développement de la photonique. Or, il fonctionne ici même ! Que rendra-t-il possible à son tour ?

Une minute de silence s'écoula avant qu'une stagiaire se décide, à son tour, à poser une question. Elle avait de longs cheveux sombres et elle s'exprimait avec un accent américain.

— Quant à vous, Professeur Gillian, votre philosophie penche-t-elle *pour* cette déconstruction-invention de l'homme ? Etes-vous inconditionnellement pour l'essai du possible ?

Nous y voilà, songea Gillian et il sentit l'auditoire plus attentif, plus tendu, à la manière de spectateurs sur le point d'assister à une passe périlleuse.

— Votre question est évidemment directe. Je serais d'ailleurs tenté de m'esquiver en vous rétorquant que les exposés qui vont suivre ont justement pour but d'essayer d'élaborer cette question et de lui apporter une réponse. Disons cependant ceci : il est difficile et dangereux de se contenter en ces matières d'un manichéisme simple : entièrement pour ou totalement contre. Je suis *plutôt* favorable aux recherches portant sur le dépassement technologique de l'homme naturel.

Il s'arrêta un moment, comme s'il hésitait à s'engager plus avant dans la confidence.

— Voyez-vous, j'ai une double conviction. Je suis convaincu qu'il y aura toujours quelqu'un quelque part pour essayer tout ce qui est possible, quoi que cela soit. Et je crois que cela est positif. Mais je suis aussi convaincu que les forces qui vont contre cet essai du possible, cette invention du futur à n'importe quel prix, sont extrêmement puissantes : religieuses, morales, politiques, sociales. L'homme est fort bien conservé ! Et c'est peut-être parce que je crains qu'on ne le conserve trop, jusqu'au dessèchement ou à la pourriture, que je penche vers l'autre bord.

Ils sortirent. La matinée s'achevait et déjà la chaleur devenait insupportable. Le bâtiment des séminaires était situé à une centaine de mètres de la Résidence, le long du Rio Verde. Sandra, la tigresse était allongée à l'ombre d'un bouquet de peupliers qui bruissaient doucement. C'était bien un félin que Gillian avait aperçu le premier soir. Alcherson lui avait expliqué qu'il avait été neurologiquement reprogrammé. Une opération chirurgicale avait inséré dans le crâne de Sandra une minuscule pièce électrochimique dont les percepteurs et pulseurs plongeaient directement dans les centres de l'agressivité, inhibant automatiquement toute férocité dirigée contre l'homme. Sandra était douce comme une brebis. Invité à la caresser, Gillian avait fortement hésité. On a beau connaître en théorie le pouvoir de la technologie, le fond naturel des craintes et des répulsions anciennes n'en demeure pas moins puissant.

Alcherson l'entraînait vers les laboratoires. La veille, Gillian n'avait eu que le temps de se familiariser avec la topographie du domaine. On lui avait remis un Telek, petit émetteur électronique que l'on portait comme une montre ou comme un médaillon et qui était programmé pour déclencher l'ouverture et la fermeture automatique des portes. Il avait passé les heures les plus torrides de l'après-midi enfermé dans sa chambre, à préparer sa leçon du lendemain. Alcherson le guida vers la passerelle qui enjambait le Rio Verde. Les laboratoires et, d'une façon générale, toute l'infrastructure technologique de l'Institut avaient été rassemblés sur l'autre rive. Les laboratoires de biocybernétique formaient une vaste construction de deux étages, rectangulaire et blanche, de conception très simple. Eloignés du Rio Verde de plusieurs centaines de mètres, ils avaient été construits à la naissance du versant occidental de la vallée. Gillian ne se lassait pas d'admirer le site. La vaste pelouse maintenue très verte grâce à l'arrosage quotidien automatique, les lauriers roses qui dissimulaient la base du bâtiment, les palmiers en gerbes formant comme des corbeilles ombreuses, les massifs de rhododendrons aux grappes rouges en fleurs, et, là où la pente s'accentuait, une végétation grasse et épineuse, d'allure tropicale. Plus près du Rio, quelques orangers et citronniers jetaient des taches de couleurs vives et brillantes et, en aval, il avait admiré un gigantesque ananas entouré d'agaves aux feuilles férocement armées. Il était étrange de songer qu'au sein même de cet enchantement naturel, des hommes développaient une technologie hypersophistiquée en rupture totale avec la nature. Mais y avait-il réellement opposition ? La créativité technologique qui mettait en pièces le monde naturel pour construire autrement et autre chose n'était-elle pas dans le droit fil de la spontanéité cosmique productrice des formes et des couleurs qui les entouraient ?

Ils allaient pénétrer dans le bâtiment lorsque, soudain, ils virent surgir un être étrange, débouchant du coin sud de la façade. Il était trop éloigné pour que Gillian puisse le distinguer avec précision, d'autant plus que le soleil l'éblouissait. Cela se déplaçait très vite sur une sorte de chenille et sans faire de bruit. Mais c'était un homme. Ou plutôt un tronc humain, dépourvu de bras et de jambes. Sidéré, Gillian sentit monter du fond de son être l'horreur trouble qui s'empare de l'homme confronté à une monstruosité lamentable qui mire son image en la déformant.

— C'est notre homme-chenille, expliqua Alcherson, très à l'aise. Une de nos prothèses les plus réussies ! Il est capable de progresser à diverses vitesses, de reculer, de pivoter à volonté. Vous entendez bien : *à volonté !* Les chenilles sont directement commandées par les centres moteurs du cerveau. Juan a été victime voici deux ans d'un terrible accident à Almeria. Notre clinique prothétique lui a rendu les joies du mouvement. Nous lui brancherons bientôt deux bras artificiels munis de mains articulées directement commandées par les terminaisons nerveuses. Les prothèses subissent actuellement les derniers tests. C'est une de nos réussites les plus étonnantes. Un merveilleux alibi médical pour nos recherches aux yeux de ceux qui ont besoin de justifications éthiques, humanistes (il dit ce dernier mot du bout des lèvres, le laissant tomber comme un conglomérat de sons malpropres, avec mépris et répugnance). Et vous ne voyez pas tout ! Le foie et une partie de la cage thoracique, ainsi que plusieurs vertèbres de Juan sont synthétiques. Le plus beau, c'est les yeux. Juan en avait perdu l'usage. Ils ont été remplacés par une structure para-oculaire composée de micro-cellules photo-électriques et semi-organiques. Il voit. En noir et blanc. Mais c'est mieux que le noir intégral, ne trouvez-vous pas ?

Il s'interrompit en faisant entendre un rire sautillant et pointu. Puis :

— C'est curieux, il est devenu essentiellement nocturne. Il erre des nuits entières dans le parc.

L'homme-chenille était arrivé à leur hauteur. Poliment, il leur souhaita le bonjour, ralentissant à peine, et annonça qu'il allait voir la ménagerie. Déjà, Juan fonçait vers la passerelle, faisant crisser le gravier sous ses chenilles.

Gillian était médusé.

—Comment se fait-il que lui aussi s'exprime en anglais, questionna-t-il. Est-ce que tous les hôtes de l'Institut ont suivi une formation obligatoire dans cette langue, y compris les patients ?

—Détrompez-vous, répondit Alcherson. En réalité, très rares sont ceux qui connaissent l'anglais effectivement.

Il souleva, en penchant la tête, une touffe de son abondante chevelure grise, découvrant sur la partie postérieure du cuir chevelu un carré lisse de deux ou trois centimètres carrés, en métal ou plastique (Gillian ne sut le déterminer et il s'abstint d'y porter le doigt, comme l'y invitait son collègue).

—En réalité, reprit celui-ci, les membres du personnel de l'Institut ont subi une petite intervention chirurgicale ménageant à l'arrière du crâne un site de réception informatique. Dans ce site, vous pouvez loger au choix tout un éventail de micro-mémoires électroniques amovibles et directement accessibles « de l'intérieur », si vous me permettez cette expression. Ainsi, tous nos gens sont dotés au moins d'une micro-mémoire de compétence linguistique anglaise. Cela ne leur permet pas de lire Shakespeare dans le texte, mais cela leur donne la maîtrise du vocabulaire le plus courant et de la syntaxe de base. Mais rassurez-vous, ajouta-t-il (Gillian crut percevoir une note de fierté inattendue dans ces dernières paroles), en ce qui me concerne, ma compétence de l'anglais est naturelle, laborieusement apprise et définitive.

Gillian se retint de lui demander quel était alors l'usage de la micro-machine qu'il portait sertie à l'arrière de son crâne.

—En somme, vous êtes des espèces de cyborg, dit-il en lançant à Alcherson un regard changé, comme s'il s'adressait à un être qui n'était plus tout à fait humain et dont les paroles et les actes pouvaient puiser à des nécessités et des finalités qui ne recoupaient plus qu'en apparence les motivations d'un individu.

— Species technica, mon cher, species technica, répéta Alcherson en faisant entendre son petit rire malsonnant. Son regard rencontra celui de Gillian qui crut y lire un mélange d'étonnement et d'ironie, un début de condescendance et de mépris, comme si un fossé imprévu se creusait entre les deux hommes.

Des questions se bousculaient dans l'esprit de Gillian agité de sentiments divers. Il commençait à se rendre compte qu'entre ses spéculations technologiques et la rencontre existentielle d'un cyborg il y avait une différence qu'il n'était plus aussi sûr de pouvoir supporter. Peut-être avait-il commis une erreur en acceptant de venir ici comme le théoricien de la mutation technologique de l'homme. Et peut-être avait-on fait une erreur en l'invitant comme tel. Mais il était aussi prodigieusement intéressé. Sur les portes des laboratoires, on pouvait lire : *Médecine informatique-Bionique appliquée.*

— C'est dans le labo de bionique qu'a été mise au point la vision artificielle de Juan, expliqua Alcherson. Pour l'instant, on y achève les prothèses dont je vous ai parlé. Le labo de *Médecine informatique* étudie toutes les maladies comme des troubles de la communication de l'information biochimique au niveau des cellules. Mauvais codage, mauvaise réception, mauvaise transmission. Interférence et brouillage des macromolécules par des bruits biochimiques divers. Redondances, lacunes, etc. Nous avons beaucoup travaillé sur le cancer. C'est stratégiquement indispensable et pas inintéressant pour la recherche fondamentale.

— Que voulez-vous dire par « c'est stratégiquement indispensable » ?

Alcherson le considéra avec une pointe de commisération.

— Pour les masses et, donc, ce qui est plus important, pour les cercles du pouvoir qui s'appuient sur les masses, la science et la technique doivent être au service de l'homme. La recherche pure est un non-sens, un gaspillage ou un blasphème. Depuis quelques décennies, beaucoup de chercheurs authentiques jouent donc la carte de l'utilité médicale pour couvrir, aux yeux du public, une activité qui n'a d'autre finalité que la créativité techno-scientifique en soi et pour soi. La recherche, l'exploration du possible, le jeu de construction avec les pièces de l'univers. Vous pouvez certainement comprendre cela. Nous n'échappons pas à la loi de l'hypocrisie humaniste, du moins pas tout à fait, malgré des fonds propres considérables et une réelle autonomie. Il n'empêche : nous ne pouvons totalement ignorer les règles humanistes, sociales (il sembla à Gillian qu'il prononçait ce dernier mot avec plus d'aversion encore que le précédent), du jeu du Pouvoir dont quelques Maîtres-Politiques tirent les ficelles.

Il poussa la porte de la *Bionique appliquée.* Gillian eut l'impression d'entrer dans une salle hantée par un bricoleur extra-terrestre. Partout des pièces détachées, la plupart de dimensions fort réduites, hérissées de fils, de pointes, et rappelant vaguement des organes vivants. Il se pencha sur une cuvette de métal posée sur une table. Baignant dans un liquide huileux, un œil bleu le regardait. Le rire d'Alcherson éclata derrière lui.

— Non. Il est faux ! Mais on s'y tromperait, n'est-ce pas ? Une fois les bras de Juan au point, l'équipe du docteur Morgan compte travailler en priorité sur les organes sensoriels. Venez voir !

Il mena Gillian devant une sorte de grand aquarium translucide. Cette fois, nul doute : il s'agissait de la plus extraordinaire collection qu'il lui ait été donné de contempler. Un étalage d'organes de vision de toutes espèces : du gros œil de mammifère aux yeux à peine perceptibles de divers insectes, en passant par le regard froid et vide de poissons et de reptiles. Il y en avait des centaines. Ordonnés, classés, à la manière de pièces de rechange ou d'outils au service d'un bricoleur maniaque et dément.

— Remarquable, n'est-ce pas, commenta Alcherson. Un jour, l'homme pourra voir le monde comme un chat ou comme une abeille. Il percevra la lumière polarisée. Il s'orientera comme une chauve-souris. Il pourra même voir l'infra-rouge ou l'ultra-violet. Un jour, l'espèce sera munie d'organes capables de percevoir des ondes radio. Imaginez-vous contemplant le ciel grâce à de tels sens ! Les étoiles brillant en plein jour ! Vous seriez relié à l'univers par un nombre nouveau de fils et de canaux. Vous êtes philosophe, mon cher : quelle sera la théorie de la connaissance d'une créature radio-percevante et radio-communicante ? Voici quelque chose de moins spectaculaire, mais de décisif.

Il fit signe en direction d'un microscope électronique.

— Voici la base de toute prothèse future ! La clef du cyborg ! L'équipe du docteur Morgan a réussi à synthétiser un biomatériel tout à fait révolutionnaire. Il présente macroscopiquement les propriétés d'un tissu plastique très souple, mais cent fois plus résistant que la peau. Et il est compatible avec n'importe quel tissu cellulaire vivant. La paroi des cellules vivantes fusionne avec le Biomat. Aucun rejet, aucune faille. La parfaite continuité, nourrie à travers des capillaires, la cellule entourée de Biomat vit, et, sous certaines conditions, elle peut même se multiplier. Le seul problème à résoudre encore est celui de l'acceptation du Biomat par les cellules nerveuses.

— C'est le point essentiel, la clef de l'avenir, articula derrière eux une voix puissante. Dès que nous pourrons marier les cellules nerveuses avec le Biomat, la synthèse cybernanthropologique sera une possibilité réelle. Plus rien ne nous empêchera d'insérer un cerveau dans un réseau artificiel, vivant et fonctionnel. Voyez-vous, Professeur Gillian, j'estime que le futur n'est pas opaque comme vous l'entendez. L'avenir de l'espèce est cybernanthropologique, et la clef technique de cet avenir est le Biomat. Je ne vous ai pas fait d'objections, ce matin, car je trouve vain ce rituel du débat académique. Mais imaginez la puissance de pensée multipliée d'un réseau d'ordinateurs en connexion directe avec un réseau de cerveaux eux-mêmes interconnectés !

Le docteur Morgan avait près d'une tête de plus que Gillian et à côté de lui, Alcherson paraissait un nain. Son anglais était marqué au coin de l'accent américain. Il devait donc être authentique. Cela pouvait devenir un jeu étrange et vaguement malséant de deviner, au milieu de cet univers de nature truquée, ce qui chez votre interlocuteur était encore d'origine. Gillian sourit à cette idée. Morgan qui le considérait avec agressivité crut y lire une ironie muette en réponse à ses dernières paroles. Il fronça les sourcils, la bouche dure, prêt à lancer toute sa fougue dans la polémique. Gillian pensa qu'il devait être exalté. Quand il parlait, ses yeux sombres semblaient jeter des lueurs prophétiques et sa voix grave roulait d'obscures menaces. L'entrée de Morgan avait créé une tension que des secondes de silence rendaient maintenant insupportable. Gillian et Alcherson faisaient soudain figures d'intrus, tandis que le maître de céans, sans plus se soucier d'eux, s'installait à sa table de travail.

Alcherson, aussitôt, feignit de découvrir qu'il était l'heure de déjeuner.

Le timbre du vidéophone lançant ses flashes d'appels dans la pénombre de la chambre interrompit la sieste de Gillian. Dix-huit heures ! Ce devait être Alcherson qui lui rappelait la visite promise à l'Hyperordinateur de la Tour. Il assura qu'il descendait à l'instant. La Tour était l'édifice le plus remarquable du domaine. Haute construction cylindrique de béton et d'acier, elle s'élevait à une quinzaine de mètres au-dessus du sol dans l'angle nord-ouest du parc. Gillian avait cru comprendre que plusieurs étages étaient en sous-sol. Alcherson évoquait l'Hyperordinateur de la Tour en faisant des mystères, comme un enfant jouant à dévoiler et à masquer un objet extraordinaire et dont il veut augmenter la fascination en excitant, sans la satisfaire tout à fait, la curiosité d'autrui. Biocyb I était certainement l'une des productions les plus remarquables de la technologie de pointe. Alcherson avait laissé entendre qu'il utilisait, en les combinant de façon géniale, la technique de la jonction Josephson, et donc la supra-conductivité et la cryogénie pour ses circuits logiques et mémoriels, d'une part, et la technologie optique et photonique, spécialement holographique, d'autre part.

—Mais telle n'est que la part physique de Biocyb I. Je vous parlerai plus tard des dimensions biologiques qui font l'originalité profonde de l'expérience, avait conclu le Président de l'Institut.

Dès qu'ils arrivèrent au pied de la Tour, après avoir laissé les labos sur leur gauche et traversé une orangerie, la porte blindée glissa, silencieuse, livrant accès immédiat à un ascenseur spacieux. Alcherson poussa le bouton 4. Gillian nota mentalement que la Tour comptait cinq étages au-dessus du sol. Sous le zéro figuraient cinq autres boutons dont les deux premiers seulement portaient les indications –1 et –2. Il n'eut pas le temps de s'interroger sur la fonction des trois autres. Déjà, le panneau opposé s'écartait sur une salle circulaire sans fenêtre, baignée par une luminescence égale dont l'intensité augmenta à leur entrée. Une partie considérable des murs était occupée par des écrans cathodiques sur lesquels apparaissaient des séries de chiffres et de symboles, ainsi que par quelques claviers et dictaphones. Deux stagiaires, reconnaissables à leur blouse bleue, opéraient silencieusement. Le regard de Gillian fut attiré par le centre de la salle occupé par une sorte de grande cloche transparente aux reflets dorés et recouvrant un plateau noir focal vers lequel étaient dirigés, depuis la périphérie, quatre tubes, ou canons, brillants comme du chrome.

— La salle principale de contrôle et de commande, commenta Alcherson. Ainsi que vous le constatez, en plus des possibilités d'échanges classiques, par écran, clavier et micro, Biocyb I peut aussi matérialiser l'output sous forme holographique tridimensionnelle.

Et il désignait l'hémisphère central.

— Je vais vous montrer quelque chose d'étonnant, ajouta-t-il en se dirigeant vers un clavier différent des autres et situé à droite de l'ascenseur.

Au terme de quelques brèves manipulations, il vint se poster à côté de Gillian et eut un geste en direction du socle noir.

— Regardez !

Soudain, à quelques centimètres du plateau focal, des formes lumineuses et colorées commencèrent à se matérialiser. Une sphère bleutée, d'abord. Elle s'ouvrit, comme un fruit qui se clive, et laissa échapper une multitude de petites pyramides chatoyantes qui, avec une vélocité inouïe, comme un essaim d'abeilles de couleurs s'assemblèrent en un grand cube transparent qui se mit aussitôt à tourner, de plus en plus vite, pour se transformer en une longue spirale irisée. À partir de ce moment, les métamorphoses s'accélérèrent à un point tel que l'œil avait peine à en suivre le rythme et qu'il n'était plus guère possible de décrire. C'était une extraordinaire féerie de formes et de couleurs. Une fête géométrique, où le plane et le volume s'échangeaient, fusionnaient, où les figures ne cristallisaient que pour se défaire en d'autres, une vertigineuse succession de limites.

Fasciné, Gillian se dit qu'en quelques minutes, il venait de voir plus de formes diverses qu'il n'en avait contemplées durant toute son existence. Car la polymorphie devenait de plus en plus audacieuse et complexe : c'étaient des réseaux, des architectures fluides et toujours parfaites. Ce n'était plus la géométrie des solides, mais la topologie des fluides, l'architectonique des gaz. Et tout cela avec de la lumière. De la lumière, ployée, brisée, plissée, nouée, travaillée, torturée, ... Gillian eut le sentiment que toutes les formes jamais inventées par l'homme et, peut-être, par la nature avaient été épuisées et qu'on était en pleine transcendance. Ces lacis multidimensionnels et en abyme ne ressemblaient à plus rien d'humain ni de terrestre, mais ils étaient beaux comme des miracles optiques.

Soudain, le jeu s'immobilisa.

C'était d'autant plus inattendu que, jusque-là, la métamorphose avait été incessante sans qu'en sa fluidité ne cristallisent ni heurt ni répétition.

— Il réfléchit, dit Alcherson.

La forme immobile était un ovoïde doré et transparent à l'intérieur duquel tournait lentement une sorte de moire de Moebius, dont le déroulement infini paraissait s'alimenter à la surface interne de l'ovoïde d'où s'engendraient comme de nouveaux rubans allant mourir dans la même surface.

La scène dura quelques secondes. Puis, le ruban de Moebius se transforma lui-même en une sphère qui s'allongea en ovoïde à l'intérieur duquel naquit une nouvelle moire paradoxale, aussitôt métamorphosée en sphère, puis en ovoïde, et ainsi de suite, jusqu'à ce que l'on ait la perspective abyssale (car il restait suspendu dans l'air comme les fantômes des figures éteintes) d'une infinité de sphères, d'ovoïdes et de rubans de plus en plus petits enchâssés dans l'ovoïde initial. L'un des aspects les plus étonnants du spectacle était que toute la chaîne des métamorphoses se faisait en continu. On ne sautait pas d'une forme à l'autre. La mutation, la discontinuité, étaient elles-mêmes figurées de sorte qu'on avait l'impression d'une prestidigitation fluide et continuée.

Alcherson était retourné au clavier de commande pour arrêter le processus.

— Incroyable, n'est-ce pas ? Savez-vous qu'il y a près d'une demi-heure que vous contemplez ce spectacle ? Le calcul de toutes les formes qui se sont déroulées sous nos yeux et celui de leur enchaînement occuperaient une bibliothèque de plusieurs centaines de volumes !

— Qu'avez-vous voulu dire : « Il réfléchit » ? Et pourquoi s'est-il, en effet, arrêté à un moment donné ?

— C'était une façon de parler, bien sûr. Mais peut-être, en définitive, plus littérale que figurée. Sachez d'abord que vous venez d'assister à l'activité spontanée de Biocyb. Comme je vous l'ai dit, pour une part considérable, dont cette activité spontanée, Biocyb I fonctionne directement à partir de l'énergie solaire. Toute la journée donc – la nuit, d'une certaine façon, il « dort », c'est-à-dire qu'il a une activité réduite et d'une autre nature – Biocyb fait librement ce que vous venez de voir. L'output holographique n'est ordinairement pas branché. Il fait cela pour lui-même, si je puis dire. Mais il faut savoir que dans la région de « computation spontanée », comme nous disons, Biocyb I est équipé d'une fraction de mémoire à miroir holographique couplée à un centre de décision auto-reprogrammable. Autrement dit, ce que nous venons de voir est représenté à l'échelle microscopique par Biocyb lui-même et pour lui-même sur une sorte de scène intérieure. Biocyb se représente constamment sa propre activité libre. Quand il s'arrête, il fixe dans sa mémoire durable la représentation holographique interne. Qu'est-ce qui guide son choix ? Comme le centre de décision est auto-reprogrammable et que Biocyb est capable d'apprendre, nous sommes partiellement réduits aux hypothèses. Le critère de choix paraît être celui des seuils de complexité. Au début, les métamorphoses étaient plus lentes et les arrêts plus nombreux. Peu à peu, ils ont décru. Vous avez eu de la chance ! Parfois, il faut attendre des heures avant que Biocyb ne s'arrête quelques secondes.

— Mais quelle est la finalité de cette activité... libre ?

— Je n'en sais rien ! Je ne suis pas sûr que cette question ait seulement un sens. En tout cas, elle n'a pas de sens simple. Biocyb est une *expérience.* Ce n'est pas un outil. Il ne se plie pas à un pragmatisme ou à un anthropomorphisme à courte vue ! Que vise la créativité formelle de la nature ? Et de l'homme ? Biocyb est une expérience en cours. De la créativité pure. Admettez qu'en tout cas, le jeu offre des résonances artistiques. Je vous l'ai dit : Biocyb est auto-reprogrammable sur la base de ce qu'il apprend en provenance de l'extérieur et de sa propre activité qui contient une composante aléatoire et n'exclut donc pas la surprise et l'inattendu. C'est pour cela que Biocyb est, je le répète, une expérience dont nous ne pouvons anticiper ni le cours ni l'aboutissement. Ce n'est pas une simple machine.

—Mais pourquoi *Bio*-cyb, docteur Alcherson ? Je ne vois toujours pas de composante biologique.

—Détrompez-vous. La scène à laquelle vous venez d'assister témoigne justement de la capacité symbiotique de l'hyperordinateur. Le goût – excusez cet anthropomorphisme – de Biocyb pour les structures paradoxales, en abyme, enchâssées, spéculaires, pour les formes sans fin, est apparu voici trois mois, lorsque l'ordinateur a été mis en communication avec un cerveau.

—Avec un cerveau, ne put s'empêcher de reprendre Gillian, en écho aux dernières paroles d'Alcherson qu'il considéra avec plus d'acuité.

—Un cerveau humain, oui ! Auparavant, nous l'avions déjà alimenté avec des cerveaux de mammifères supérieurs, essentiellement des chimpanzés. L'opération est longue et difficile. Il faut ôter le couvercle crânien tout en maintenant le corps en vie et en laissant baigner la matière grise dans un mélange spécial. Ensuite, on fixe dans le cerveau mis à nu une quantité énorme de récepteurs microscopiques. Tout ce travail a lieu au deuxième étage, réservé à la céphalo-cybernétique ou, comme nous disons plus familièrement, l'étage de la « Brain-Connection ». Celle-ci réalisée, Biocyb est capable de lire et d'assimiler éventuellement à sa propre mémoire cryogénique les structures électro-chimiques que nous vivons de l'intérieur comme des images mentales ou des calculs. Pour une raison qui reste énigmatique, seuls l'image et le nombre paraissent captables, pas les discours, le langage.

Alcherson se dirigea vers un interphone mural.

—Docteur Alachiesa ? Le Céphalon Simien 7 est-il toujours branché ? Bien ! Voulez-vous faire le nécessaire pour la répercussion holographique du flux ?

—Vous avez de la chance, dit-il en revenant auprès de Gillian. Voici deux jours, on a achevé la mise en place d'un septième cerveau de singe. La survie est très limitée, hélas. Trois, quatre jours, au mieux.

—Mais vous avez parlé d'un cerveau *humain,* docteur Alcherson !

—Oui. L'un des principaux concepteurs de Biocyb I était le Professeur Vitovsky. Sans doute le connaissez-vous de réputation.

Peut-être le plus grand biocybernéticien du siècle. Il a rejoint très tôt l'équipe de Rio Verde. Voici six mois environ, Vitovsky apprit qu'il était atteint d'un mal incurable, lui laissant au plus quelques semaines de sursis. Pendant plusieurs jours, ce fut l'abattement total, et nous avons craint qu'il ne mette un terme encore plus prompt à son existence. Il resta enfermé dans sa chambre durant une semaine, refusant tout secours moral. Lorsqu'il sortit, il affirmait avoir compris que sa fin inéluctable et proche était une chance qui allait lui permettre d'achever son œuvre et son destin de biocybernéticien qui, sans cela, seraient sans doute restés incomplets. Il voulait qu'on établisse sur lui, la première jonction directe entre un cerveau vivant et l'hyperordinateur. Nous n'avons pas beaucoup résisté à sa volonté, qui était noble et grande. Pendant le mois que durèrent les préparatifs, Vitovsky fut, malgré sa faiblesse physique croissante, d'une activité inlassable, fébrile, rayonnante, géniale. Il parlait de l'expérience comme d'un *accomplissement.* Il allait réaliser cette mutation cybernanthropologique qui, pour lui, était l'avenir de l'homme. Il disait que c'était sans doute la première fois que la mort d'un homme avait un sens. Un sens absolu et immédiat qui concernait l'évolution même de l'espèce. L'espèce, répétait-il, ne peut évoluer que parce que les individus meurent. Mais la mort ordinaire des individus n'est qu'une goutte d'eau dans le fleuve de l'évolution. La sienne, par contre, contribuait directement à changer le cours même du fleuve. (Il fit une pause, comme s'il méditait sur ces dernières paroles). Son cerveau n'a résisté que quelques heures... Mais voyez plutôt !

Alcherson indiquait le plateau noir au-dessus duquel des formes lumineuses s'activaient de nouveau.

C'était infiniment moins net que les productions spontanées. L'ensemble était mouvant, indéfini, semblable à un gigantesque entrelacs brun et vert. Gillian songea à une forêt, vue sous un angle inconnu. Soudain, et pour quelques secondes, tout disparut. Puis, une espèce de flaque bleutée, parcourue de reflets verdâtres, flotta, indécise, comme une eau aérienne aux formes de fumée. La scène changea encore à plusieurs reprises, sans que des figures identifiables ne cristallisent. Jusqu'au moment où se leva, très haute, une entité anthropomorphe, massive et pâle. Dans l'ovale de la tête, des yeux bleu clair brillaient, alors que les autres traits du visage demeuraient indécis. Une espèce de chevelure longue et filandreuse encadrait cette figure sans nez ni bouche.

—C'est un motif qui revient régulièrement chez les grands singes que nous avons branchés, commenta Alcherson. Probablement une représentation de l'homme, peut-être divinisée. Le singe vit cette image avec beaucoup d'émotion. On enregistre un accroissement intense de l'activité générale du cerveau, comme une sorte d'excitation extatique, que l'holographie ne traduit évidemment pas.

Tout disparut soudain. Le socle noir demeura inerte.

—C'est terminé. Nous n'excédons jamais quelques minutes de lecture active. Nous avons constaté que le Cephalon reste plus longtemps viable à ce rythme. Prolonger l'expérience pendant un quart d'heure le détruirait à coup sûr.

Alors que la porte de l'ascenseur glissait, Gillian jeta un dernier regard vers le terminal holographique de Biocyb I, l'esprit agité de sentiments contradictoires. Alcherson se taisait toujours. Son regard, habituellement animé, s'appuyait dans le vague, comme s'il était, lui aussi, sous l'emprise du fantastique spectacle.

Lorsqu'ils quittèrent la Tour, la nuit se fermait au-dessus du Rio Verde. Depuis longtemps, le soleil avait disparu derrière le haut versant occidental de la vallée. L'air était encore chaud, prégnant des senteurs que le crépuscule faisait éclore. Le bruissement musical des cigales ponctuait le grave coassement qui s'élevait, tel un fond sonore, continûment de la rivière. Gillian aperçut, au Levant, parmi les échancrures des hautes palmes noires, le scintillement des premières étoiles.

Prétextant un travail à terminer, Alcherson quitta son hôte à la hauteur de la passerelle, le laissant à l'immobilité vespérale des êtres et des choses. Une immobilité de fauve, songea Gillian, en regardant Sandra boire, sans bruit, au bord du rio. Le sentiment d'irréalité dans lequel l'avait plongé le spectacle de la Tour ne l'avait pas quitté. Au contact de la nuit extérieure, il avait seulement changé de tonalité. La Nature, du chant sciant des cigales au frémissement des étoiles, était un prodige multiple au même titre que le grand artifice issu du génie des hommes dont il venait d'être le témoin. Assis dans l'herbe au bord de l'eau, la mémoire et les sens envoûtés, Gillian suivait sa pensée requise par une continuité et une correspondance profondes. Ce qui se tramait dans la Tour n'était qu'en apparence contraire au mystère de cette nuit. Au comble de l'artifice technologique, l'homme poursuivait et approfondissait le sens du mystère cosmique. Ce mystère dont il était l'enfant et le reflet, et qui, maintenant, semblait se servir de lui vers quelque insondable au-delà.

Quand Gillian se leva, la nuit était complète. Deux formes humaines descendaient vers la passerelle. Elles s'écartèrent légèrement l'une de l'autre à son approche. Gillian reconnut le docteur Morgan, qui le salua d'un mouvement sec de la tête. Il était accompagné d'une jeune stagiaire blonde qu'il ne se rappela pas avoir vue le matin. André Gillian se dit que Morgan était décidément antipathique.

Chapitre 3

LA NUIT DE L'ENFANT-MACHINE

Pour la seconde fois, en moins d'une semaine, il fit son cauchemar. Avec le même sentiment d'angoisse et de frustration et, cette fois, l'impression confuse que la vision censurée était obscurément liée à la Tour de Biocyb I. Cette tour, il pouvait l'apercevoir de la fenêtre de sa chambre, se profilant contre le ciel au-dessus des frondaisons tropicales. Masse sombre, vaguement anachronique, semblable à un donjon fortifié. Il était trois heures du matin. Gillian sut qu'il ne dormirait plus. Il étouffait dans la chambre. Il décida de faire quelques pas dehors. Franchissant le couloir du premier étage, il distingua un mince rai de lumière. Intrigué, il s'approcha, se demandant quel était le permanent qui veillait à cette heure. Sur la porte entrebâillée, il lut le nom du docteur Morgan. Mû par une curiosité vaguement malveillante, il jeta un coup d'œil à l'intérieur. La pièce, éclairée par une veilleuse discrète, était déserte. Il entra. Quel ne fut son étonnement de découvrir, occupant tout le mur gauche, que la porte avait dissimulé jusque-là, les rayons d'une vaste bibliothèque aux rayons soigneusement rangés. Le bureau, en bois, était placé de telle sorte que, de son fauteuil, Morgan n'avait qu'à tendre le bras pour puiser parmi les livres. Gillian s'approcha et eut aussitôt l'attention attirée par une sorte de gros cahier qui gisait, fermé, au milieu de la table. Il le saisit et lut sur la couverture : « Paul H. Morgan : 2010 – ». Ainsi, non seulement l'homme de la bionique, le prophète du cybernanthrope, lisait, mais, en outre, il écrivait. Et pas de simples notes scientifiques ! Il s'adonnait à cette forme d'écriture particulièrement personnelle et intérieure que constitue la tenue d'un journal. Humain, trop humain, songea Gillian, en feuilletant le cahier de celui qui, soudain, se révélait à lui sous un angle entièrement différent. Plus inquiétant peut-être, car terriblement ambivalent. Il était arrivé à la page en cours de rédaction qui portait la date de la veille. Après un instant d'hésitation, mais irrésistiblement attiré par les initiales « A.G. » qui se détachaient au milieu d'une phrase, il lut mécaniquement : « ... d'avoir invité A.G. en ce moment critique. Il semble que l'idéologue de la Techno-science a fort changé. Quoi qu'il en soit, écrire un *livre* est *toujours réactionnaire,* même si ce livre s'intitule *Species Technica.* Lorsque les Technoscients s'en apercevront... ».

Le bruit léger de l'ascenseur qui s'arrêtait à l'étage fit sursauter Gillian. Fébrilement, il déposa le cahier refermé et, en une seconde, il fut dehors. Il était temps. La porte de l'ascenseur s'ouvrit, livrant passage à Morgan, plus imposant encore dans son long peignoir de soie bleue sombre. Lorsqu'il aperçut Gillian, il fronça les sourcils.

— Que faites-vous ici ?

— Je...je descendais, docteur Morgan, pour faire quelques pas dehors. Je ne réussis pas à m'endormir. En passant, j'ai vu de la lumière filtrant d'une pièce et je me demandais qui pouvait bien encore veiller à cette heure.

Morgan toisa son interlocuteur, fit mine d'ajouter quelque chose, puis haussa les épaules et pénétra dans son bureau dont il ferma la porte. Gillian fut soulagé de s'en tirer à si bon compte. Lorsque Morgan avait surgi, il était à moins de trois mètres du bureau et sa brève explication troublée avait dû confirmer les soupçons au lieu de les atténuer. Sans s'attarder davantage, il descendit, franchit la grande porte qui s'ouvrit, docile aux impulsions de son Telek, et il se retrouva sur l'allée qui conduisait vers la passerelle.

C'était sa première sortie nocturne. L'air était agréablement frais. La féerie sonore du crépuscule était totalement éteinte. Il franchit la passerelle et monta en direction des labos. Mais ses pas le guidaient vers la Tour. Celle-ci paraissait exercer sur lui un effet magnétique. Soudain, au détour du sentier, alors qu'il venait de laisser à sa gauche le bâtiment clair des laboratoires, deux grandes silhouettes surgirent, lui barrant la route. Mais les deux hommes s'écartèrent aussitôt, sans mot dire ni même lui accorder un regard. Gillian avait reconnu des « gardiens ». Ils portaient un uniforme noir d'allure martiale et étaient munis d'une courte matraque et d'un curieux pistolet que

Gillian identifia comme un mini-canon laser à intensité variable, susceptible de lancer de simples faisceaux de lumière vive ou de projeter un rayon désintégrateur. La première fois qu'il avait aperçu une patrouille de « gardiens » depuis la fenêtre de sa chambre, au lendemain soir de son arrivée, il avait été intrigué par leur allure d'automate. Alcherson lui avait expliqué qu'ils étaient six à assurer la sécurité nocturne du domaine, patrouillant toute la nuit suivant un itinéraire programmé. De fait, on ne les voyait jamais durant la journée. Les gardiens, avait précisé le Président de l'Institut, appréhendaient quiconque était trouvé dans le domaine non muni d'un Telek autorisé. Il avait compris qu'il existait toute une gamme hiérarchisée de Teleks. Les permanents directeurs de laboratoire disposaient de Teleks passe-partout. Les Teleks des stagiaires étaient, en revanche, programmés en fonction des accès déterminés auxquels leur spécialisation individuelle les destinait. Gillian ignorait la portée exacte de son propre Telek. Questionné à propos de l'allure étrange des gardiens, Alcherson était resté évasif, laissant entendre que c'était le propre de toutes les fonctions paramilitaires et de police de réclamer un comportement discipliné et apparemment mécanique. Gillian avait eu l'impression que, pour une raison inconnue, son hôte ne lui révélait pas toute la vérité. Le Telek n'agissait pas seulement sur les systèmes d'accès aux divers bâtiments. Il devait aussi opérer directement sur quelque récepteur serti dans le cerveau des gardiens. Du moins, cette hypothèse expliquait-elle le fait que ceux-ci s'écartaient sans même regarder la personne autorisée. Tout en suivant ses pensées, Gillian vit disparaître dans l'ombre proche les deux formes sombres. Un frisson le parcourut. Il avait l'impression d'avoir croisé des corps sans âmes. Il se força à sourire. Décidément, l'atmosphère de Gador ne lui valait rien. Sans doute était-ce l'effet des séquelles du cauchemar qui l'avait jeté dans cette nuit et dont les franges infléchissaient encore inconsciemment le cours de ses pensées et de ses perceptions.

Quelques minutes plus tard, il arrivait à la Tour. Il s'arrêta à une vingtaine de mètres, surpris de la trouver si énorme, écrasante. Masse hermétique et noire, luisant faiblement, et qui polarisait, pour les condenser en son sein, toutes les ténèbres des environs. Pendant de longues secondes, Gillian resta debout à l'orée de la clairière du néant. Puis, moitié par défi, moitié par inertie, il s'avança vers la porte, convaincu, cependant, que son Telek ne pouvait en commander l'ouverture. Mais le rectangle d'entrée s'effaça silencieusement, révélant la cabine éclairée de l'ascenseur. Il n'hésita qu'un instant et pressa le bouton marqué 4.

La salle était plongée dans une pénombre lunaire ; une très faible lumière blanche suintait uniformément du plafond et mouillait toutes les formes d'une froide et pâle aura. Les écrans étaient éteints. Le socle noir de la réception holographique était vide sous le globe. Il brillait comme s'il était verni. Gillian nota rapidement toute la scène, puis, impressionné par la solitude du lieu et jetant sur la plate-forme noire un dernier regard oblique, comme si quelque apparition mystérieuse risquait de s'y matérialiser à tout moment, il appuya sur un bouton de descente. L'émotion le fit enfoncer l'un des boutons non-marqués du sous-sol et qui devait correspondre au -3 ou -4. Après quelques secondes de descente, la porte coulissa, s'ouvrant non sur une salle, mais sur un couloir voûté creusé à même le roc et éclairé par d'archaïques ampoules fixées tous les trois ou quatre mètres et alimentées par un câble apparent. Le couloir souterrain avait plusieurs dizaines de mètres de long et, à des intervalles réguliers, de part et d'autre, des portes métalliques étaient ménagées à la manière d'une succession de cellules blindées. Gillian avança quelques pas et s'immobilisa devant la porte au-dessus de laquelle figurait le chiffre 6. Il la poussa. Elle s'ouvrit. Dans la pénombre laiteuse caractéristique des salles de la Tour, Gillian affronta son cauchemar. À l'instant même où il vit la chose, il sut qu'il s'agissait de la scène occultée de la fin de son rêve. Cloué sur le seuil, tremblant d'émotion et d'angoisse, et fasciné au-delà de toute parole, les yeux rivés à ceux de l'enfant, il contempla la tête blonde posée sur une boîte noire, elle-même située au milieu d'une table métallique. De la boîte surgissaient une série de fils qui la reliaient – et qui connectaient sans doute, à travers elle, la tête – à deux autres formes métalliques dressées que Gillian enregistra machinalement à la périphérie de sa vision. Tout son être s'arrachait à lui et se déversait par ses yeux dans les yeux de l'enfant. Un instant atroce, il pensa avoir retrouvé Pierre. Mais non, ce n'était pas son fils. Un tremblement convulsif l'avait envahi. Saisi d'une horreur et d'une compassion infiniment désespérée, il était incapable d'esquisser le moindre geste. Dans la lumière fantomale, les grands yeux sombres semblaient vivants. Gillian croyait lire au fond de ce regard d'enfant effaré, une imploration déchirante venue d'au-delà de l'humain, du fond d'un abîme qui aspirait sa raison. Lorsqu'il eut l'impression de voir les yeux ciller, il recula brusquement et se heurta violemment à la porte métallique. La douleur l'arracha à la vision hypnotique de cauchemar que son esprit n'aurait pu endurer plus longuement, et elle le lança dans une fuite éperdue. Il se débattait, comme il faisait pour s'arracher au rêve maudit qui le tourmentait depuis des semaines. Mais ses efforts ne ralliaient nul réveil. Ce fut une succession de heurts, contre les murs rudes du couloir, contre la porte de l'ascenseur qu'il tenta d'ouvrir à coups de poing et qui, en se dérobant soudain, le fit choir à l'intérieur de la cabine. Un éclair de conscience voulut qu'il poussât sur le bouton commandant la sortie. Il se retrouva dehors et se précipita droit devant lui, ne se rendant pas compte qu'il se dirigeait vers le nord-est du domaine au lieu d'emprunter le sentier sud en direction des bâtiments principaux. Il courait, trébuchant dans le noir, se déchirant aux pointes aiguisées des agaves géants, se cognant aux arbres. Il franchit une passerelle. La sensation familière et rassurante de ce pont lui rendit quelque raison. Mais sa consternation se mua rapidement en un nouvel affolement, lorsqu'il comprit que le pont qu'il venait de franchir n'était pas le bon et qu'il était complètement égaré. Incapable de faire demi-tour et de revenir en arrière vers la Tour pour s'y repérer, il poursuivit sa marche aveugle. Après quelques nouvelles minutes d'errance, il aperçut au fond d'une pelouse, que la lune, qui venait de se lever, éclairait faiblement, la masse sombre d'un bâtiment. Plein d'espoir, il s'approcha, jusqu'au moment où l'ombre impénétrable parut s'animer d'une vie multiple et sauvage. Des grognements, des grattements, des ricanements et des glissements, toute une agitation fébrile éclata soudain, sans qu'il réussisse à identifier quelle était la source de cette animation désordonnée. Trempé de sueur, retenant le hurlement d'angoisse qui montait en lui devant cette nouvelle menace inconnue, il fit un ultime effort pour reprendre ses esprits. Et brusquement, le souvenir s'éclaira qu'il existait, dans le domaine, une ménagerie. Il sut que la vie grouillante de l'ombre était celle de singes, de chiens et d'autres animaux destiné aux expériences biocybernétiques de l'Institut. Il comprit qu'il devait se trouver dans l'angle nord-est. Y avait-il un chemin qui reliait directement, sans devoir à nouveau franchir la rivière et s'approcher de la Tour, la ménagerie et la résidence ? Il le chercha fébrilement des yeux. La lueur blafarde qui diffusait dans les espaces ouverts de la vallée lui permit de le repérer de l'autre côté de la pelouse. Il s'y précipita. À sa gauche, au pied du versant, s'étendait une aire semée de pierres, sorte de chaos de dimension modeste, formé par les roches détachées de la montagne. Son regard fut attiré par une forme étrange qu'il prit d'abord pour une grande pierre dressée à la manière d'un menhir. Il crut la voir, très légèrement, remuer. C'était un parallélépipède surmonté d'une forme ovoïde. Un instant, il pensa avoir retrouvé son cauchemar. C'était l'homme-chenille qui, perché sur un monticule et se découpant sur la voûte nocturne qu'envahissaient, maintenant, les premières brumes de l'aube, paraissait s'abreuver aux derniers rayons de lune. Immobile, la tête renversée, une sorte de rictus retroussait ses lèvres, faisant luire la blancheur des dents. Les pieds de Gillian butèrent contre une pierre, il bascula. Une douleur fulgurante lui troua le crâne et il perdit conscience.

Une pâle lumière rose filtrant à travers ses paupières et, surtout, des bruits de voix furent ses premières sensations. Achevant d'émerger de l'inconscience, il reconnut bientôt la voix profonde de Morgan et il eut le réflexe de continuer de feindre un état comateux, s'interdisant de bouger et, tout spécialement, d'ouvrir les yeux, quoique la tentation en fut forte car il ignorait l'endroit où il pouvait se trouver, son dernier souvenir étant celui de la chute dans la nuit. L'univers se résumait à des bribes de discussion et à l'écran tachiste, mobile et inégalement lumineux, de ses paupières closes.

—... bien dit que c'était un risque de l'inviter, achevait la voix de Morgan.

—Mais c'est un accident. Imprévisible et déplorable. On lui a donné un Telek de Permanent de Direction, au lieu d'un Telek de simple Polytechnologue. J'ai ordonné une enquête. Probablement une stupide erreur d'exécution.

C'était Alcherson. Gillian s'imaginait le petit homme, sautillant et volubile, décrivant sa danse nerveuse autour du monolithique Morgan. Celui-ci reprenait :

— De toutes façons, c'était risqué ! Avions-nous besoin d'un idéologue ? Et un philosophe, par surcroît ! Alcherson, vous connaissez l'ambiguïté de ces gens. Même ceux qui paraissent de notre bord. Je dirais : surtout ceux-là ! Ils *pensent* ce que nous cherchons à *faire,* et ils propagent la satisfaction de cette pensée, détournant, tout spécialement les jeunes, de la recherche et de l'expérience effectives. Et ne me dites pas que c'est depuis la disparition de...

Les voix s'étaient amenuisées. Les deux hommes avaient dû s'éloigner. Compte tenu de ce qu'il avait découvert dans le bureau de Morgan, Gillian se dit que l'hostilité de celui-ci à son égard provenait peut-être de ce que Morgan estimait être le seul « idéologue » – pour reprendre le terme dont il usait – de l'Institut, voire de la recherche générale pour la mutation technologique de l'homme. Morgan était différent d'un simple technicien et praticien de la recherche. C'était un homme de discours et de pensée : sa personne, son bureau, le journal, ses dernières paroles mêmes, tout l'indiquait. Le bout d'entretien dont il venait d'être le témoin décida Gillian d'être discret. Il résolut de ne pas parler de l'enfant-machine. Du moins, pas tout de suite. Il était monté à l'étage des terminaux de Biocyb I, puis il s'était égaré, trompé par les ténèbres. La chute s'expliquait facilement. Il ouvrit les yeux et reconnut le décor d'une chambre d'hôpital. La fenêtre aux vitres sombres adoucissait la lumière. En face de lui, une porte translucide était entr'ouverte. Il devait se trouver dans la clinique prothétique. Depuis combien de temps ?

— Ha ! Vous voilà enfin revenu, Professeur Gillian !

Une grande infirmière aux cheveux acajou relevés en chignon, la peau bronzée et des grands yeux à la fois profonds et intenses, venait d'entrer, s'exprimant spontanément en anglais. Gillian s'efforça de sourire et demanda :

— Depuis quand suis-je ici ? Que m'est-il arrivé exactement ?

— On vous a trouvé hier matin, dans le parc, non loin de la Ménagerie. Vous étiez évanoui. Vous avez subi une forte commotion. Arrivé à la clinique, vous avez même commencé à délirer. Nous vous avons administré un sédatif. Mais il n'y a rien de très grave. Tout va s'arranger. Il vous faut prendre un léger repas et vous reposer.

Elle tapota l'oreiller, lui prit le pouls, l'aida à se redresser un peu et l'assura qu'elle reviendrait dans un instant. Gillian la suivit des yeux. Elle était belle. Son austère uniforme accentuait par contraste, plus qu'il n'étouffait, la plénitude sensuelle qui émanait d'elle. Elle incarnait, plénière et rassurante, le remède vivant aux artifices maléfiques de la nuit. Gillian se sentit allégé, dégagé de la gangue d'angoisse qui l'avait étreint.

Lorsqu'elle réapparut, dix minutes plus tard, portant un plateau, elle était, hélas, flanquée du Docteur Alcherson. Plus que jamais, Gillian le trouva laid et petit. Gnome grimaçant au métabolisme court et hystérique. Du fond de l'enceinte de son lit, Gillian se prépara à l'assaut verbal.

—Mon pauvre ami, quel malheur ! Mais rassurez-vous, ce n'est pas grave. L'arrière de la tête a heurté une grosse pierre. Un peu de repos et il n'y paraîtra plus. Vous serez sur pied avant trois jours. On vous ôtera votre pansement à la fin de la semaine. Hélas, votre série d'exposés est bien compromise. Je le regrette beaucoup. Nous le regrettons tous. C'est que vous nous aviez mis en appétit. J'ai entendu des commentaires, tous élogieux. On voudrait en savoir plus. Enfin, l'occasion se retrouvera sûrement. Une autre fois, car, comme vous le savez, le stage s'achève d'ici une semaine. Vos conférences, c'était le couronnement. Tant pis, votre séjour deviendra simplement touristique. Le parc est un lieu merveilleux et, si vous le souhaitez, vous pourrez faire, d'ici quelques jours, une excursion à la mer.

Gillian se demandait comment se débarrasser de ce taon humain.

—Mais, cher ami, que s'est-il passé ? Et que diable faisiez-vous dehors au petit jour, dans un endroit aussi excentrique du domaine ?

Gillian dut faire le récit bref et légèrement retouché de son odyssée nocturne, ne parlant ni de sa visite au sous-sol de la Tour ni de l'angoisse qui l'avait précipité à travers le parc. Il s'était égaré et avait trébuché, voilà tout. Il s'aperçut que, tandis qu'il faisait ce récit, Alcherson l'épiait de ses petits yeux scrutateurs soudain immobiles. Il ne put deviner si le Directeur de l'Institut le croyait ou non. Il était très probable qu'il sût qu'il avait pénétré dans la galerie souterraine. La porte 6 avait-elle seulement été refermée lors de sa fuite éperdue ?

—Vous savez, cher ami, mais je ne vous fais aucun reproche car vous ne pouviez le deviner, que l'accès à Biocyb I est strictement interdit aux non permanents. Même les invités de marque, tels que vous, doivent être accompagnés d'un permanent pour y pénétrer. Sans doute jugez-vous excessive cette précaution. Mais vous savez qu'en matière de protection des ordinateurs, la réglementation est toujours draconienne. Ces machines ultra-sophistiquées et surpuissantes sont si faciles à perturber. En réalité, c'est le hasard d'un Telek mal programmé qui vous a permis d'entrer et d'accéder à la salle des terminaux. Et...

—Dites-moi, docteur Alcherson, coupa Gillian, qui m'a trouvé inanimé dans le parc ?

—Une stagiaire... Une Américaine, je crois.

—J'aimerais la rencontrer. Pour la remercier. Pourriez-vous lui demander de me rendre visite, dans la mesure où son horaire le lui permet ?

—L'horaire des stagiaires est fort chargé. Et vous savez que la clinique prothétique n'est pas une clinique ordinaire. En principe, il n'y a pas de visite. Toutefois, pour vous être agréable, je lui ferai part de votre vœu, si je la rencontre.

Gillian, de plus en plus excédé par son interlocuteur, insista :

—Si vous ne la rencontrez pas par hasard, ayez l'amabilité de la convoquer, ou de lui faire tenir mon invitation d'une autre façon. Cela ne doit pas être difficile pour le Directeur de l'Institut. Vous m'obligeriez vraiment.

Gillian avait suivi une impulsion apparemment irraisonnée. Il ne connaissait pas cette stagiaire et l'expression de sa gratitude n'était qu'un prétexte. En fait, inconsciemment, il cherchait un allié. Quelqu'un à qui confier la vérité. Mais à qui s'adresser et sous quel prétexte ?

Alcherson sortit en prononçant des paroles apaisantes et en assurant son hôte qu'il transmettrait le message.

Elle s'appelait Mary-Ann de Belmont. Elle vint le soir même, après neuf heures, ayant pris le repas du soir. Dès qu'elle ouvrit la bouche, Gillian reconnut l'accent américain de celle qui, au terme de sa conférence inaugurale, avait posé une question directe.

— Le directeur Alcherson m'a dit que vous souhaitiez me voir ?

Elle avait l'air plutôt timide et réservée pour une Américaine. Ses longs cheveux bruns ondulaient, encadrant le visage de vagues sombres aux reflets de cuivre rouge. Ses grands yeux où passaient des ondes vert et or attirèrent tout de suite Gillian. Ils semblaient se poser avec précaution sur les êtres et les choses, comme si la crainte de blesser par trop d'insistance retenait le regard, le voilant de lointain. Pour autant qu'il put en juger du fond de son lit, Gillian estima qu'elle était plutôt petite. Elle portait un chemisier blanc à manches courtes s'évasant vers le haut, comme une corolle ; la jupe plissée portait sur fond noir des fleurs rouges stylisées. Les stagiaires n'avaient le droit de troquer leur uniforme contre des vêtements personnels qu'à la fin de la journée de séminaire et de laboratoire, c'est-à-dire après dix-huit heures. Rares étaient ceux et celles, cependant, qui usaient de cette latitude. Gillian fut heureux et lui sut gré de l'avoir fait.

— Je voulais d'abord vous remercier. Peut-être vous dois-je d'être encore en vie, fit-il en désignant l'unique fauteuil de la chambre.

— N'exagérons rien, Professeur. Quelqu'un d'autre vous aurait certainement découvert. Il ne passe pas de journée sans que plusieurs personnes se rendent à la Ménagerie. C'est le hasard.

— Peu importe ! C'est vous qui m'avez trouvé et cela seul compte. Mais, si j'ai bon souvenir, c'est bien vous qui êtes intervenue à la fin de ma conférence ? Et vous avez été la seule stagiaire à parler, donc à marquer votre intérêt. Vous êtes biologiste, cybernéticienne… ?

— Je suis biologiste de formation fondamentale. J'ai fait des études à Chicago. Puis, je me suis spécialisée en biocybernétique en Californie, à Los Angeles.

— « de Belmont » : c'est un patronyme français. Seriez-vous originaire de France ou, peut-être, de Belgique ?

— En réalité, mes grands-parents s'appelaient « Belmont ». Quand ils ont émigré aux États-Unis, ils ont ajouté le petit « de ». Pour faire « aristocrate », précisa-t-elle en souriant. Ils venaient du Nord de la France, de la région de Lille. Je ne suis jamais allée là-bas, acheva-t-elle sur un ton d'excuse.

— Généalogiquement, nous sommes voisins. Mes aïeux aussi étaient du Nord de la France. Mais leur migration ne les mena pas aussi loin que les vôtres.

Gillian sentait qu'un lien venait d'être créé, comme une connivence latente qu'il fallait cultiver.

— Dites-moi, Mademoiselle, comment devient-on stagiaire à Gador ?

— C'est un concours très fermé. En réalité, n'ont droit à participer à ce concours que ceux ou celles qui sont sollicités à le faire par les autorités de l'Institution scientifique dont ils dépendent. Les candidats potentiels sont donc d'abord choisis sur dossier. Ensuite, un tri extrêmement sévère est effectué entre les candidats pressentis qui se sont déclarés. C'est le Professeur Sanders, du California Institute of Technology, qui m'avait pressentie. J'eus finalement la chance d'être retenue. J'avais le choix entre quatre institutions : Gador, Dakar, Chicago ou le Mont de San Francisco près de Flagstaff en Arizona. J'ai choisi Gador, parce que c'était l'Europe, où je n'étais jamais allée et qui me fascinait.

Elle prononça ces dernières paroles avec une sorte de défi qu'atténuait cependant son sourire. Un sourire où Gillian lut l'invitation à exposer l'ambiguïté de l'attitude de la jeune femme.

— Ne trouvez-vous pas étrange de chercher ainsi le passé – votre passé, et celui de l'Amérique – en un lieu et dans une voie qui nient ce passé ou qui lui demeurent en tous cas indifférents ? Gador, et ce qui s'y trame, c'est la négation même de la vieille culture européenne !

Il vit que ces paroles firent plaisir à la jeune femme et qu'elle hésitait à parler. Elle se décida et Gillian sentit qu'une barrière venait de tomber entre eux. Il sut que son intuition était bonne : Mary-Ann serait l'alliée qu'il cherchait depuis qu'il avait recouvré ses sens en entendant les paroles échangées par Morgan et Alcherson.

— Lorsque j'arrivai en Californie, je n'avais pas du tout l'intention d'entrer dans le réseau des Grands Instituts dont j'ignorais même l'existence. J'avais l'intention de me marier. Mon fiancé enseignait la cybernétique au Caltech. Quelques mois avant la date fixée pour le mariage, il est mort dans un accident d'automobile sur la route rapide qui joint Los Angeles à Las Vegas. Je me suis alors, pour me raccrocher à quelque chose et survivre, lancée dans la biocybernétique. C'est encore dans cet état d'esprit que j'ai accepté, voici un peu plus d'un an, de venir à Gador.

Elle se tut quelques secondes, puis s'arrachant à son souvenir douloureux :

— Je n'aime pas parler de cela. La blessure est lente à se refermer. Mais je veux que les choses soient claires, car j'ai cru comprendre, bien que je n'aie eu l'occasion de vous entendre qu'une seule fois, que vous n'adoptez pas sans réserves la religion des partisans de la mutation technologique.

Elle consulta sa montre, comme pour se donner un prétexte afin de mettre un terme à cette conversation qui l'avait engagée si vite si loin dans la confidence, voire la complicité.

— Je vous prie de m'excuser. Il est tard, je dois partir.

C'était décidé. Déjà, elle se levait.

— Promettez-moi de revenir. J'aimerais beaucoup discuter plus longuement avec vous.

— C'est promis, prononça-t-elle, en souriant et en fermant doucement la porte.

Mary-Ann ne se montra ni le lendemain ni les jours suivants. Ce fut le soir de sa sortie de clinique qu'il la vit, lisant sur un banc de la pelouse principale en face de la Résidence. L'attendait-elle ? Il s'approcha. Elle leva les yeux.

— Je n'ai pas pu venir. Il fallait une autorisation pour entrer dans la clinique et je ne l'avais pas. Mais je savais que vous sortiriez aujourd'hui.

— Alcherson ne vous a-t-il pas accordé l'autorisation de me rendre visite ?

— Je n'ai pas eu l'occasion de lui parler. J'ai sollicité un entretien, mais il m'a fait répondre que c'était impossible avant la fin de la semaine.

Il s'assit à côté d'elle. Heureux d'avoir échappé à cette clinique qui n'en était pas une à proprement parler, dans laquelle, au lieu de soigner les êtres humains, c'est-à-dire de les restituer à leur intégrité naturelle, on projetait plutôt de les transformer, de les reconstruire techniquement autrement.

— Nous sommes vendredi. Si nous profitions du week-end pour faire un saut jusqu'à la mer ? Alcherson lui-même me l'a suggéré lors de sa première visite. Et je pense que les stagiaires disposent librement de leur dimanche ?

Elle hésitait.

— Soyez sans crainte ! S'il le faut, je parlerai à Alcherson. J'obtiendrai une voiture et nous pourrons bavarder à notre aise.

Elle se décida tout d'un coup.

— D'accord, dit-elle, en se levant. Maintenant, il faut que je me sauve.

Gillian la regarda s'éloigner vers le bâtiment des stagiaires qui était situé, au-delà des séminaires et auditoires, à trois cents mètres en amont. Elle portait le sévère uniforme bleu, mais elle avait dénoué ses cheveux qui tombaient en cascades jusqu'à la taille et dont les cuivres accrochaient les rayons épars du crépuscule.

Chapitre 4

L'ÉMEUTE

Mary-Ann de Belmont et André Gillian étaient attablés à une terrasse ombragée de palmiers, d'où quelques marches conduisaient à une plage de sable blanc, luxe importé. Il avait narré à sa compagne l'odyssée de la nuit de l'accident, sans omettre aucun détail. Elle l'avait écouté en silence, avec attention sans l'interrompre. Gillian avait terminé son récit en posant non sans anxiété – car depuis ce rivage enchanté de la Méditerranée, son histoire lui avait tout à coup paru si invraisemblable – une question, presque une prière.

— Vous me croyez, Mary-Ann ? Que pensez-vous de tout cela ?

Son regard qui flottait immobile sur la mer avait enveloppé Gillian d'une brune et pensive caresse.

— J'ai visité à plusieurs reprises la salle des terminaux, dit-elle, et j'ai même travaillé à l'étage où l'on prépare des céphalons pour les brancher sur Biocyb. Mais jamais je n'ai entendu parler de sous-sols inférieurs au niveau –2, ni d'expériences avec des céphalons humains. Sauf, bien sûr, l'épisode Vitovski que vous connaissez. Mais, même dans le cas de Vitovski, il ne s'agissait pas d'une véritable expérience de céphalon. Il n'y avait pas de décollation. Ce que vous décrivez ressemble à une expérience de prothèse totale. On l'a tentée avec des singes et d'autres mammifères supérieurs. Mais avec des êtres humains ! Sur un enfant ! Professeur Gillian, entre le cauchemar qui vous a tiré de votre lit et la chute provoquée par l'apparition de l'homme-chenille, êtes-vous sûr de ne pas avoir rêvé ? Avoir eu une hallucination ? Ou peut-être reconstruit inconsciemment cette tranche angoissée de la nuit suite à votre commotion ?

Gillian était amer. Et perplexe. Car lui aussi se demandait s'il n'avait pas été victime de quelque extrapolation monstrueuse sécrétée par son cauchemar ou engendrée rétrospectivement par la scène qui avait provoqué sa chute. Il fut sur le point de parler des « gardiens », d'évoquer les expériences en cours aux USA et ailleurs avec des « néo-morts », ces décédés encore « frais » ou comateux irréversibles, qu'il était possible de réactiver – sinon de réanimer – et de manipuler comme des robots. Corps vivants et fonctionnels, mais dépourvus d'âme et de conscience qui étaient des cobayes idéaux pour des essais de prothèses bio-cybernétiques. Mais l'ambiance insouciante et bigarrée du lieu, que traversaient les spirales mélancoliques d'une guitare andalouse, désamorçait son insistance. Combien semblait loin Gador, dont il pouvait pourtant apercevoir, fermant l'horizon occidental, les plus hautes cimes roses, jaunes et brunes et dont le pied noir, en certaines avancées, se noyait dans la mer. Avait-il vu ? Cru voir ? Son cauchemar familier ne l'avait-il pas saisi en pleine veille, excité par l'atmosphère inquiétante de la Tour ?

Il acheta machinalement le journal à un petit Espagnol qui le vendait à la criée.

Son regard fut instantanément attiré par un gros titre en première page :

**« ENLEVÉ PAR LES ANARCHECS,
IL EST RETROUVÉ MORT ET DÉMENT »**

Mary-Ann avait noté la soudaine fixité de son regard et le tremblement de sa main qui tenait le journal.

— Qu'y a-t-il ? Mais qu'avez-vous donc, demanda-t-elle, d'une voix inquiète, en posant la main sur le bras de Gillian.

Celui-ci absorbé par la lecture de l'article ne répondit pas.

On se souvient de la disparition, voici plus de trois mois, du neurotechnologue allemand Hans Gerber. Le docteur Gerber avait reçu, voici quelques années, le prix Nobel de biologie pour ses contributions importantes à l'étude de l'utilisation de molécules organiques comme composantes para-vivantes des blocs mémoires d'ordinateurs analogiques. Ses travaux ouvraient de façon décisive la route de la production de mémoires artificielles vivantes et de la technique de la connexion fine entre la mémoire biologique (spécialement humaine) et la mémoire microphysique. Les travaux du docteur Gerber *constituent une avancée de pointe majeure sur la voie du pontage de l'***homo sapiens** *et de la* **machina rationalis.** *La Sûreté allemande avait cru immédiatement à un enlèvement organisé par l'un ou l'autre groupuscule Anarchec. Cette hypothèse s'est trouvée vérifiée, hier, tragiquement. Au début de la soirée, dans le quartier de Munich où le professeur Gerber a son domicile, plusieurs passants et habitants avaient été intrigués et alarmés par l'étrange comportement d'une sorte de vagabond errant dans les rues, proférant à mi-voix des paroles incohérentes ou murmurant des chants Anarchecs. Il tournait manifestement en rond. On crut d'abord à un marginal ivrogne, car l'individu ne témoignait que d'un sens très relatif de l'équilibre et de la ligne droite. Toutefois, certains habitants avaient noté un curieux air de famille entre le vagabond et le professeur Gerber. Mais comment auraient-ils sérieusement osé identifier ce triste clochard barbu et saoul au distingué professeur ! Ce n'est que beaucoup plus tard dans la soirée, que la police, alertée, dut se rendre à l'incroyable vérité. Le vagabond était bien le professeur Gerber ou, plutôt, ce qu'il était devenu entre les mains des Anarchecs. Ce matin, le porte-parole du Ministre de la Justice a décrit, d'une manière brève et aussi neutre que possible, l'horrible réalité. Gerber était devenu un cyborg, mais un cyborg dément à cause de l'effrayante importance et de l'incroyable maladresse des manipulations qu'on lui avait infligées. Une jambe du professeur était une prothèse qui fonctionnait mal, ce qui expliquait sa peine à marcher correctement. Mais le plus atroce était que près de la moitié du cerveau du neurotechnologue avait été remplacée par des dispositifs micro-cybernétiques.*

L'article poursuivait longuement. Mais Gillian en savait assez. Il retenait une affreuse envie de vomir. La voix de plus en plus alarmée de Mary-Ann l'arracha à son désarroi.

— Professeur Gillian, Professeur Gillian ! Qu'est-ce qui vous arrive ?

Il lui montra l'article. Puis, lorsqu'elle l'eut parcouru en silence, il lui parla de la disparition de sa femme et de son fils.

Elle le considéra avec une infinie compassion, ses grands yeux sombres dont les ondes brunes et dorées se répétaient multipliées dans les vagues de cuivre et bronze enveloppant son visage tendaient autour de Gillian comme une draperie somptueuse, à la fois chaude, calme et mystérieuse, qui les isolaient tous deux du reste du monde.

— Et vous pensez que ce sont les Anarchecs qui sont les auteurs de l'enlèvement ?

— Je ne sais pas. C'est malheureusement tout à fait possible. Et la police le croit. Le plus affreux, c'est le silence, l'attente. Rien. Aucune demande de rançon, aucune exigence. En comparaison, le terrorisme du siècle passé était presque humain. Je veux dire : il laissait une chance à la victime et à ses proches. Les terroristes réclamaient de l'argent ou l'accès aux média ou encore la libération de leurs complices incarcérés. Leurs mobiles étaient compréhensibles, sinon admissibles. Leur folie était politique, leur perversion idéologique. Avec les Anarchecs, tout est différent. Ils ne réclament rien. Ils ne cherchent pas le Pouvoir. Leur action ne vise pas telle personnalité politique ou telle institution. Ni l'État. Elle s'en prend seulement à des individus particulièrement actifs dans l'avènement d'un futur dont ils ne veulent pas parce qu'ils le jugent mauvais. Radicalement mauvais. D'un mal non politique ou social, mais métaphysique. C'est pourquoi ils punissent en quelque sorte leurs victimes, ou ils les sacrifient. Je ne puis comprendre autrement ce qui est arrivé au professeur Gerber que comme expiatoire et sacrificiel.

Il se tut un instant. Puis, d'une voix à peine audible, comme s'il se parlait à soi-même :

— Le plus terrible, c'est que je me demande depuis quelque temps s'ils n'ont pas raison. Je ne parle pas de leurs actes qui sont cruels, barbares et sans excuses. Je parle de leur évaluation morale des possibles techno-scientifiques, de leur appréciation de l'avenir de l'espèce.

À nouveau, il se tut quelques instants ; puis, avec une anxiété presque fébrile dans la voix, il ajouta :

— Vous savez, Mary-Ann, je n'ai jamais été un partisan aveugle et inconditionnel de l'expérimentation technoscientifique sur l'homme. En dépit de son titre assez choquant, mon livre pose bien plus de questions qu'il n'apporte de réponses ou ne donne de consignes. Je suis homme de pensée et non de laboratoire.

D'une voix très douce, la jeune femme répondit :

— Ne vous laissez pas entraîner sur la voie de la culpabilité. C'est justement ce qu'ils cherchent ! Je suis persuadée que votre livre est plein de nuances. Qu'il est *humain.* Ce sont eux, les soi-disant défenseurs et restaurateurs de l'homme qui sont inhumains. Ce sont des fanatiques qui saisissent le prétexte du salut de l'homme et de l'humanité pour assouvir leur besoin de violence et de cruauté.

—Sans doute avez-vous raison! L'obscurantisme est de tous temps. L'Anarchécologie est l'héritière spirituelle de l'Inquisition, même si ses voies et moyens sont fort différents.

La voix de Gillian s'était raffermie.

—Partons, Mary-Ann. J'ai assez vu ces estivants graisseux dedans et dehors. Elle est belle l'humanité à préserver et à perpétuer par la grâce de la Nature et de Dieu! Nous dînerons à Felix.

Ils montèrent dans la voiture dont Gillian disposait pour la journée. A force de fermeté, il avait échappé au chauffeur qu'Alcherson voulait lui imposer. Quand ils atteignirent Felix, il n'était guère plus de dix-neuf heures. Trop tôt pour dîner. Ils s'assirent à la terrasse de l'unique café du village, à l'ombre d'un gigantesque platane. Ils commandèrent deux bières et des *bocadillos*. Le patron, un Andalou épais à la moustache rebelle, les dévisagea d'un œil noir insistant. Sans aménité, il s'enquit :

—Est-ce que vous êtes de l'Institut ?

Etonné, Gillian répondit affirmativement. Mais la jeune femme précisa aussitôt en un espagnol laborieux :

—Nous ne sommes que des visiteurs, pas des permanents.

Tout en leur adressant un dernier regard soupçonneux, le patron parut satisfait par cette réponse et il se retira dans son antre, tandis qu'à voix basse, Mary-Ann expliquait :

—Les gens d'ici n'aiment pas du tout l'Institut. Le patron refuse de servir les Permanents.

—Pourquoi ?

—Exactement, je ne sais pas. Il paraît que bien des rumeurs et des fables circulent ici à propos de ce qui se passerait à l'Institut.

Déjà le patron réapparaissait, l'air toujours aussi sombre.

—Vous n'aimez pas les gens de l'Institut ? demanda Gillian.

—Gador, c'est le mal. Les gens de l'Institut sont de mauvaises gens; ce ne sont pas des Chrétiens, dit le patron en appuyant ses paroles d'un regard hostile.

— Pourquoi dire cela ? insista Gillian. Qu'est-ce qu'on fait de mauvais, là-bas ?

Le patron ne répondit pas sur le champ. En se retirant, il laissa tomber, par dessus son épaule :

— Demandez à Juan. Il vous dira.

Et du menton il fit signe en direction d'un homme d'une cinquantaine d'années attablé seul à quelques mètres et qui les considérait également d'un regard inamical.

Gillian et Mary-Ann se consultèrent du regard, puis, avec une moue et un léger haussement d'épaules, le premier se tourna vers le patron qui les observait depuis le seuil :

— Une bière pour Juan !

Et toujours dans le même castillan maladroit, il s'adressa à l'homme solitaire :

— Vous voulez bien que je vous offre à boire, Monsieur ?

Gillian prit son propre verre et, suivi de la jeune femme, il alla s'installer à la table de Juan.

— Nous ne sommes que de passage à l'Institut. Le patron prétend qu'il se passe là-bas des choses mauvaises et il affirme que vous savez quoi.

Il ne fut pas aisé de vaincre la méfiance et l'inimitié de l'homme. Ce n'est que lorsque Gillian lui eut appris qu'il était belge et de Bruxelles, que l'Andalou se dégela. Il avait travaillé longtemps en Belgique, dans un quartier assez excentrique de la capitale, à Haren, voici une vingtaine d'années. Dès lors, la conversation put se poursuivre, moitié en français, moitié en espagnol. Juan avait eu un fils qui fut, il y a six mois, victime d'un accident. Il fut électrocuté alors qu'il travaillait à la ligne de haute tension joignant Felix et l'Institut. La clinique de Gador était la plus proche. Il y fut transporté dans un état comateux dont il n'était toujours pas sorti une semaine plus tard. Juan avait cru comprendre que l'état de son fils était sans espoir, qu'il ne quitterait pas le coma et qu'une partie considérable de son cerveau avait été détruite. Il pouvait seulement durer ainsi, sans plus de conscience qu'un végétal, pendant une période indéterminée. Un jour, on lui fit savoir qu'il était mort. Comme un orage avait rendu impraticable la route vers Gador, Juan ne put se rendre là-bas. Deux jours plus tard, un cercueil scellé fut amené à Felix. Sans être ouvert, il fut porté en terre au petit cimetière local. Juan n'avait pas osé protester. L'Institut avait, magnanimement, pris en charge tous les frais.

—Et qu'est-ce que j'aurais pu dire, Monsieur, puisque plusieurs professeurs et docteurs affirmaient que, malgré des soins exceptionnels, Manuel n'avait pas survécu ? Mais j'aurais aimé voir mon fils, une dernière fois. Le voir, vous comprenez ?

Peu après l'enterrement, le doute commença à ronger Juan. Manuel était-il vraiment mort ? Son corps avait-il été réellement enfermé dans le cercueil de bois et de métal, hermétique et muet ? Des hommes qui avaient travaillé à l'Institut racontaient qu'il y avait là une ménagerie abritant des animaux destinés aux expériences. Alors, n'avait-on pas détourné le corps inconscient ou même le cadavre de Manuel ? Ainsi s'était mis à raisonner le pauvre homme dont l'esprit était enfiévré par les ragots et les fables du village. La conviction s'installa chez lui que son fils ou du moins le corps de son fils avait été volé par les gens de l'Institut à des fins inhumaines et inavouables. Un jour, il avait confié ces pensées au curé du village, le Père Sertigo, qui avait, dit-on, commencé voici longtemps des études de médecine avant d'entrer au séminaire. Certains affirmaient même qu'il avait été médecin. Le Père Sertigo lui avait fait comprendre qu'il partageait son antipathie à l'égard de l'Institut, mais que, chrétiennement et légalement, il était exclu de procéder à l'ouverture de la tombe.

Le patron qui s'était approché en compagnie de deux autres villageois âgés (les gens de Felix commençaient à sortir de chez eux afin de jouir du peu de fraîcheur qu'apportait la soirée, une fois leur sieste achevée), intervint :

—Vous devriez assister ce soir au sermon du Padre. Il parlera « Contra los nuevos demonios ».

—Et puis, il y a l'histoire du petit Antonio, fit l'un des vieillards, d'une voix rauque et cassée que Gillian et sa compagne eurent de la peine à entendre. Vous savez, le petit gardien de chèvres qui a disparu voilà un mois.

—Le petit Antonio ? reprit Gillian dont l'intérêt redoubla soudain. Racontez-moi cela !

Ce fut le patron qui prit la parole. Il trônait maintenant au milieu du cercle d'une dizaine d'auditeurs. Il parla pour le public plus que pour les deux étrangers qui eurent quelque difficulté à suivre le récit.

— Antonio était orphelin. Il gardait une douzaine de chèvres dans la Sierra et souvent, il les promenait fort loin du côté du Rio Verde où, affirmait-il, l'herbe est moins rare et plus grasse. Il lui arrivait même fréquemment, pendant la belle saison, de passer la nuit dans la vallée, à la belle étoile. Antonio n'était né de personne. Il était libre comme le vent, dur comme le figuier de Barbarie, vif comme un lézard. On l'aimait bien, par ici. On l'avait mis en garde contre ces excursions aux abords de l'Institut. Pas vrai, Garcia? Et toi, Manuel, toi aussi tu le lui avais dit! Lorsqu'il ne rentra pas, personne ne s'inquiéta d'abord. Ce n'est qu'au bout d'une semaine et après que Maria eut trouvé quelques-unes des chèvres d'Antonio broutant sur sa terre et apparemment abandonnées que nous nous sommes inquiétés. Depuis lors…

Les cloches de l'Eglise toute proche, appelant aux Vêpres, interrompirent le récit du tenancier. Gillian essaya de demander: « Antonio avait-il des cheveux blonds? », mais personne ne l'entendit. Les cloches étaient comme un signal irrésistible. Chacun terminait son verre à la hâte et des quelques ruelles de Felix, les femmes accompagnées d'enfants pauvrement endimanchés se dirigeaient vers l'église.

— Allez-y, insista le patron, allez écouter le Padre Sertigo! Vous verrez! Et, à votre retour, je vous aurai préparé une paella dont vous me direz des nouvelles!

Gillian et Mary-Ann échangèrent un regard amusé.

— Après tout, murmura la jeune Américaine, nous l'avons bien cherché en provoquant les balivernes de ces braves gens. Maintenant, nous ne pouvons plus y couper. Et puis, cela fera passer le temps jusqu'au dîner. Venez, allons écouter le Père Sertigo contre les nouveaux démons!

La petite église, qui n'offrait guère plus d'une centaine de sièges, était remplie. Tout Felix devait y être. L'annonce du thème dramatique du sermon avait fait merveille. Gillian apprécia la fraîcheur et la pénombre du lieu. Le souvenir fugitif lui traversa l'esprit des nombreuses églises et cathédrales qu'il avait visitées au cours de ses anciens périples à travers l'Espagne centrale et méridionale et qui toutes offraient le même refuge contre l'ardeur du soleil. Le Père Sertigo apparut. Gillian, qui l'observait avec attention, conclut qu'il devait posséder une personnalité hors du commun. Son visage et ses mains – qui étaient énormes – paraissaient taillés dans la matière même, bronzée et dure, de la sierra qui entourait Felix. La figure était carrée, le menton agressif, et les yeux, profondément enfoncés sous des sourcils broussailleux, lançaient les feux sombres d'un courroux permanent. Les mains de Sertigo étaient perpétuellement en mouvement, comme si elles mimaient des broiements d'apocalypse ou des façonnements créateurs. Le curé de Felix portait encore la longue soutane noire qui conférait au personnage une prestance de statue. Lorsqu'il monta en chaire et considéra d'en haut ses paroissiens, le silence se fit plus pesant et les échines se courbèrent plus encore qu'à la présentation des espèces. La voix roula dans la petite nef et l'église parut soudain trop modeste pour ce curé démesuré qui s'exprimait dans le castillan le plus pur.

— Frères ! Sœurs ! Nous sommes rassemblés en ce soir du jour du Seigneur pour méditer sur la forme nouvelle du Démon. Cette forme qui est multiple et brillante se répand de plus en plus dans le monde d'aujourd'hui. Depuis quelques années, elle s'est installée jusque dans nos montagnes. Son nom est ancien et pour cela prestigieux et trompeur, apparemment innocent. Ce nom est : Science. Science et Technique.

Il fit une pause, appréciant du regard l'effet de ses paroles.

— Vous connaissez cet épisode de la *Genèse* qui parle de l'Arbre de la Science et de la Puissance. Cet Arbre, c'est celui de la Tentation, de l'Illusion ou de l'Imitation de la Toute-Puissance du Créateur. C'est par l'Arbre de la Science et de la Puissance que le Diable, à l'aube des Temps, perdit l'Homme. Et le fruit que le Malin lui présenta alors ne cessa de se développer au cours de l'Histoire de l'Humanité. Aujourd'hui, je peux vous le dire, il arrive à maturité. Des hommes de plus en plus nombreux tissent à travers le monde un réseau dans lequel nous serons pris si nous ne réagissons pas. Ces hommes, inspirés par l'antique péché, ont acquis la puissance de contrefaire l'œuvre de Dieu. Imiter le travail du Créateur ! Le Démon a toujours été le Contrefacteur par excellence. Car il est l'Ombre de celui qui créa par le Verbe et, étant cette Ombre, le Malin cherche à créer par l'Acte, par le Geste, par la magie de la Manipulation Technique. Mais créant par la Matière, il engendre des simulacres et des chimères, qui caricaturent dans le désordre l'accomplissement du Seigneur. L'Œuvre de Dieu est l'Œuvre de l'Ordre : Il a séparé les éléments en les créant, Il a fait les animaux et les végétaux selon la distinction des règnes et des espèces, Il a enfin façonné l'Homme à Son Image en lui communiquant le souffle de Son propre Verbe. Or, voici que viennent des hommes, de modernes démons, qui mêlent l'Œuvre de Dieu et les œuvres des hommes. Des démons qui accouplent la Machine et l'Humain et mélangent les espèces. Ces démons cherchent même à créer d'autres formes de vie que celles qu'a voulues le Seigneur lorsqu'il ordonna la Nature par Sa Parole qui est aussi Lumière et Esprit…

Gillian n'écoutait plus que distraitement. Il épiait l'assemblée des fidèles. Les visages étaient levés, comme aimantés par la voix qui tombait du haut de la chaire. Il admira, non sans inquiétude, l'efficacité puissante de ce sermon obscurantiste qui, par quelques images simples empruntées à la Bible, évoquait un monde stable, vierge de toute révolution darwinienne. Le monde dans lequel ces gens avaient été élevés et éduqués et qui, Gillian n'en doutait pas un seul instant, n'était pas celui du curé de Felix. Il y avait dans son discours trop d'allusions savantes précises, perceptibles seulement à un esprit averti. Quel jeu jouait-il ? Au moment où le Père Sertigo évoquait nommément l'Institut de Gador, Gillian sentit son regard peser sur lui. Physiquement. Il leva les yeux vers le prédicateur. Il se sentit brusquement comme aspiré par le regard du prêtre. Un vertige s'empara de lui. Ses mains se crispèrent involontairement sur ses genoux. Pendant quelques fractions de seconde, tout parut s'assombrir autour de lui et il eut l'impression de basculer dans un gouffre. mais déjà l'étreinte visionnaire se relâchait. Le Père reprenait son regard. Gillian eut la sensation d'une sonde qui se retirait, le rendant à lui-même. Autour de lui, les visages étaient davantage tendus, pleins d'une exaltation hostile contenue avec peine. Seul le respect dû au lieu du culte empêchait les habitants de Felix, excités par la harangue, de crier leur haine contre Gador. De nouveau, Gillian se demanda ce que cherchait Sertigo en provoquant cette sorte de psychodrame rentré et muet. Quelle ancienne vindicte ce médecin manqué de curé assouvissait-il indirectement en soulevant ces âmes simples et crédules contre l'Institut ?

Quand ils quittèrent l'église, la nuit était tombée. Ils regagnèrent l'auberge en silence. Les groupes qui sortaient de l'église ne se disloquaient pas. On parlait avec animation sur la petite place de Felix.

— Vous paraissez bien soucieux, remarqua Mary-Ann.

— C'est ce maudit curé ! C'est parce qu'il y a, sur la planète, quelques milliers d'illuminés de son espèce qui tiennent des propos archaïques, mais qui disposent d'un pouvoir psychologique et social considérable que des groupes d'anarchistes vaguement mystiques se multiplient et dirigent des attaques violentes contre la recherche techno-scientifique.

— C'est vrai. Mais le Père Sertigo n'est pas bien dangereux avec ses fables moyenâgeuses.

— Ne croyez pas cela. Avez-vous observé les visages de l'assistance pendant le sermon ? Et puis, regardez-les maintenant !

Un groupe d'une vingtaine d'hommes s'engageaient dans la rue principale du village que prolongeait la route de Gador. Gillian fronça les sourcils mais, sans plus de commentaires, il s'appliqua à manger sa paella. Moins d'une heure plus tard, ils quittaient la table.

— Vous allez à l'Institut ? demanda le tenancier en les voyant se lever.

— Oui.

— Si j'étais de vous, j'irais plutôt sur la côte. Il y a là-bas de très bons hôtels. Vous auriez tort de vous mêler de cela.

— Nous mêler de quoi ? questionna Gillian, avec une pointe d'agressivité dans la voix.

— Vous n'avez pas vu qu'un groupe d'hommes est parti pour faire savoir à ceux de l'Institut qu'on en a assez et pour exiger des explications sur la disparition du petit Antonio ? Ils sont partis dans le camion de Juan. Certains ont pris leur fusil.

Gillian lança à sa compagne un regard qui signifiait clairement : « Ne vous l'avais-je pas dit ? », et ils se hâtèrent vers la voiture.

— Il faut tenter de les rejoindre et de prévenir Alcherson pour éviter le pire, lança-t-il, lorsqu'ils eurent démarré. Hélas, si le bruit de moteur que nous avons entendu pendant le repas est bien celui du camion de Juan, ils sont partis depuis près d'une demi-heure. Je doute que nous puissions les rejoindre sur cette mauvaise route, de nuit par surcroît.

Ils roulèrent en silence. Gillian se concentrait sur la conduite. Au détour d'un lacet, ils virent un panneau : « Institut de Gador. 5km. Zone prohibée. Défense d'entrer ». Le panneau était troué et des éclats de bois jonchaient le sol. Gillian rompit le silence.

— L'institut est-il privé ? Appartient-il à l'État ? Est-ce qu'il dépendrait, par hasard, de la Défense Nationale ?

— À vrai dire, je n'en sais rien. Comme je vous l'ai expliqué, lorsqu'on m'a proposé cette possibilité d'échapper pendant un temps et d'une façon intéressante à un environnement qui m'était devenu pénible, je n'ai pas mené d'enquête ni posé de questions pour savoir d'où venaient les subventions et qui accordait les bourses. J'ai cependant cru comprendre que c'était assez compliqué. J'ai entendu parler de fonds privés et de capitaux internationaux. Des capitaux réunis par des techniciens et des scientifiques ayant commercialisé eux-mêmes certaines découvertes dans le domaine de la biologie et de la cybernétique.

— Je sais. Cette exploitation sans intermédiaire du génie techno-scientifique s'est fort répandue aux USA. Le phénomène a aussi gagné l'Europe.

— Ce qui est sûr, reprit la jeune femme, c'est qu'il y a un réseau d'instituts du type Gador à travers le monde. Le Professeur Sanders a prononcé le mot « réseau » à plusieurs reprises. Oui, je me souviens maintenant d'une phrase curieuse lorsqu'il m'a souhaité bon voyage. « Ma chère Mary-Ann, m'a-t-il dit, tous mes vœux vous accompagnent pour votre entrée dans l'univers des Technoscients. Je n'y ai fait moi-même que de trop brèves apparitions. Comme invité occasionnel, même pas comme stagiaire. Si j'étais jeune, je ferais tout pour pénétrer dans l'un de ces sanctuaires de la recherche ». Et, une autre fois, il avait dit aussi, faisant allusion au réseau des Instituts et repoussant avec mépris un journal qui titrait sur une campagne électorale : « C'est là que le futur s'engendre vraiment et nulle part ailleurs. Surtout pas sur la scène politique ! ».

Gillian n'eut pas le temps de commenter ces dernières paroles. La voiture venait de franchir le dernier col. Plongée dans la nuit, la Vallée du Rio Verde s'étendait à leurs pieds. Devant la haute grille d'entrée qui était éclairée comme une scène de théâtre, plusieurs silhouettes s'animaient, courant et gesticulant. Gillian avait rangé son véhicule. Du haut de leur mirador, ils contemplèrent, avec un sentiment étrange d'irréalité, le spectacle insolite et anachronique qui se déroulait à quelques centaines de mètres. Le camion était arrêté à la limite de l'ombre, tous feux allumés. Les villageois étaient descendus. Plusieurs d'entre eux brandissaient des torches. S'il n'y avait eu quelques fusils dont les canons brillaient à la lueur des flammes, Gillian et la jeune femme auraient pu croire qu'ils épiaient, par une déchirure du temps, une jacquerie du XIVe siècle. Car plus de la moitié des forcenés n'étaient armés que de fourches et de haches. Au milieu du vaste silence de la sierra qui composait une toile de fond intemporelle, la vision était hallucinante. Un monde surgissait du passé pour venir défier, dérisoirement, un autre monde qui appartenait au futur. Sans les vociférations, les cris, les insultes, les menaces qui parvenaient jusqu'aux observateurs, Gillian se serait laissé aller à une sorte de fascination esthétique. Ils crurent d'abord que l'affrontement était purement unilatéral, Gador ne répondant que par le mépris et l'indifférence de sa haute grille fermée. Tout dans le domaine était calme. Gillian consulta sa montre. Il était onze heures. Les gardiens devaient donc être dans le parc. Tout à coup, Mary-Ann désigna quelque chose de l'autre côté de la grille.

— Là-bas, regardez ! À une cinquantaine de mètres à l'intérieur.

Suivant cette indication, Gillian distingua bientôt cinq ombres alignées, barrant la voie principale. Il était très malaisé de les apercevoir, car elles étaient vêtues de noir. Les gardiens, songea-t-il, mais pourquoi cinq ? Où est le sixième ? Le vieux Juan aurait-il raison ? Il devinait maintenant les canons lasers, luisant faiblement, au poing des gardiens. Pour l'instant, les armes étaient dirigées vers le sol. Les cinq ombres étaient absolument immobiles. Soudain, les événements se précipitèrent en une succession inattendue et violente. L'un des émeutiers venait de lancer le camion vers la grille dans l'intention évidente de l'enfoncer. Un fracas de métal entrechoqué retentit dans la sierra. Mais le véhicule n'avait pu prendre assez de vitesse pour arracher les lourds battants.

Alors que le camion reculait pour un nouvel élan, un homme surgit de derrière les gardiens. Il courait vers la grille en levant les bras. Gillian et Mary-Ann reconnurent la haute silhouette de Morgan. Il était vêtu de blanc et les phares du camion l'éclairaient crûment. Il devait crier quelque chose, mais ses paroles étaient couvertes par le bruit du moteur et les vociférations des assaillants. Au moment où le camion se lançait en avant, un rai de lumière verte fusa de la ligne toujours immobile des gardiens, frappa l'avant du véhicule qui parut s'affaisser et cala brutalement comme si les roues avaient été balayées. Alors ce fut le drame. Un coup de feu éclata. la silhouette gesticulante de Morgan fit un bond pour s'effondrer aussitôt tel un pantin désarticulé à quelques mètres de la grille. D'autres rayons verts jaillirent convergeant vers le camion. Dans un absurde et ultime geste de défi, un des villageois lança sa torche au-dessus de la grille en direction des lasers. De hautes flammes commençaient à s'élever du camion que les assaillants abandonnaient pour se disperser dans la montagne.

Chapitre 5

L'OBSERVATOIRE DU PIORNO

D'un pas décidé, Gillian se dirigea vers le bureau d'Alcherson. Il était plus de midi. Une bonne partie de la matinée avait été occupée par les besoins de l'enquête officielle sur les événements de la nuit. Le commandant de la Guardia Civil de la place d'Almeria était venu en personne. Il s'était, dès son arrivée, entretenu en privé durant de longues minutes avec le Directeur de l'Institut. Des contacts au plus haut niveau avaient dû être pris au cours de la nuit et des ordres donnés en conséquence. Gillian avait fait le récit de la soirée à Felix ne dissimulant ni les fables des villageois ni le rôle déterminant, quoique indirect, du Père Sertigo dans les événements dramatiques qui avaient eu lieu. Gillian poussa la porte. Alcherson alla vers lui, la main tendue, l'invitant à s'asseoir.

— Ah ! Quelle histoire, mon cher ! Décidément, j'ai été bien mal inspiré en vous accueillant ici. Après votre accident, ce nouveau drame. Vous allez emporter de Gador un souvenir infernal. Et moi qui avais pensé discuter paisiblement...

— Professeur, ce qui est arrivé n'est pas dû au hasard, et vous devriez le savoir si vous prêtiez tant soit peu l'oreille à ce qui se dit à Felix au sujet de l'Institut.

— Et que dit-on, cher ami ?

— Que savez-vous d'un enfant, un petit chevrier du nom d'Antonio, qui a disparu au voisinage de l'Institut ?

En prononçant ces paroles, Gillian scrutait le visage de son interlocuteur. Il crut voir passer dans son regard un éclat particulièrement intense comme un fugitif signal d'alarme. Mais déjà Alcherson répondait :

— Antonio ? C'est la première fois que j'entends parler de cette histoire. Il n'y a eu aucune enquête ici à ce propos.

— Les villageois prétendent qu'il a été enlevé par des membres de l'Institut afin de servir à des expériences de biocybernétique.

En plaçant carrément dans une bouche anonyme les éléments de sa propre aventure, il ajouta le regard rivé aux petits yeux mobiles du Directeur :

— On dit qu'il a servi à une expérience que nous appellerions de « prothèse totale ». Comme celles que vous pratiquez sur des céphalons de primates.

Alcherson soutenait le regard du Belge. Feint ou sincère – Gillian ne pouvait hélas le déterminer – l'étonnement parut emplir les yeux du Directeur de l'Institut, qui s'agrandirent.

— Mais enfin, mon cher collègue, vous n'allez pas ajouter foi à ces bobards !

— Ces expérience auraient eu lieu dans les sous-sols de la Tour de Biocyb I.

Alcherson, d'habitude si primesautier, semblait devenir plus lourd et plus calme, comme s'il acquérait soudain une densité nouvelle, à mesure que les questions se précisaient.

— Professeur Gillian, je ne vous reconnais plus. Mais je veux mettre généreusement au compte des émotions des jours derniers votre attitude présente. J'ai eu tort de permettre l'escapade d'hier, qui s'est terminée sur une scène tragique, alors que vous n'étiez pas encore remis complètement de votre commotion du début de la semaine. Non seulement, vous semblez accorder crédit aux balivernes de ces montagnards de Felix dont la mentalité est à peu près celle d'un serf du Moyen Âge, mais, ce qui est plus grave, vous paraissez partager leur indignation irrationnelle et leur frayeur imaginaire. Bien que je me trouve ridicule de vous répondre et de faire votre jeu, je vous dirai qu'il n'y a évidemment jamais eu à Gador d'expérience de biocybernétique sur un enfant. Ni sur des adultes pour ce qui est de la prothèse totale. L'épisode Vitovski, c'est autre chose, vous en conviendrez ? Ce qui est exact, c'est que nous effectuons des expériences de prothèse totale avec des céphalons de singe, de chiens et de moutons. Voilà pour le *fait,* si j'ose dire. Mais ce qui m'inquiète davantage : je veux dire ce qui m'inquiète *pour vous,* c'est votre ton véhément et inquisiteur. Il me semble que vous voilà prêt – vous l'auteur d'un livre sur la mutation technologique de l'espèce humaine – à condamner toute expérience de ce type. Comme si soudain était descendue en vous l'évidence du caractère absolument sacré, intouchable de l'homme. Le curé de Felix vous aurait-il converti ? (Il sourit avec ironie) Sacré, inviolable, même le cadavre de l'homme l'était encore voici fort peu de siècles ! Et sacré jusqu'où Professeur Gillian ? Inviolable, l'embryon humain ? Intouchables le sperme et l'œuf ? Tabous chaque cellule humaine, chaque caryotype, chaque gène humain... ?

Cette fois, Alcherson s'animait, s'emportait même. Ce n'était plus la vivacité de bon aloi faite d'empressement et de courtoisie qui caractérisait d'ordinaire le petit homme. C'était la passion. Sa passion profonde qui le submergeait. Gillian avait l'impression d'entendre, à plus de douze heures d'intervalle, la réplique au sermon du curé de Felix.

— Et pourquoi, de quel droit, poursuivait Alcherson en élevant le ton, l'homme serait-il sacré jusque dans les fibres de son être ? Pourquoi la chimie organique de l'homme serait-elle divine et non celle de la plante ou la physique des étoiles ? Je vais vous le dire ! Par une réaction instinctive de conservation propre à l'espèce ! La religion, et même l'humanisme laïc, c'est la quintessence idéologique de l'instinct de conservation de l'espèce Homo ! Concevoir l'homme à l'image de Dieu, c'est une manière détournée de diviniser l'homme. Et la preuve de ceci : c'est qu'une fois Dieu mort, rien n'a changé ! L'homme s'est révélé plus sacré que jamais ! L'humanisme athée est plus étouffant que n'importe quelle religion. C'est une vérité que les chercheurs ont mis trop de temps à comprendre.

Soudain, il se fit presque agressif, agitant un doigt menaçant :

— Supposez – je dis : supposez – que nous ayons recueilli ici un enfant ou un adulte accidenté. Supposez que ce malheureux ait subi la perte de la totalité de ses facultés supérieures – celles qui faisaient de lui un être humain précisément – et qu'il soit plongé à jamais dans la nuit de l'inconscience, quel mal y aurait-il à faire bénéficier la recherche techno-scientifique de ce corps sans esprit ? « Mal », « esprit », j'utilise à dessein un vocabulaire archaïque. Le « bien » et le « mal » sont des notions morales, Professeur Gillian, elles ont cours dans la sphère de l'humain, elles n'ont plus cours là où il s'agit de transcender le règne de l'homme, d'explorer les possibles de l'évolution future...

—Mais vous, docteur Alcherson, vous êtes bien encore un homme! Donc, ces notions devraient vous parler et conserver pour vous toute leur valeur.

—Mais il ne s'agit pas de moi. Je ne suis qu'un rouage, un instrument infime de l'évolution. Et il en est de même de tous les Permanents de l'Institut. Ne comprenez-vous pas que je ne suis pas ici en tant qu'individu en quête d'accomplissement personnel? Ceux qui entrent dans les grands Instituts entrent au service de l'avenir et les catégories morales ne s'appliquent pas à eux.

Brusquement, Alcherson se tut. Il s'immobilisa, son regard figé et vide traversait Gillian, comme s'il contemplait ce futur inconnu en direction duquel il œuvrait. Après quelques secondes, Gillian, calmement, rompit le silence.

—Docteur Alcherson, vous plairait-il de me laisser visiter le sous-sol de la Tour?

Son interlocuteur parut s'arracher à un rêve.

—Si vous voulez, dit-il avec indifférence.

Gillian ne s'était plus rendu à la Tour depuis la nuit dramatique. De jour, sous le soleil éclatant et le ciel bleu, environnée de plantes semi-tropicales et de fleurs multicolores, elle n'était pas plus impressionnante qu'un vulgaire château d'eau aux lignes inhabituellement modernes. Une fois dans l'ascenseur, Alcherson poussa sur –2.

Gillian intervint :

—Ce sont les étages inférieurs qui m'intéressent. Poussez donc sur –3 ou –4!

Un sourire sarcastique apparut sur les lèvres d'Alcherson. Arrivé au –2, il appuya sur le bouton marqué –4. Rien ne se produisit. Gillian pressa lui-même successivement les trois commandes inférieures. En vain.

Sans dissimuler son ironie, Alcherson expliqua :

—Il n'y a pas ici de mystérieuses salles souterraines ni d'oubliettes où nous dissimulerions les produits monstrueux de nos expériences. La seule utilité des deux étages en sous-sol est la température basse constante qui offre un site idéal pour les parties cryogéniques de Biocyb I. Nous pouvons y aller, mais vous serez déçu.

— Que signifient alors les boutons inférieurs ?

— C'est très simple, mon cher. Les plus grandes entreprises souffrent de petites imperfections. Lorsque l'ascenseur, dont la structure est tout à fait spéciale, fut livré, on constata qu'une erreur avait été commise dans le bloc de commande. Celui-ci avait été conçu pour cinq étages en surface et cinq étages en sous-sol. L'erreur étant bénigne, on laissa les choses en place. Les trois derniers boutons ne servent à rien, voilà tout. Ils ne sont pas connectés, puisqu'il n'y a rien en dessous du niveau –2.

Gillian était ébranlé. Il passa la main sur son front. Avait-il donc rêvé ? Est-ce que bouleversé par son cauchemar familier et par l'atmosphère nocturne inquiétante de la Tour, son imagination et aussi la fatigue aidant, il avait été victime d'une hallucination ? Mais comment aurait-elle pu être aussi complexe ? La galerie, la porte de la cellule, l'enfant-machine, il les avait bien vus ! Mais il comprit qu'il serait inutile d'insister. Il achèverait seulement de se ridiculiser.

Alors que les deux hommes s'éloignaient de la Tour, une infirmière s'approcha du Directeur et le prit à l'écart. Ils échangèrent quelques paroles à voix basse. Alcherson se tourna vers Gillian.

— Des nouvelles du docteur Morgan. Hélas, elles ne sont pas bonnes. Mais il a repris connaissance et il vous réclame d'urgence.

— Moi ? s'exclama Gillian étonné.

— L'assistante va vous conduire. Je vous laisse, excusez-moi !

Lorsqu'il pénétra dans la pièce où reposait le docteur Morgan, celui-ci avait les yeux clos et son visage paraissait exsangue. Sa tête était coiffée d'une sorte de casque d'où partaient plusieurs conduits. Gillian eut tout de suite l'impression d'être en face d'un moribond. Il s'approcha en silence. Il pouvait entendre la respiration irrégulière et légèrement sifflante du blessé. Celui-ci entrouvrit les yeux et, avec beaucoup d'efforts, il prononça quelques paroles.

— Ne dites rien…et écoutez-moi… Je n'en ai plus que pour quelques heures et je puis perdre conscience à tout moment… Je vous ai observé… Je vous ai lu. Vous seul pouvez poursuivre l'enquête que j'avais commencée… Le Projet « Fils de l'Homme »…

Allez à l'Observatoire du Piorno ... au nord-est de Gador ... Demandez le docteur Stefanski ...

Il se tut plusieurs minutes. Gillian crut qu'il avait perdu conscience, tant son visage était figé et son souffle imperceptible.

— Votre femme et votre fils ... Je ne crois pas ... à un enlèvement Anarchec ... Les Technoscients ... La Quête du Mutant Technologique ...

Il murmura encore quelques paroles que Gillian ne put saisir. Puis, il sombra dans l'inconscience. Gillian devait apprendre plus tard qu'il était mort dans la soirée.

Les dernières paroles de Morgan avaient profondément bouleversé Gillian. Mais elles demeuraient désespérément obscures. Il tenta de mettre de l'ordre dans ses pensées. D'abord, il y avait une indication précise à laquelle se raccrocher en espérant qu'elle conduise plus loin : se rendre à l'Observatoire du Piorno, un observatoire extrêmement sophistiqué, qu'il connaissait de réputation, et qui travaillait en liaison constante avec un grand télescope et un laboratoire tous deux en orbite géostationnaire. Gillian savait que le Piorno était spécialisé dans la recherche exobiologique qui avait pris une importance extraordinaire depuis la découverte des cristaux vivants de Jupiter et la réception du mystérieux signal de Capella. Là, il devait contacter Stefansky qui, il l'espérait, pourrait lui apprendre davantage sur les autres points énigmatiques du message de Morgan : « le Projet Fils de l'Homme », « les Technoscients » (il se souvenait que ce terme avait été utilisé par Mary-Ann rapportant les paroles du Professeur Sanders du Caltech qui semblait faire allusion à une sorte de franc-maçonnerie technocratique ayant la haute main sur le réseau des Instituts), « la Quête du Mutant Technologique » et l'allusion à la disparition de Pierre et de Monique. Plus que les autres pièces du puzzle, ce dernier point le préoccupait en ouvrant tout à coup des possibilités inattendues. Pierre et Monique aux mains non des Anarchecs mais des Technoscients ? Mais pourquoi ? L'hypothèse lui paraissait incroyable, absurde. Confronté à cet amoncellement de points d'interrogation enchevêtrés, Gillian résolut que la seule ligne de conduite raisonnable était de se rendre au Piorno. Ensuite, selon le résultat de cette démarche, il aviserait.

Il y avait deux façons de joindre le Piorno. En voiture, par la route. Mais cette voie obligeait à repasser par Aguadulce en une boucle de près de cent kilomètres de route de montagne. Ou bien à pied, par un sentier d'altitude qui suivait pendant quelque temps le Rio Verde, puis bifurquait vers l'Est. Huit kilomètres de piste de montagne n'effrayaient pas Gillian qui, aiguillonné par les indications de Morgan, avait retrouvé toute son énergie. Il décida de partir le lendemain au point du jour, se faisant fort d'atteindre l'Observatoire avant l'insupportable chaleur qui pesait dès le milieu de la matinée. À Alcherson, il déclara simplement qu'il souhaitait consacrer la journée à une longue randonnée dans la Sierra. Le directeur ne fit aucun commentaire. De toutes façons, le séjour de Gillian s'achevait le surlendemain, en même temps que le terme des stagiaires. Pendant deux mois d'été, seuls quelques Permanents demeuraient à Gador avant l'arrivée d'un nouveau contingent international de stagiaires. Il échangea des paroles d'adieu avec Mary-Ann qu'il rencontra le soir. Elle semblait préoccupée, pressée, peu désireuse de s'entretenir longuement. Elle lui apprit qu'elle allait rentrer à Chicago pour être affectée comme « Permanente à l'essai » – un premier contrat d'un an, renouvelable – à l'Institut d'Anthropo-cybernétique du Michigan. Elle lui écrirait. Gillian qui avait eu l'intention de lui rapporter les paroles de Morgan se ravisa. Lui avait-on fait la leçon ? Alcherson lui avait-il laissé entendre que si elle tenait à s'engager plus avant dans le Réseau, il serait sage d'éviter d'accorder une oreille trop complaisante aux propos de ce Professeur belge qui, depuis sa chute nocturne, ne semblait plus avoir toute sa tête ? L'attitude du directeur de l'Institut s'était également modifiée. D'extrêmement empressé et attentif, il était devenu indifférent, distant et même vaguement condescendant. Comme si son hôte avait déjà quitté Gador.

Lorsque Gillian se mit en route, le Val del Rio Verde était encore plongé dans l'ombre. La fraîcheur de l'aube était idéale pour la marche sur le chemin qui longeait le cours d'eau en le surplombant de quelques mètres. Le sentier en pente douce était aisé. L'un des jardiniers du domaine, natif de Felix, lui avait expliqué qu'il devait prendre à droite au terme d'une courte heure de marche et après avoir dépassé une ancienne bergerie abandonnée. Il ne tarderait pas alors au bout d'un raidillon à franchir un col et à apercevoir le pic du Piorno.

Une fois le col atteint, et bien que sa montre ne marquât guère plus de huit heures, Gillian dut endurer l'ardeur du soleil. Une vallée désertique s'étendait devant lui, qu'il lui fallait traverser pour atteindre le but de son expédition. Il reconnut droit devant lui et à peine plus élevés que le col où il se tenait des bâtiments blancs au sommet du Piorno. Celui-ci n'atteignait pas tout à fait quinze cents mètres. Le pic avait été choisi parce qu'il occupait le centre d'une zone dans laquelle la réception de toute la gamme des ondes électromagnétiques, de la lumière aux ondes radio, était exceptionnellement pure. La transparence de l'atmosphère variait peu avec les saisons. Malgré la distance, Gillian distinguait les formes hétéroclites des diverses antennes de captation qui s'élevaient sur le sommet plat de la montagne. Le Piorno était à l'affût des moindres traces – élaborées ou non, chimiques ou électromagnétiques – de vie extraterrestre. C'était, dans ce domaine, une base pilote pour l'Europe.

L'arrivée inopinée, pédestre et poussiéreuse de Gillian suscita quelque étonnement. Lorsqu'il déclara qu'il venait de Gador par la montagne, le technicien auquel il s'était adressé le considéra avec incrédulité et il lança à son collègue, en un espagnol méconnaissable, une plaisanterie dont Gillian devina plus qu'il ne comprit le sens, où il était question d'un extraterrestre longtemps attendu qui serait enfin arrivé. Il obtint non sans mal que l'on prévînt le docteur Stefanski et il vit bientôt arriver un géant barbu, à la chevelure hirsute et rousse et à la peau couleur de brique cuite. Au milieu de tout ce rouge échevelé, deux yeux bleus clairs jetaient une double note de transparence quasi enfantine. Le géant tendit la main, entraînant aussitôt Gillian au milieu de la jungle de métal et de cristal qui devait être son habitat familier.

— Soyez le bienvenu au Piorno, tonna-t-il. Comment va Paul ?

— Paul ? Je suppose que vous voulez parler du docteur Morgan ? Ne savez-vous pas qu'il a été victime d'un… accident ? Il est mort, hier soir.

Stefanski s'immobilisa. Il leva les yeux au ciel, comme s'il cherchait quelque chose très loin au fond de l'azur. Puis, fronçant les sourcils et avec un regard où la douleur s'alliait à la colère, il secoua l'épaule de Gillian de sa grosse main rouge. Et comme s'il le sommait de dire la vérité :

— Ce n'est pas une mauvaise plaisanterie, dites ? Je n'ai plus vu Paul depuis un mois. Il m'a écrit la semaine dernière. Curieuse lettre ! Racontez-moi ce qui s'est passé !

Un peu décontenancé par la fougue du personnage et de plus en plus accablé par le soleil, Gillian résuma les événements de la veille. Son récit fut coupé par les interjections et les brefs commentaires de l'exobiologiste. Il acheva en rapportant les paroles énigmatiques du moribond, essayant désespérément de se maintenir à l'ombre d'un grand radio-télescope vers lequel il avait, non sans peine, réussi à entraîner Stefanski qui, littéralement, ne tenait pas en place.

— Paul était comme mon frère. Nous avons fait nos études ensemble à Los Angeles. C'est un peu pour ne pas le perdre de vue que j'ai quitté Cornell pour le Piorno. Il était d'abord biologiste, comme moi. C'est par la suite que nos voies scientifiques ont divergé. Il a opté pour la biocybernétique et moi pour l'exobiologie. Il aurait mieux fait de choisir l'espace comme moi ! Au lieu de cela, non : il croyait en l'avenir cybernétique de l'homme. Cette fadaise ! D'ailleurs, depuis un an, il commençait à en revenir. L'espèce humaine n'a jamais évolué que par mélange. Le mélange, tout est là ! Le brassage des races, le dialogue des cultures et des civilisations, voilà ce qui a permis le progrès. Le vase clos, l'endogamie, c'est la dégénérescence, la régression. La mutation technologique de l'homme par l'homme – ce grand fantasme des Technoscients –, j'appelle cela de l'onanisme. Au niveau de l'espèce. Que l'homme chipote son langage génétique pour en faire sortir un « surhomme », c'est de la masturbation sophistiquée, rien de plus. Ils me font rire avec leur « génie génétique » ! L'expression même est ridicule ! Qu'est-elle de plus qu'une répétition narcissique ? La manipulation génétique, je vais vous dire ce que c'est : l'art de produire des variations tautologiques à partir d'une espèce donnée. Mais mille tautologies n'apportent pas un gramme de nouveauté. Seulement du vide, du creux ! Quant au cybernanthrope, dont le pauvre Paul me parlait souvent, c'est de l'inceste technologique.

Il attira Gillian au milieu d'un groupe de très hautes antennes aux arborescences brillantes et figées. Il n'était pas loin de midi. Gillian écoutait et regardait, effaré, l'énergumène qui gesticulait en plein soleil.

— Là, poursuivait Stefanski, en désignant les antennes et le ciel, là dans l'espace se trouve l'avenir de l'homme. S'il y a une suite à l'évolution, elle ne pourra venir que de l'extérieur de cette putain de Terre sur laquelle la vie fornique en circuit fermé. Seule une forme de vie extraterrestre peut donner à l'humanité une chance de se dépasser en étreignant autre chose qu'elle-même, ses images, ses doubles, ses variations génétiques, ses enfants naturels ou sa progéniture technologique…

Stefanski était totalement insensible à la sueur qui coulait de son front, le long de ses joues et disparaissait dans l'éponge rouge de sa barbe.

— Regardez le Piorno : c'est un portique ouvert sur le futur de l'homme. Qu'on mette la cybernétique et la biologie au service de la dissémination interstellaire de l'Humanité ! Là, j'applaudis des deux mains. Mais qu'on mette fin au ressassement de la Terre ! J'ai dit cela cent fois à Paul. Depuis peu de temps, il semblait enfin m'écouter. Car, ajouta-t-il soudain en lançant à Gillian un regard menaçant, ne pensez pas que je ne vois pas qu'on ne m'écoute pas !

Profitant de cette prise à partie, Gillian rassembla toute son énergie pour demander :

— Que savez-vous de l'enquête de Paul Morgan ? Des Technoscients ? Du « Fils de l'Homme » ?

Stefanski le dévisagea quelques secondes, les sourcils froncés, comme s'il réfléchissait intensément.

— Venez dans mon labo, dit-il, il commence à faire chaud.

À une cadence que Gillian ne put suivre qu'en esquissant par moments un petit trot, il franchit toute la forêt radio-astronomique, pénétra dans un bâtiment construit au bord du versant abrupt de la montagne et gagna une vaste pièce encombrée pour moitié d'écrans ou autres appareils de réception et pour moitié de livres et de papiers. Pendant plusieurs minutes, le géant roux farfouilla parmi ses dossiers.

— Lisez ! dit-il brusquement en tendant à Gillian une feuille pliée en quatre.

La lettre était courte ; elle était signée « Paul M. » et datée d'une quinzaine de jours.

Mon cher Ivan,

J'ai enfin appris des choses que je crois importantes par des amis californiens. Je t'en parlerai à loisir le 28, à l'occasion de notre escapade mensuelle. En bref : le bruit court dans le Réseau que l'avènement du « Fils de l'Homme » est proche. La biologie et, plus encore, la cybernétique y sont pour beaucoup (Tu vois, j'aurai quand même choisi le bon cheval !). Les recherches se poursuivraient près d'Albuquerque (le Nouveau-Mexique est décidément doué pour les projets apocalyptiques) ou encore en Arizona, au Nord de Flagstaff. Selon ce que je sais de la topographie du Réseau, il s'agit donc soit de l'Institut de Biologie du Futur du Rio Grande, soit (et c'est beaucoup plus probable) du Centre d'Anthropotechnologie Générale (qui noue des liens très étroits mais occultes avec la puissante *General Anthropotechnics,* bastion de la technocratie internationale), qui se trouve au milieu de la chaîne de San Francisco.

Amicalement à toi.

— Ce n'est pas lumineux, constata Gillian. Je connais bien la *General Anthropotehnics,* cette importante multinationale de l'industrie prothétique qui aurait accumulé, ces dernières années, des milliers de milliards de dollars en produisant à la chaîne par ordinateur quelques-uns des principaux organes humains artificiels autonomes, mais pour le reste… En savez-vous davantage ?

— Oui et non, déclara Stefanski. Morgan était un Permanent du Réseau depuis près de cinq ans. Il ne m'a jamais donné de détails, si ce n'est depuis quelques mois. Je vous l'ai dit : il avait « évolué ». En fait, si j'ai bien compris, entre lui et le Réseau, la lune de miel était terminée. Il prétendait qu'il aurait dû être nommé au moins directeur adjoint à Gador et qu'on l'avait écarté parce que, comme il disait, « il discourait trop volontiers et ne manipulait pas assez ».

— Vous avez vous-mêmes parlé des « Technoscients », docteur Stefanski. Qui sont-ils exactement ?

Le géant devait se sentir à l'étroit dans la pièce qui n'était pas davantage à la mesure de sa voix tonitruante. Il se leva en entraînant Gillian vers la sortie. Dès qu'ils furent dans la fournaise, Stefanski fit un geste dans la direction d'où Gillian était venu.

— Les Technoscients, ce sont eux qui ont créé l'Institut de Biocybernétique de Gador. A ma connaissance, c'est la caste supérieure des Permanents. Leur Conseil d'Administration international, si vous voulez. Morgan n'en faisait pas partie. Jadis, il rêvait d'entrer dans ce cénacle.

— Et le « Fils de l'Homme » ?

— Là, je n'en sais pas beaucoup plus que vous ! Mais je devine certaines choses. Voyez-vous, le Réseau des Grands Instituts de Recherche a pu être développé grâce au capital accumulé au cours des deux dernières décennies du XXe siècle par des scientifiques assez malins pour exploiter eux-mêmes commercialement et directement certaines découvertes. Le but du Réseau semble d'emblée avoir été double. Un : la promotion de la recherche techno-scientifique en général afin de préserver et d'augmenter le capital, unique garant de l'autonomie des Instituts vis-à-vis des gouvernements et des partis politiques. Deux : c'est, selon Paul, la finalité essentielle, la première n'est que le moyen de celle-ci : développer les recherches sur les possibilités de mutation technologique de l'homme. Paul m'a expliqué, il y a longtemps, que les véritables Technoscients, les fondateurs, étaient animés d'intentions quasi-métaphysiques. Convaincus qu'au stade actuel, l'homme était appelé à prendre en mains sa propre évolution, ils ont d'abord affecté les Instituts à cette recherche. À l'époque de ses premiers enthousiasmes, Paul me disait que les Instituts étaient le lieu d'une Quête : la Quête technologique par excellence, celle du successeur d'Homo. Mais c'est là le grand fourvoiement ! La quête du futur passe par les étoiles ! C'est l'évidence. Qu'est-ce que la Terre, sinon un vaisseau lancé dans l'espace interstellaire ? Cette vérité toute simple, que la Terre n'est qu'une *planète,* les Technoscients ne la comprennent pas ! Ils identifient la Terre au Monde, à l'Univers, et ils en déduisent que tous les éléments de l'avenir sont ici sous leurs yeux et à la portée de leurs mains…

Gillian s'était assis sur la première marche de l'escalier qui donnait accès à l'oreille géante d'un radio-télescope. Devant lui, irréel, l'exobiologiste poursuivait son discours haché, comme si, par le truchement inversé des innombrables antennes, il eût lancé ses phrases-interjections à la cantonade des étoiles.

Chapitre 6

DERNIÈRE HALTE

Gillian achevait d'exposer au Recteur de l'Université l'objet de sa demande : l'octroi d'une année sabbatique d'études aux USA. Son projet, avait-il expliqué, s'inscrivait dans le prolongement de son dernier livre. Il laissa son regard errer à travers la grande baie vitrée qui ouvrait sur l'avenue F. Roosevelt et, au-delà, sur les hautes frondaisons du Bois de la Cambre et de la Forêt de Soignes. C'était une belle journée de fin d'été. Bientôt, après les flamboiements d'automne, la nature éteindrait, encore une fois, ses feux. Au fond, il n'avait dit que la vérité. C'était bien à une enquête sur le génie anthropotechnologique qu'il comptait se livrer. Bien sûr, il avait exposé son projet de la manière la plus neutre, sans l'aura d'énigmes qui le nimbait. Il n'avait pas évoqué les recoupements possibles de son voyage et de l'enquête sur la disparition de Pierre et de Monique. Il n'avait fait qu'une allusion à cette double perte, persuadé qu'elle devait jouer en faveur de sa demande. D'ailleurs, depuis l'informatisation de l'Université et la généralisation de la pédagogie assistée par ordinateur, l'octroi d'une année sabbatique ne soulevait plus guère de difficultés, car la nécessité de la présence physique constante de l'enseignant avait perdu beaucoup de son importance. Il comprit qu'il ne s'était pas trompé lorsqu'il entendit le Recteur l'assurer que sa demande serait très probablement bien accueillie par le Bureau de l'Université et qu'il ne doutait pas du grand intérêt scientifique de son projet. De plus, avait ajouté le Recteur, ce séjour à l'étranger vous fera le plus grand bien.

En traversant les jardins plantés de marronniers qui menaient à la Faculté de Philosophie et Lettres, berceau historique de l'ancienne

Université de Bruxelles, toujours inchangée avec ses grandes fenêtres, ses murs de briques rouges, ses toits à pignons et sa haute tour d'horloge aux aiguilles dorées, Gillian croisa le Professeur Kendrick qui évita soigneusement de le voir. Kendrick était le titulaire de la toute nouvelle chaire de parapsychologie. Il avait fallu la pression du lobby écolo au Conseil d'Administration pour que l'Université finisse par officialiser cet enseignement. Les chaires de parapsychologie s'étaient curieusement multipliées à travers l'Europe. Gillian interprétait ce phénomène comme une réaction obscure à l'extension de l'informatique et de la télématique. C'était d'ailleurs depuis qu'il avait publié un article critique intitulé *De la communication informatique à la télépathie* qu'avait daté l'assombrissement de ses relations avec Kendrick. Ce dernier avait toujours vigoureusement refusé l'enseignement assisté par ordinateur. Même pour les cours de connaissances générales. Aussi donnait-il ses leçons comme jadis, dans l'un des rares amphithéâtres qui n'avaient pas été reconvertis en salle de terminaux. Un petit groupe de collègues, la plupart des littéraires et des philosophes, continuaient de dispenser leur enseignement sous forme orale, jugeant le verbe humain didactiquement irremplaçable. Certains rassemblaient d'ailleurs de grands auditoires. On assistait à leurs conférences comme on allait au spectacle ou au musée. Il y avait dans tout cela un mélange de jeu, de nostalgie et de vanité. Ces fidèles du verbe académique constituaient un cercle fermé, convaincu de sa supériorité. Ils n'adressaient guère la parole aux « informatisés », comme si la *parole* était une denrée que ces derniers étaient incapables d'apprécier à sa juste valeur. Les étudiants parlaient d'eux comme des « Anciens Combattants de la Parole », formule qui rappelait la longue lutte qui avait opposé les partisans de l'informatique aux tenants de l'enseignement naturel. Les Anciens Combattants de la Parole n'étaient guère plus d'une trentaine. Ce nombre modeste représentait cependant près de dix pour cent du corps professoral qui, précisément sous la poussée de l'informatique, s'était très considérablement réduit. Depuis la parution de *Species Technica,* la froideur de Kendrick à l'égard de Gillian était devenue glaciale. Et Gillian devinait pourquoi. Le parapsychologue rêvait également, à sa manière, de mutation de l'homme. Lui aussi avait le regard dirigé vers le futur. Mais l'avenir auquel il songeait était celui du développement naturel de puissances latentes de l'humanité. Latentes et anciennes. Car Kendrick enseignait que les pouvoirs « Psy » s'étaient perdus au cours de l'évolution de l'humanité, spécialement depuis que l'Occident avait pris le virage technologique et imposé à la planète entière son style d'existence. Le futur auquel rêvait Kendrick était une reviviscence de l'origine, une réanimation du passé le plus lointain.

Les couloirs de la Faculté étaient déserts. On ne rencontrait que de rares administratifs ou des techniciens, ou encore des membres du service d'ordre affecté à la garde du très coûteux matériel informatique. Nul étudiant. Gillian ne pouvait s'empêcher d'évoquer avec nostalgie le temps où, à cette époque de l'année, les couloirs étaient remplis d'étudiants fébriles et anxieux de passer l'examen. C'était le régime qu'il avait encore connu lui-même. Mais chaque fois qu'il se sentait envahi par la mélancolie du souvenir ancien de l'Université vivante, il s'obligeait à mesurer le mensonge de cette nostalgie : que d'angoisse, que de drames, que de temps perdu, que d'injustices, de déceptions, de malentendus avaient été le cortège obligé des sessions du bon vieux temps ! Aujourd'hui, les trois quarts des étudiants disposaient d'un terminal à domicile sur lequel ils pouvaient, à leur convenance, suivre toutes les leçons, faire tous les exercices et subir la plupart des épreuves. Par le même canal, ils avaient également accès au contenu informatisé de bibliothèques internationales. La minorité d'étudiants qui ne possédaient pas de terminal personnel trouvaient à leur disposition le millier de terminaux de l'Université. Les professeurs ne venaient à l'Université que quelques jours par mois afin de recevoir les étudiants qui éprouvaient des difficultés relatives aux cours programmés ou qui souhaitaient simplement discuter de l'un ou l'autre sujet. Régulièrement, des débats critiques étaient organisés à propos des cours informatisés que les professeurs avaient pour charge de maintenir parfaitement à jour.

Gillian venait d'atteindre le bureau de son vieux maître. Il frappa.

—Oui ! Entrez !

Il pénétra dans la petite pièce meublée à l'ancienne et décorée de quelques objets-mémoires qui apportaient une note personnelle. Des souvenirs vieux de près d'un quart de siècle le liaient à ce lieu qui l'avait vu successivement élève, assistant et, enfin, collègue du Professeur Jauret.

— Ah ! C'est vous, Gillian. Comment allez-vous ?

Le vieil homme se leva de derrière son modeste bureau de bois clair, la pipe au coin de la bouche, tendant la main et souriant de ce timide et enfantin sourire qu'il réservait à ceux qu'il aimait vraiment, et qui contrastait singulièrement avec ses yeux d'un gris métallique. Lorsqu'il souriait, tout son visage devenait plus rose, comme rajeuni. Malgré sa corpulence et son âge – il venait, ayant atteint soixante-dix ans, d'achever sa dernière année d'enseignement – il manifestait, lorsqu'il voyait une personne qui recueillait sa sympathie, une vivacité étonnante, comme si la vue d'un ami l'allégeait. En revanche, il paraissait se tasser et peser soudain deux fois davantage, lorsqu'il était en présence de quelqu'un qui excitait son antipathie ou son mépris.

Un nuage de fumée bleue flottait entre la porte et la fenêtre.

Jauret avança un fauteuil.

— Asseyez-vous, Gillian ! Et alors, ce séjour andalou ? Ma parole, vous avez un teint de Sénégalais !

Gillian sourit, heureux de cet accueil dont la gentillesse n'était pas feinte. Il fit le récit détaillé de son aventure à Gador, n'omettant rien. Le vieil homme l'écouta en silence, fixant sur lui ses petits yeux perçants et tirant de temps en temps de sa pipe une bouffée attentive. Gillian concluait :

— Je sors du bureau du Recteur qui m'a donné bon espoir. Bien entendu, je ne lui ai pas parlé de la motivation profonde de mon voyage aux États-Unis qui est l'enquête au sujet de la disparition de ma femme et de mon fils. Je pourrai sans doute partir début octobre. Que pensez-vous de tout ceci, Monsieur Jauret ?

En dépit du fait qu'ils étaient collègues depuis une douzaine d'années, Gillian continuait à s'adresser à son ancien maître en l'appelant « Monsieur ». Cette formule n'avait rien de forcé. C'était une vieille habitude, et l'un comme l'autre auraient trouvé incongru d'en changer. Il avait achevé son récit en demandant expressément l'avis du Professeur Jauret. Celui-ci, par pudeur et par respect d'autrui, préférait, en effet, généralement se taire, plutôt que de faire des commentaires ou de donner des conseils non sollicités.

— Où en est l'enquête de la police ?

—Nulle part. J'ai vu le commissaire la semaine dernière. Ils poursuivent leurs investigations dans les milieux Anarchecs. Comme ce mouvement a des contours extrêmement flous et des ramifications internationales, comme par ailleurs, ils ne se manifestent pas, les recherches sont très difficiles. Bref, on n'a pas avancé d'un pas. Or, voilà sept mois que Pierre et Monique ont disparu. D'ordinaire, les Anarchecs rendent leurs victimes après quelques semaines, trois ou quatre mois au plus. Bien sûr, il y en a que l'on ne retrouve jamais. Mais plus j'y songe, plus je pense qu'il ne faut pas négliger une autre hypothèse que celle de l'enlèvement Anarchec.

Le Professeur Jauret eut une moue dubitative.

—Je continue à croire, hélas, que c'est l'un ou l'autre groupe Anarchec qui a fait le coup. Toutefois, je ne pense pas que votre projet de séjour aux États-Unis soit une mauvaise idée en soi. A condition qu'il ne prenne pas le tour de votre voyage en Espagne ! Or, ce que vous me racontez ne me rassure guère. (Il fit une pause et tapota le fourneau de sa pipe contre le bord de la corbeille à papiers). Vous savez que je me suis consacré surtout et de plus en plus exclusivement à mon activité de romancier et que les livres que j'écris sont tout à fait anachroniques en ces temps de Science- et de Politique-Fictions. Je n'accorde que fort peu d'attention à toute cette agitation écologique, technocratique, anti-écologique et anti-technocratique ou anti-technoscientifique, si vous préférez. Toutefois, j'en comprends assez pour penser que vous allez vous aventurer dans des parages dangereux, qu'il s'agisse des Anarchecs ou des... Technoscients. Ce sont des fous, Gillian, les uns comme les autres, et des fous dangereux !

—Mais ils sont venus chez moi, dans ma maison ; ils m'ont arraché ce que j'avais de plus cher au monde ! Que voulez-vous que je fasse ? Que j'attende ? Que j'attende qu'un jour Pierre réapparaisse reconditionné aux slogans Anarchecs ou pire encore, et que Monique soit retrouvée morte d'un simulacre d'expérience sur la procréation ? C'est l'attente qui est intolérable, avec l'idée que, demain peut-être, on les retrouvera, mais dans quel état ! Au fond, je n'aurais jamais dû écrire ce livre. Ils sont venus chez moi parce que je les ai défiés. *Species Technica* ne pouvait qu'exciter leur colère...

Jauret eut un geste apaisant.

— Ne parlez pas ainsi. Ecrire un livre qu'on a senti et voulu n'est jamais un acte mauvais. Vous n'auriez pas pu ne pas l'écrire et vous auriez été incapable d'en écrire un autre. Un jour, peut-être, le pourrez-vous, le devrez-vous. Et vous distribuerez autrement les accents. Non parce que le malheur vous a frappé, mais parce que cet autre livre était en vous, attendant de mûrir. Mais revenons à votre récit. En somme, l'hypothèse que votre épouse et votre fils auraient été enlevés par ceux que vous appelez les « Technoscients » repose exclusivement sur les paroles sibyllines et peu cohérentes d'un moribond qui, même en pleine possession de ses moyens, vous avait déjà paru exalté. A supposer que vous ayez bien compris ces paroles obscures et qu'elles contiennent quelque vérité, dites-moi pourquoi les responsables d'un réseau de recherches technoscientifiques de pointe tremperaient dans l'enlèvement de votre fils et de votre femme ! Et aussi pourquoi ils ne se seraient pas manifestés ?

Gillian exhala un soupir et fit une grimace d'impuissance.

— Je ne sais pas, dit-il. Puis, après un moment de silence, il ajouta : Voyez-vous, Monsieur Jauret, je pense que mon voyage aux États-Unis tient autant de la quête que de l'enquête. Les paroles de Morgan m'intriguent et me fascinent, même s'il est probable que je ne trouve aucune trace de Monique ou de Pierre. La « Quête Technologique » ou la « Quête du Mutant Technologique », le mystérieux projet « Fils de l'Homme »... Peut-être ces expressions ne cachent-elles que l'ultime fantasme d'un fou prophétique. Mais une quête n'est-elle pas toujours, en grande partie, imaginaire ? Plus j'y songe, plus il me semble que mon voyage sera bien le prolongement concret, vécu si vous voulez, de mon livre. Je perçois une nécessité. (Il se tut quelques secondes, comme s'il avait été tout entier à l'accueil intérieur de la fatalité qu'il évoquait). Pour la première fois, j'ai l'impression d'avoir rencontré quelque chose comme mon destin.

— C'est bien ce qui m'inquiète, répondit aussitôt le vieil homme. Méfiez-vous de la démesure, Gillian. Des événements, un malheur, une idée, un désir et, surtout, la conjonction de tout cela peuvent vous mener bien au-delà de vous-même et vous détruire. Allez aux États-Unis, mais prenez ce voyage comme point de départ d'un autre livre, non comme l'accomplissement d'une fatalité. C'est dans les romans que les existences se décantent en destinées. La vie réelle n'est jamais qu'une caricature de destin et la fatalité qui semble s'y jouer n'est qu'un leurre, un reflet, un simulacre, qui aspire à quelque accomplissement littéraire.

Changeant délibérément de ton et avec un geste en direction des feuillets manuscrits qui encombraient le bureau, Gillian remarqua :

— Si je vois bien, vous êtes encore en train de tisser l'une ou l'autre destinée ?

Le vieil homme sourit.

— C'est vrai, avoua-t-il sur un ton d'excuse. Mais ce sera la dernière fois. Même l'écriture est pour moi trop grevée d'existence. La rêverie et le souvenir, le commerce rare de quelques amis choisis, suffisent à… mon bonheur.

— Dites-moi, Monsieur Jauret, quel en est le thème ? Serait-ce un essai ?

— Oh non ! Et moins encore un traité de philosophie.

Il se tut, le temps de bourrer une nouvelle pipe et de l'allumer.

Puis, prenant un ample appui contre le large dossier du fauteuil, comme pour s'ouvrir à la confidence, il expliqua.

— C'est une histoire très simple dans laquelle j'essaye d'exprimer mon sentiment profond que l'homme comme tel a de la valeur et qu'il s'accomplit par des actes de générosité, de charité, de pitié envers son semblable. Le secours apporté par l'homme – je veux dire : l'homme individuel – à l'autre homme, et la sorte de caducité ou de discrédit dont ce secours est frappé à notre époque, voilà le sujet de mon récit. En somme, il met en scène ce que j'ai appelé ailleurs la « sensibilité éthique », qui consiste à sentir que seule l'aide, physique ou morale, de l'homme accorde ce que l'on nomme pompeusement un « sens à l'existence ». Sous les coups conjugués du socialisme et de la technologie qui organisent et rendent impersonnelle et automatique l'assistance à des individus devenus, eux aussi, anonymes, la « sensibilité éthique » tend à disparaître. Cette assistance moderne n'est plus l'aide de l'homme auprès de l'homme. Elle est le fait de la Machine : machine sociale, technologie médicale, organisation des soins… La Machine est au chevet de l'Humanité, Gillian. Et nous n'avons nul besoin de cette monstrueuse sollicitude… J'ai lu, il y a quelques jours, que l'on commençait à maîtriser la technique de la correction des mécanismes génétiques de la complexion dépressive… Oh, je sais que vous allez encore penser que je suis un obscurantiste attardé et que tout ceci revient à suggérer que la souffrance est nécessaire à l'accomplissement de l'homme, qu'il soit aidant ou aidé... Que je suis hanté par le fantasme nostalgique d'un passé chrétien... D'ailleurs, c'est vrai : je suis un homme du passé, il n'y a d'homme que du *passé*... Votre propre récit, vos propres ambivalences ne disent rien d'autre. Nos questions sont les mêmes, Gillian, même si les accents diffèrent. Moi aussi, je sens que j'appartiens à une espèce qui, peut-être, est en train de s'éteindre. Mais je le regrette, car je crois qu'elle méritait mieux que cela.

Il s'interrompit. Ses yeux semblaient s'inspirer aux spirales de fumée grise et bleue, dont la danse lente unissait les deux hommes, et qui avait la même couleur que son regard. Enfin, il parut se secouer.

— Vous avez l'intention de partir dans combien de temps ?

— Dès que j'aurai reçu l'accord officiel de l'Université. Ma première escale sera Chicago. J'espère y retrouver Mademoiselle de Belmont et glaner quelque indication dans l'Institut dont elle relève désormais. Ensuite, je descendrai probablement vers le sud.

— Eh bien, bon voyage, Gillian. Donnez-moi de vos nouvelles. Et surtout, prenez garde à vous !

— Adieu, Monsieur Jauret.

Chapitre 7

MORT D'UNE CHIMÈRE

Quand Gillian atterrit à O'Hare Airport, il ne pleuvait plus, mais une humidité poisseuse suintait de partout, pénétrait tout. Des éclairs lointains striaient la nuit, au-dessus du Michigan. Durant les dernières minutes de vol, il avait admiré le spectacle de la géométrie lumineuse et clignotante de Chicago s'arrêtant net au bord de la masse noire impénétrable et infinie du lac-océan. Sa valise récupérée, Gillian se laissa choir à l'arrière d'un taxi qui paraissait aussi vieux et noir que son conducteur. Lancé sur le miroir obscur de l'asphalte à travers l'entrelacs des Freeways et Expressways étagés de la banlieue, assailli par les flashes innombrables de la circulation nocturne, Gillian se sentit aussitôt, malgré sa fatigue, captivé par le rythme américain. Chaque fois qu'il arrivait aux USA, il éprouvait le même sentiment d'être pris en charge par une énorme machine qui vous poussait en avant, vous faisait tourner, vous canalisait sans trêve ni répit. *Downtown.* La muraille soudaine des plus hauts buildings dressa son quadrillage scintillant, vous faisant passer sans transition des maisons de banlieue ne comptant pas plus d'un ou deux étages et que l'autoroute surplombait aux gratte-ciel de cinquante à plus de cent niveaux. A l'extrémité d'un défilé de béton, d'aluminium et de verre, la voiture déboucha sur l'immense étendue ténébreuse du lac où se jouaient, infiniment lointains, les derniers feux de la tempête. Quelques instants plus tard, Gillian se retrouvait au trentième étage d'un grand hôtel. Par la fenêtre, environné de tours géantes trois ou quatre fois plus élevées qui lui donnaient l'impression de ne pas avoir quitté le sol, il contempla l'innombrable battement lumineux du monstrueux cœur artificiel de Chicago.

Lorsqu'il sortit de l'hôtel le lendemain matin, un vent frais et sec venu de l'intérieur des terres achevait d'effacer l'humidité de la veille. L'hôtel n'était séparé du rivage que par la semi-autoroute du Lake Shore Drive. Gillian décida de commencer la journée par une marche le long du Michigan en direction de Grant Park. Au terme d'une petite heure assez éprouvante en raison de la quasi-inexistence de trottoirs et du stress permanent de la circulation rapide, il atteignit le parc. Sur l'esplanade où se déroulaient d'ordinaire de grandes représentations musicales et divers festivals, une foule de quelques centaines de personnes était rassemblée. La plupart des gens étaient assis sur de petits sièges pliants. Gillian se souvint que la bataille pour la présidence était sérieusement engagée opposant le métis californien Burt Lang, technocrate et républicain, président sortant de surcroît, à l'homme du Delaware, un démocrate largement soutenu par les mouvements écologistes et divers groupements marginaux, socialistes et spiritualistes. Les deux personnages qui officiaient à la tribune étaient de bien curieux militants. L'un était vêtu d'une robe verte, tandis que l'autre portait une toge rouge. Leur duo évoquait une étrange cérémonie plus qu'un meeting politique. Psalmodiant, le premier posait des questions ; le second répondait. Et ils alternaient, échangeant leur rôle, toujours sur le même ton monotone et emphatique de la litanie et de l'évidence. Gillian s'était assis. De part et d'autre de la scène, deux grands panneaux annonçaient en lettres vertes et rouges : « For Nature, Man and Society ».

— Est-il juste de limiter le peuplement du Monde par des drogues et autres artifices imposés par l'État ?

— Non. L'homme et la femme ont le droit et le devoir de procréer selon la nature. Le nombre de leurs enfants ne peut leur être dicté que par la Conscience et par l'Amour.

— Est-il juste de refuser à ceux qui présentent une infirmité génétique le droit d'avoir des enfants et est-il juste de corriger l'enfant qui va naître par la chirurgie génétique ?

— L'eugénisme est le Mal déguisé sous l'apparence du Bien. Les souffrants génétiques ont le droit et le devoir de vivre. Souvent par le passé, ils ont fait progresser l'humanité dans les arts et la culture.

Gillian perçut un murmure à côté de lui. Il tourna discrètement la tête et vit que sa voisine accompagnait l'orateur en récitant les répons. On se croirait à la messe, ou encore mieux, au catéchisme, songea Gillian. Autour de lui, de nombreux assistants se prêtaient activement au même exercice d'imprégnation psychique.

— Faut-il renoncer à la conquête de l'Espace, démanteler la ceinture de satellites qui enserre et menace la Terre, détruire la base lunaire et abandonner la colonisation des astéroïdes ?

— Oui. La place de l'Homme est sur la Terre. Ici s'accomplit son destin.

— Faut-il renoncer à la fusion de l'atome comme source d'énergie pour l'humanité ?

— Oui. L'atome comme l'étoile, le nucléaire comme l'interstellaire n'appartiennent pas au monde de l'Homme, au temps de l'Homme, à la Nature Humaine. La Terre, le Soleil, l'Océan et le Vent peuvent fournir à l'Humanité et à chaque individu en particulier toute l'énergie nécessaire sans rompre la Symbiose de la Nature et de l'Homme.

— Qu'est-ce que cette Symbiose ?

— La Symbiose de la Nature et de l'Homme est la Société bien comprise.

Soudain, le rythme s'intensifia. L'homme rouge lançait furieusement des questions brèves et les réponses fusaient.

— Peut-on geler le corps mort de l'Homme ?

— Non !

— Peut-on mêler les espèces ?

— Horreur !

— Peut-on mêler la Vie et la Machine ?

— Horreur !

L'assistance s'animait aussi. A droite de Gillian, la femme criait les réponses, le regard fixé sur la tribune, comme hallucinée.

— Biotechnologie !

— Abomination !

— Anthropotechnologie !

— Abomination !

— La Chimère et le Cyborg !

— A mort ! A mort !

C'était fini. Les gens se levaient. L'homme assis à gauche de Gillian et qui était resté silencieux jusque-là demanda avec un sourire aimable :

— Qu'en pensez-vous ?

— ...

— Vous êtes d'ici ?

— Non. Je suis étranger. De Bruxelles, en Belgique.

— Ha ! Très bien. Trouve-t-on aussi chez vous, pareil... spectacle ?

— Pas à ma connaissance. C'est très étrange... un peu inquiétant, non ?

— Plus que cela ! A l'approche des élections, les tensions se sont durcies à l'extrême. Les manifestations des groupes écologiques et social-écologiques se multiplient et rassemblent chaque jour plus de personnes. Hier, à Atlanta, il y eut un début d'émeute. Le plus étonnant est que cela rappelle davantage l'agitation raciale que la manifestation politique. Comme si deux races s'opposaient aujourd'hui en Amérique qui ne sont plus les Blancs et les Noirs. C'est plus profond qu'un clivage idéologique. Les partages politiques sont d'ailleurs en grande partie emportés et dissous dans la nouvelle polarisation.

Les deux hommes approchaient de Buckingam Fountain qui lançait très haut sa symphonie d'eau. Le soleil brillait dans un ciel dégagé. C'était une de ces journées douces de l'arrière-saison américaine.

— Quels étaient ces gens ? interrogea Gillian.

— Je n'en sais trop rien. Je suis moi-même spécialiste en informatique administrative et je m'étais approché par curiosité. Sans doute l'un des milliers de groupes mi-religieux et mi-socialistes teintés d'écologisme qui prolifèrent en Amérique et pourrissent la société. Le plus étonnant, c'est qu'en dépit de leur très grande hétérogénéité, ces groupes se retrouvent, se reconnaissent, s'allient, comme s'ils sécrétaient tous la même odeur spécifique.

— Il a parlé de « Technoscients ». Qu'entend-il par là ?

— Oh, c'est le terme vague et générique pour désigner l'adversaire. Il y a les Anarchecs et les Technoscients.

—Mais, est-ce que « Technoscient » n'est pas le nom d'un groupe, d'un parti déterminé ?

—Pas que je sache. Mais je suis tout cela d'une manière assez distraite. J'espère seulement que ce sera Lang qui l'emportera.

—Sinon...

—Sinon l'Amérique est fichue pour longtemps. Car de deux choses l'une. Ou bien les hommes responsables et sensés ne réagissent pas et permettent aux Anarchecs de ruiner tout ce que l'Amérique a conçu de grand au cours de ce dernier quart de siècle. Ou bien, comme je le crois, ils réagissent et alors cela pourrait prendre le tour d'une guerre civile sans merci. Au revoir. Je vous souhaite un bon séjour dans ce pays.

Songeur, Gillian se dirigea vers Michigan Avenue. Il ne tarda pas à dénicher un petit snack automatique où il déjeuna d'un repas frugal arrosé d'une infusion insipide. Il était près de quatorze heures. L'Institut d'Anthropocybernétique était trop éloigné pour qu'il puisse s'y rendre à pied. Il était situé bien au sud de l'Université de Chicago en lisière des faubourgs de Hammond, pratiquement sur la frontière de l'Illinois et de l'Indiana. A la hauteur du Fields Museum, il héla un taxi qui fila vers le sud en suivant Lake Shore Drive. Au passage, Gillian reconnut l'ancien Museum des Sciences et de l'Industrie qui avait pris des proportions gigantesques sous le nom de United States Museum of Science and Technology. Une quinzaine de minutes plus tard, le taxi s'arrêtait non loin de Calumet Harbour.

L'Institut d'Anthropocybernétique du Michigan ne passait pas inaperçu. Adossé à Calumet Park qui s'ouvrait directement sur le lac, il était le seul gratte-ciel des environs. Tout en marbre noir et glaces teintées de bronze, écrasant de ses trente étages les pavillons résidentiels qui l'entouraient, il était à la fois imposant et étrange. Comme un colossal coin d'autre monde massivement fiché au milieu d'un paysage paisiblement familial. On avait l'impression que les mêmes êtres n'avaient pu réaliser l'Institut et construire pour y habiter les petites maisons carrées, entourées de verdure, dont plusieurs étaient en bois. Dans le centre de la ville, l'Institut serait passé quasi inaperçu, écrasé lui-même par des géants bien plus massifs et plus élevés. Ici, son arrogante et sombre démesure éclatait. Gillian s'approcha de la large entrée composée de hautes vitres à glissière, fumées et épaisses comme un blindage. Lorsqu'il fut sous le portique à moins d'un mètre de la paroi de verre, une voix s'éleva.

— Vous ne pouvez stationner ici ! Si vous êtes un visiteur, déclinez votre identité et la raison de votre venue.

Gillian devinait que l'œil invisible d'une caméra le filmait au même instant.

— Professeur André Gillian de l'Université de Bruxelles-Wallonie. Je viens voir Mademoiselle Mary-Ann de Belmont.

— Un instant.

Gillian avait écrit à Mary-Ann une quinzaine de jours avant son départ pour lui annoncer son passage.

— Votre visite n'est pas programmée. Nous contactons Mademoiselle de Belmont.

Deux minutes plus tard, une fraction de la paroi d'entrée glissait silencieusement.

— Mademoiselle de Belmont descendra vous chercher dans quelques minutes.

Au milieu du hall, où il n'y avait âme qui vive, comme flottant dans l'air, un grand hologramme tournait lentement. Pour autant qu'il pût en juger, Gillian estima qu'il représentait de façon stylisée, la jonction d'une architecture électronique et d'un système nerveux. Les lignes et les formes de l'étrange œuvre d'art semblaient vivre. Certaines vibraient, d'autres étaient animées d'une légère pulsation, d'autres en fin lançaient des reflets irisés. Des millions de quanta de lumière parcouraient sans relâche l'extraordinaire entrelacs. On devinait le clignotement d'une myriade de synapses.

Absorbé par la sculpture de lumière vivante, Gillian ne remarqua pas le glissement de la porte de l'ascenseur, au fond du hall.

— Etonnant, n'est-ce pas, Professeur Gillian ? C'est le symbole de notre Institut.

Gillian se retourna. Il avait reconnu la voix de Mary-Ann. Elle portait le sévère uniforme blanc des permanents, mais sa longue chevelure d'ébène veinée de bronze demeurait inchangée.

— Mary-Ann ! Je suis heureux de vous revoir.

Elle répondit sur un ton qui, sans être hostile, était réservé, presque froid.

— Quelle surprise de vous voir ici, Professeur. Je vous quitte voilà quatre mois dans le sud de l'Espagne et vous voici sans crier gare à Chicago !

— N'auriez-vous pas reçu ma lettre ?

— Non. Allons dans la salle de réception, vous m'expliquerez tout cela.

Ils se dirigèrent vers une porte, vitrée encore, qui s'ouvrit sur un salon dans lequel plusieurs fauteuils entouraient une sculpture plus étrange encore que l'hologramme géant du hall d'entrée. Il s'agissait d'un cylindre transparent haut de deux mètres et d'une cinquantaine de centimètres de diamètre dans lequel « vivait » un étrange liquide qui paraissait défier toutes les lois de la dynamique des fluides et de la pesanteur.

— De l'hélium, à la température du zéro absolu. Amusant, n'est-ce pas ?

Gillian nota aussi que tout autour de la salle ovale étaient disposés des bacs dans lesquels croissaient des plantes inconnues. Il eut la conviction qu'il s'agissait d'espèces hybrides absolument artificielles, produits décoratifs particulièrement sophistiqués de la phyto-ingénierie.

Sur un ton plus chaleureux, Mary-Ann avait repris :

— Eh bien, Professeur, serait-ce seulement pour me revoir que vous avez entrepris ce saut par-dessus l'Atlantique ?

— Si je suis venu à Chicago, c'est bien avec l'espoir de vous rencontrer. Toutefois, mon voyage ne s'achève pas ici. Mais avant tout, je dois vous féliciter. Vous voilà membre du cénacle des permanents. C'est un signe indéniable de votre très grande compétence.

— En réalité, je suis permanente à l'essai. Pour un an. Ensuite, mon contrat sera ou non renouvelé, ici ou ailleurs. Et ce n'est qu'au terme de ces deux années que je pourrai devenir permanente définitive.

— Mais c'est une véritable initiation. Presque une ordination !

— N'exagérons rien, Professeur. Je suis tout à fait libre. Seul un contrat de travail et de recherche me lie à l'Institut. Au terme de celui-ci, je puis m'en aller ; de même, l'Institut peut ne pas me réengager. Vous avez une vue bien curieuse de notre statut, ajouta-t-elle en souriant. Déjà, à Gador, on avait le sentiment, à vous entendre, que les membres de l'Institut étaient comme des prisonniers aux mains de puissances occultes. Nous ne sommes que des chercheurs, Professeur.

— Ecoutez Mary-Ann, répliqua Gillian que commençait à agacer le ton sentencieux et légèrement protecteur de la jeune femme, je ne suis pas un enfant ignare et superstitieux. Ne nous simplifions pas et ne nous caricaturons pas mutuellement, voulez-vous ?

— Excusez-moi. Puis-je vous demander si vous avez (elle hésita) retrouvé votre femme et votre fils ?

Dans ses yeux moirés de vert, Gillian crut lire la compassion et l'intérêt sincères qui l'avaient ému à Gador.

— Non. Aucune nouvelle. Ou plutôt, si.

Il la regarda bien en face, presque avec dureté, décidé à se jeter à l'eau :

— Aux dernières nouvelles, ce ne seraient pas les Anarchecs, mais les Technoscients qui se dissimuleraient derrière l'enlèvement.

Pâlit-elle ? Eut-elle le mouvement de se lever, comme pour s'échapper ?

Ce fut imperceptible. Déjà, elle questionnait :

— Que voulez-vous dire encore ? Décidément, au moment même où vous me reprochez de vous prêter...

— Ecoutez, coupa Gillian, ne pourrai-je vous parler ailleurs que dans ce salon et en face de ce liquide dément ? Puis-je vous inviter à dîner ce soir ?

— Impossible. Durant toute la semaine, je serai bloquée à l'Institut. C'est mon tour de garde. Il n'a lieu qu'une fois tous les deux mois environ et il commence précisément aujourd'hui. Mais nous pouvons aller dans mon bureau, si vous préférez...

Ils se turent jusqu'au bureau de la jeune femme. La pièce était de dimensions modestes, fonctionnellement aménagée suivant les principes impersonnels de la bureautique. Aucune touche personnelle ; pas même la moindre note féminine dans ce volume télématisé. Gillian secoua le sentiment de tristesse qui l'avait envahi.

— Mary-Ann, j'aimerais vous parler très sérieusement. Il s'agit pour moi d'une chose grave. (A nouveau, il avait plongé son regard clair dans les yeux de la jeune femme). Avant de mourir, Morgan a voulu me parler. Il m'a dit à peu près ceci : les Technoscients du Réseau des Instituts travaillent à un projet appelé « Fils de l'Homme ». Ils seraient à l'origine de la disparition de Pierre et de Monique. Que savez-vous de ce projet ?

Elle garda un moment le silence, sans détourner les yeux. Puis, elle eut un soupir et baissa son regard pour répondre d'une voix douce.

— J'ai vraiment de la peine pour vous, Professeur. Je crois que la douleur provoquée par la perte des êtres qui vous sont chers vous empêche d'apprécier les faits et les dires à leur juste mesure. Je n'ai jamais entendu parler d'un « Projet Fils de l'Homme » et je ne comprends pas comment vous pouvez suspecter les dirigeants du Réseau. Votre désarroi est la seule excuse. L'organisation des Instituts n'est ni plus ni moins secrète que celle de n'importe quelle multinationale. Mais ses buts sont beaucoup moins intéressés. Nous ne recherchons pas la puissance pour la puissance, Professeur, ni l'argent pour l'argent. Si le docteur Morgan a réellement prononcé les paroles que vous me rapportez, j'en conclus seulement qu'il délirait.

— Morgan ne délirait pas, car dans une lettre écrite quinze jours avant son accident, il notait des indications similaires. Il tenait aussi un journal. Evidemment, je n'ai pu me le procurer après sa mort. Mais je suis persuadé qu'il aurait été significatif. Enfin, peut-être ne savez-vous rien... Je regrette surtout...

Il fut interrompu par un bruit d'explosion suivi d'une clameur qu'étouffait l'épais vitrage. Ils se précipitèrent à la fenêtre. A une dizaine d'étages en contrebas, une centaine de personnes étaient rassemblées en face de l'entrée de l'Institut. Des poings brandissaient des panonceaux que l'angle et la distance rendaient indéchiffrables.

Avec une moue de mépris, Mary-Ann de Belmont laissa tomber :

— Encore une manifestation Anarchec. C'est au moins la dixième depuis mon arrivée ici. Elles deviennent de plus en plus fréquentes et violentes.

Gillian fixait attentivement un visage au premier rang.

—Là, regardez, à peu près au milieu du premier rang, à côté d'une femme qui agite un drapeau vert et brun. Ce visage carré, cette chevelure noire ! Je suis sûr d'avoir déjà vu cet homme. Et, me semble-t-il, en votre compagnie.

Mary-Ann fronça les sourcils.

—Mais... Vous avez raison. Sertigo. Le père Sertigo !

—Vous avez trouvé. Sertigo. En tous cas, si ce n'est pas lui, cela lui ressemble terriblement. Mais il n'y a pas de doute. Son costume civil m'a empêché de l'identifier directement. Qu'est-ce que ce curé d'enfer manigance à Chicago ?

—Vous voyez bien, toujours la même chose mais selon un style un peu différent. Il a dû trouver en Amérique un terrain particulièrement propice et de nombreuses affinités pour sa propagande anti-évolutionniste. Les sectes qui défendent la vérité littérale de la Genèse ne manquent pas et sont très actives.

Gillian continuait de fixer le père Sertigo.

—Je vais le suivre, décida-t-il. Est-il possible de sortir autrement que par la grande porte ?

—Mais pourquoi voulez-vous le suivre ? Cela peut être dangereux !

—Si les membres de l'Institut ne savent rien ou prétendent ne rien savoir à propos de ce qui se trame chez eux, je n'ai d'autre recours que de me tourner vers leurs adversaires pour obtenir des informations. De toutes façons, je n'ai plus grand chose à perdre, Mary-Ann.

Elle posa la main sur son bras, le considérant avec tristesse et gravité. Il fut sur le point de faire une ultime tentative pour l'arracher à l'Institut, l'inviter à le suivre, à l'écouter, se sauver en la sauvant, ou du moins alléger son propre destin en le partageant. Il caressa avec douceur les longs cheveux qui coulaient, tels du bronze sombre sur les épaules de la jeune femme, heureux de retrouver pour quelques secondes la dimension de la vie, et désespéré de la savoir sans lendemain. Il retira sa main.

—Dites-moi comment sortir !

—Par les garages, mais...

—Allons-y, Mary-Ann, conduisez-moi !

Subjuguée, elle le précéda vers l'ascenseur. La cabine descendit en silence. Ils longèrent un couloir chichement éclairé, puis virent apparaître la lumière du jour.

— Vous allez déboucher sur le côté droit de l'immeuble. Il suffit de tourner le coin pour retrouver l'avenue principale, dit-elle.

Arrivés à la sortie, ils s'étaient arrêtés. Plus que jamais, Gillian la trouva menue et fragile. Ses yeux glissèrent sur les chaudes couleurs de son visage, avant de basculer une dernière fois dans le puits vert de son regard. De nouveau, elle le retenait par le bras.

— Prenez garde à vous, André, dit-elle. Je serais désolée s'il vous arrivait quelque chose. Abandonnez votre projet. Tous ces gens, Sertigo, ce sont des fous !

— Peut-être. L'homme n'a le choix qu'entre plusieurs folies. Ne voyez-vous pas que cet Institut, et ce qu'il représente, est aussi une œuvre démente ? J'ai choisi ma folie, Mary-Ann. Et je n'ai que cette folie à vous offrir. Au moins, elle est vivante et généreuse. Venez avec moi !

Le cri lui avait échappé.

— Je ne peux pas ! Renoncez et revenez me voir dans une semaine. Nous pourrons passer une soirée ensemble.

Gillian sourit. Un sourire clair, presque joyeux dans son écrin de désespoir.

— Je vous offre une folie et vous me proposez une soirée ! Mais merci quand même, petite fille, vraiment merci.

Il l'embrassa légèrement à la racine de ses longs cheveux.

— Adieu, Mary-Ann !

Il sortit, tourna le coin et se retrouva parmi les badauds qui entouraient la manifestation. Une pluie fine s'était mise à tomber. Gillian se fraya un chemin afin de se rapprocher de Sertigo. C'était bien le curé de Felix, avec son visage de grand fauve et ses épaisses mains mobiles. L'absence de soutane le rendait cependant moins imposant. La pluie s'intensifia. Gillian, en veston, frissonna. Il constata avec satisfaction que les manifestants commençaient à se disperser. Brusquement, le père Sertigo se mit en route. Gillian lui emboîta le pas, en veillant à maintenir entre eux une cinquantaine de mètres. Aussi longtemps qu'ils seraient dans la foule, il ne risquait pas d'être repéré. Ayant suivi l'avenue sur quelques centaines de mètres, Sertigo s'engagea dans une artère latérale formée de maisons basses et plus pauvres. Les gros nuages avaient hâté la venue du soir favorisant la filature. Ils marchèrent ainsi durant une quinzaine de minutes, s'enfonçant dans un quartier de plus en plus sordide dont les seuls habitants semblaient être quelques gamins de couleur misérablement vêtus. Gillian venait de croiser un clochard marmonnant qui répandait autour de lui une puanteur innommable, lorsque Sertigo bifurqua une nouvelle fois pour s'engager dans une ruelle crasseuse très étroite et sombre. A l'entrée de la sinistre venelle qui s'enfonçait parmi des baraques croulantes, Gillian hésita. Il tenta de percer les ténèbres. Mais l'obscurité et aussi les dépôts de caisses et de ferrailles empêchaient de voir au-delà d'une vingtaine de mètres. Sertigo avait disparu. Prudemment, Gillian fit quelques pas. La présence derrière lui de deux gamins qui l'observaient en ricanant le poussa en avant. Ici, il n'y avait plus de trottoir, mais de la boue. Absorbé par les difficultés de la progression, Gillian perçut trop tard le frôlement dans l'ombre d'une porte béante qu'il venait de dépasser. Une grande étoile blanche parut exploser dans sa tête en même temps qu'il éprouvait une douleur fulgurante à la nuque. Il s'écroula en avant.

Lorsqu'il reprit ses esprits, il se retrouva étendu sur un très vieux divan dont l'étoffe était humide et déchirée. Toute la pièce paraissait moisie. Elle était éclairée par une petite ampoule qui pendait à un fil au milieu du plafond. Devant lui, deux hommes étaient assis à califourchon sur des chaises qui craquaient au moindre mouvement. Gillian reconnut Sertigo, dont le regard hypnotique le dévisageait sans aménité. L'autre était un métis inconnu. Une femme rousse, grande et maigre était debout, une main posée sur l'épaule du père. Elle considérait Gillian avec des yeux pleins de haine et de mépris.

— Voilà ce qui arrive quand on fait l'espion.

C'était Sertigo. Une lueur ironique brillait dans ses yeux sombres. Gillian avait la bouche pâteuse et des élancements de douleur en provenance du sommet de son crâne faisaient passer des éclairs blancs devant ses yeux. Sans bouger, il articula avec difficulté :

— Je ne suis pas un espion. Je voulais vous parler.

— Me parler ? Allons donc ! C'est bien vous qui étiez à l'église de Felix, avant l'émeute ?

Gillian fit un signe affirmatif.

— Alors qu'est-ce que vous faites ici ? Là où il y a un de ces maudits Instituts, on vous voit. Ne seriez-vous pas une sorte d'Inspecteur du Réseau ? Peut-être avons-nous mis la main sur un oiseau rare et de valeur !

Gillian rassembla toutes ses forces pour répondre d'une voix la plus ferme possible.

— Vous n'y êtes pas du tout Sertigo. Mais c'est une longue histoire. J'ai horriblement soif et mal à la tête.

Il se redressa péniblement, tandis que Sertigo le dévisageait.

— Donne-lui quelque chose avec de l'eau !

La femme s'exécuta sans mot dire et avec une mauvaise grâce évidente. Elle tendit à Gillian un verre d'eau et laissa tomber à côté de lui un comprimé blanc. Le verre était sale, mais il but et avala le comprimé.

— Tâchez que votre histoire tienne debout ! La vie d'un dégénéré de Technoscient ne vaut pas cher par ici.

Le métis ricana.

Gillian réfléchit rapidement. De toutes façons, son camp n'était pas celui des Technoscients, même s'il ne se sentait pas plus proche de celui des Anarchecs. En outre, il ne tirerait aucune information des membres du Réseau, alors que la faune fréquentée par Sertigo et Sertigo lui-même savaient peut-être quelque chose. Enfin, il sentait bien que l'ancien curé ne plaisantait pas et qu'il avait intérêt à paraître crédible. Aussi raconta-t-il tout : la double disparition, les premiers soupçons sur les Anarchecs, l'invitation à Gador, enfin la mort de Morgan qui avait bouleversé les cartes. Comme Gillian achevait son récit en s'interrogeant sur le sens des paroles de Morgan, Sertigo dit d'une voix que la colère gonflait :

— Nous avons aussi entendu parler d'un « Fils de l'Homme ». Dans le milieu des Technoscients, cette expression ne peut signifier que l'abomination ultime, la forfaiture suprême crachée à la face du

Seigneur. Qu'ils osent parler ainsi de leur propre œuvre manifeste assez que les Technoscients incarnent les forces du Mal.

Spontanément, l'ancien prêtre avait retrouvé le ton du prêche. Ses mains s'animaient, son regard semblait vouloir dominer une foule imaginaire. Gillian tenta de le ramener à une vue plus pratique.

— Ce n'est pas cela qui nous apprendra ce que désigne concrètement l'expression « Projet Fils de l'Homme ». Si nous voulons dénoncer et détruire ce projet, il faudra s'y prendre autrement qu'avec des mots et des anathèmes.

Mais il avait compté sans le raffinement cultivé de l'exaltation de l'ex-curé. Celui-ci se leva.

— C'est ce qui vous trompe, lança-t-il. C'est vous qui faites erreur ! Ce sont des mots, seulement des mots inspirés par Dieu qui peuvent vaincre et réduire le Mal Technocratique. Seule la puissance du Verbe peut triompher des forces de l'Anti-Verbe, comme la Lumière vainc les Ténèbres. Car Dieu *est* Verbe, et l'Homme n'est que Sa Parole, cette Parole que les Technoscients ignorent et cherchent à détruire. Le Pouvoir Technoscient sera renversé et anéanti lorsque la Parole résonnera de nouveau sur l'Humanité pour la rendre à elle-même. Seuls des mots peuvent détruire les machines et seul un Homme parlant au nom de Dieu renversera l'abomination du Fils de l'Homme !

Debout, théâtral, Sertigo était tel un acteur de tragédie grotesquement égaré sur une scène dérisoire et sordide. Mais dans ses dernières paroles, Gillian devinait une vérité qu'il n'eut pas le loisir de méditer. Deux hommes venaient d'entrer dans la pièce.

— Vous venez, Padre ? C'est l'heure !

Sertigo fit un signe à Gillian.

— Suivez-nous, ainsi vous verrez une forme de l'abomination !

Rudement guidé par le métis, Gillian se retrouva bientôt serré entre celui-ci et un noir, dans une camionnette reconvertie en autobus de fortune. Il se demandait où ces marginaux de la croisade Anarchec pouvaient bien se rendre à plus de dix heures du soir. Il commençait à douter qu'ils puissent lui apprendre quelque chose de précis. Sertigo semblait s'être imposé comme le meneur d'un groupe local en raison de sa personnalité aussi exceptionnelle que pathologique, toute enflammée de symboles et de phantasmes qui anéantissaient son jugement. Gillian ne voyait pas comment par ce canal il lui serait possible d'entrer en contact avec des dirigeants plus importants de l'Anarchécologie Internationale qui, sans aucun doute, en savaient plus long sur les activités et les desseins de la Technoscience mondiale. Son premier souci devenait la reconquête de sa liberté dans les meilleures conditions possibles. Dans un bruit de ferrailles entrechoquées, la vieille camionnette s'arrêta. Toujours surveillé par le métis, Gillian sauta à terre. Il n'avait pas la moindre idée de l'endroit où il se trouvait. Il ignorait même si les étapes successives de cette soirée l'avaient éloigné ou rapproché du centre du gigantesque océan urbain de plus de quinze millions d'habitants que constituaient Chicago et sa grande banlieue. Il eut le temps de voir une route sombre, des maisons basses, un terrain vague, avant d'être propulsé à l'intérieur d'une sorte de hangar où une centaine de personnes étaient déjà assises sur des banquettes misérables. Dans le fond, mal éclairé par d'antiques néons, on distinguait une sorte d'estrade, une table assez longue était dressée recouverte d'une nappe verte. Au milieu de la table, un vase doré en forme de calice flanqué d'un crucifix et d'un long couteau dans lequel Gillian crut reconnaître une navaja espagnole. Les murs étaient décorés de symboles divers. Gillian fut contraint de prendre place au troisième rang. Sertigo avait disparu. Bientôt retentirent trois coups de gong qui devaient annoncer le début de la cérémonie, car l'assemblée fit aussitôt silence, comme pour se recueillir. Sertigo revêtu d'une longue robe noire parut sur l'estrade. Un seul nénon demeura allumé au-dessus de la table. Gillian avait l'impression de vivre une caricature démentielle de l'épisode de l'église de Felix. Sertigo laissa planer en silence, durant plusieurs secondes, sur l'assemblée son regard de rapace royal. Puis, sa voix pleine et vibrante s'éleva.

— Frères, Sœurs, nous voici une nouvelle fois réunis pour rendre hommage et gloire au Dieu de l'Homme. Depuis plusieurs siècles, des hommes impies ont voulu nier les Vérités Fondamentales de la Bible. Poussés par une malignité suicidaire, ils ont commencé par nier la place supérieure et privilégiée de l'Homme dans la Nature, dans le Temps et dans le Cosmos. Ils ont enseigné ces choses, substituant un savoir trompeur, sacrilège et immoral à la Vérité instruite par la Parole de Dieu. Ils ont osé dire que l'Homme descend de la bête, que ni l'Homme ni la Terre n'occupent de place privilégiée dans l'Univers ; ils ont eu l'audace de proclamer que l'Homme est fait de Hasard et de Matière, ces deux anti-dieux du monde moderne. Ils ont comparé l'Homme et l'Esprit lui-même à la Machine. (Il s'arrêta quelques secondes afin de laisser ses paroles imprégner l'assistance). Mais aussi longtemps qu'ils disaient des choses et les enseignaient, ils n'étaient que des fous qui déliraient dans leurs paroles. Depuis quelques années, ils sont passés de la parole à l'acte. Voici qu'ils voudraient par l'acte et l'outil, par le geste et la machine, continuer la Création Divine ! Pauvres et vains moyens ! Dieu créa par son Verbe et seul le Verbe est créateur dans la Lumière et dans l'Ordre. Le geste et l'outil façonnent vainement dans les ténèbres et dans l'impuissance. La Manipulation est l'autre inférieur et difforme de la Création. La Manipulation défait et contrefait ce que le Verbe a fait. La Manipulation est le Mal absolu qui produit des monstres et non des créatures et des êtres. Simulacres, leurres, néants, les Chimères sont les enfants immondes des Technoscients. (Il fit encore une pause). Frères, nous sommes ici rassemblés pour rendre gloire à l'Homme-Dieu, à la Nature-Dieu, pour restituer à la Créature du Verbe et de la Lumière, sa souveraineté dans l'Être et pour rendre au Néant les artifices du Néant. J'ai nommé *la Chimère,* figure de l'Abomination.

Tandis que Sertigo prononçait, en un crescendo hystérique, ces dernières phrases, deux hommes sortirent des coulisses, traînant par des chaînes une créature étrange. Gillian, qui n'était pas trop éloigné de la scène, put la détailler à loisir. Elle induisait d'emblée ce sentiment de malaise et d'inquiétude indéfinie vaguement surnaturels, que l'homme éprouve lorsqu'il se trouve soudain confronté avec cela même qui ne pourrait ni ne devrait être. Les monstres et les merveilles, les événements inexplicables qui n'entrent ni dans l'ordre ni dans la nature des choses éveillent semblable sentiment. Il s'agissait d'une impression globale car, à l'analyse, l'être poussé sur la scène se laissait dissocier en des éléments familiers, telles les pièces connues d'un puzzle assemblées d'une façon insensée. Pourtant, il y avait plus qu'un simple désordre du familier. Car on sentait bien qu'il y avait là une *nouvelle unité ou intégrité,* mais étrange, inclassable, à laquelle ne faisait écho aucune identité ou individualité de la même espèce. C'était un nœud d'analogies, une créature métaphorique. D'emblée, Gillian la trouva belle. Elle avait de grands yeux de gazelle au-dessus d'un museau pointu comme un bec d'oiseau. Elle était dressée sur ses membres postérieurs et toute recouverte d'une toison grise et blanche dont il était impossible de dire si elle était de duvet ou de fourrure. Par l'échancrure de cette toison, la poitrine nue évoquait les seins roses et blancs d'une femme. Ses membres antérieurs étaient étonnamment fragiles et graciles. Elle était comme une biche aux allusions d'oiselle... Elle lançait autour d'elle des regards où Gillian croyait lire l'angoisse et la honte, l'effroi et le désespoir. Il ressentit aussitôt une immense pitié pour cette créature née des phantasmes de certains hommes et qui allait être sacrifiée aux phantasmes d'autres hommes. Car le redoutable prédicateur se muait en un sacrificateur barbare. La chimère avait été enchaînée à la table-autel, son long cou gracile ployé pour le supplice au-dessus du calice. Elle ne paraissait guère sauvage et ne faisait que peu d'efforts pour se libérer. Dans l'assistance, les têtes s'étaient dressées dans un mouvement d'excitation mauvaise. Gillian percevait physiquement autour de lui l'érection mystico-sadique de la foule. Sertigo avait saisi le grand couteau. Il leva les deux bras, pareil à un noir charognard dont seule une aile aurait été munie d'une griffe mortelle. Dans cette posture, il adressa à la foule des paroles rituelles.

— Frères, voici une figure de l'Immonde. Voici la Chimère, fille de la Manipulation.

Et l'assemblée reprenait : Voici la Chimère, fille de la Manipulation.

— Frères, voici l'Anti-Nature, le blasphème suprême à la face de l'Homme et de Dieu. Voici la Chimère, fille de la Manipulation.

— Voici la Chimère, fille de la Manipulation, reprit la foule avec plus de violence.

— Frères, voici une forme du Néant, une chose incréée, un leurre du Démon. Voici la Chimère, fille de la Manipulation.

— Frères, il nous faut restaurer l'ordre des choses. Il nous faut rendre la nature docile à la Voix de Dieu et au regard de l'Homme. Il nous faut anéantir le néant, renvoyer au chaos ce qui appartient au chaos.

Et la foule reprit : Il nous faut renvoyer au chaos ce qui appartient au chaos.

— Frères, la Chimère ne saurait mourir. Ce n'est qu'une image qu'il nous faut crever.

Et l'assemblée, debout, hurlante, déversa sa haine sadique et sa peur suintante de l'inconnu : Ce n'est qu'une image qu'il nous faut crever !

Gillian, assis, n'avait plus le courage de regarder. Il songeait à l'incommensurable solitude de ces créatures. D'où venait-elle ? Sans doute avait-elle été enlevée dans quelque laboratoire de bioingénierie. Il savait que depuis quelque temps des chercheurs avaient réussi à synthétiser génétiquement de nouvelles formes de vie supérieures. La publicité de l'exploit était restée fort discrète et jamais Gillian n'avait vu de chimère. Cette vue, maintenant, le révoltait. La chimère était moins l'incarnation du mal que celle de la plus affreuse des solitudes. Une solitude cosmique, sans commune mesure avec la solitude d'un homme qui se reflète à l'infini dans la solitude de tous et de toutes. Ici, la solitude était sans écho ni ressemblance. Unique, la chimère n'a pas de semblable, ni dans le passé, ni dans le présent, ni dans le futur. Une moitié de l'humanité se donnait pour vocation de créer des monstres et des merveilles que l'autre moitié croyait devoir sacrifier en expiation.

Le sang clair tachait la toison d'hermine, coulant à grosses gouttes dans le calice. Pour sacrifier la fragile démone, Sertigo l'avait saisie à bras le corps. Il avait dû sentir contre sa poitrine et son ventre le spasme de l'agonie tandis qu'il plongeait d'un seul coup dans la gorge offerte sa griffe de métal.

Soudain la fascination collective fut brisée par un cri.

— Police ! Vite, partez ! La police arrive ! Vite !

Tout se passa alors très rapidement. Deux petites portes s'ouvrirent dans le fond de la salle, à proximité de l'estrade. Gillian vit Sertigo disparaître par l'une d'elles aussitôt suivi des premiers rangs. Profitant de la bousculade et de la pénombre, Gillian n'eut aucune peine à s'éloigner des hommes qui avaient pour mission de le surveiller. Son premier mouvement avait été de suivre l'élan de la fuite. Puis, il s'était ravisé, estimant que la meilleure façon de quitter sans danger le quartier inconnu dans lequel il avait été emmené consistait à se rendre aux policiers. Ceux-ci surgissaient, revolver au poing, par la grande porte. Plus de la moitié de l'assistance s'était déjà esquivée. La voix amplifiée d'un énorme sergent se répercuta dans la salle.

—Ne bougez plus. Vous êtes en état d'arrestation! Nous tirons sur quiconque tentera de fuir!

Pour donner plus de poids à ses paroles, il sauta sur une banquette et tira trois coups en direction des petites portes du fond juste au-dessus des spectateurs qui cherchaient encore à s'échapper, ce qui eut pour effet immédiat de figer les fuyards. Aussitôt, quatre policiers se frayèrent un chemin en direction des issues de secours demeurées béantes. Gillian évalua qu'il ne devait guère rester plus d'une quarantaine de personnes. Le menu fretin. Il ne reconnut aucun visage. Le groupe de Sertigo avait eu le temps de s'éclipser. Quelques minutes plus tard, Gillian était poussé sans ménagement dans l'une des trois camionnettes de la police qui attendaient devant le bâtiment. Les policiers ne paraissaient pas se soucier de poursuivre les fuyards. Le hangar devait communiquer avec des immeubles mitoyens bien connus de l'assistance. Pour autant que Gillian pût en juger, il s'agissait de taudis, de vieilles bâtisses abandonnées aux vitres cassées et condamnées, à travers lesquelles devait courir un réseau de communications obscures dans lequel les policiers hésitaient à s'engager. Gillian n'avait pas compté plus d'une douzaine de policemen. Quatre par véhicule. Serré au fond de la cabine, les yeux au niveau du ceinturon de l'énorme sergent dont l'odeur de cuir et de sueur lui donnait des nausées, Gillian se sentait à bout de forces. Son crâne l'élançait affreusement et son esprit était agité par les images de la scène qu'il venait de vivre. Somnolence. Secousses. Un coup de frein. De nouvelles bousculades. Vision éphémère d'une rue noire et déserte, avec la pluie qui s'était remise à tomber. Puis, une salle violemment éclairée et des bancs pour parquer les prisonniers. Les portes furent fermées. L'attente commença. Gillian avait vainement tenté d'attirer l'attention du gros sergent pour lui expliquer qu'il n'avait rien de commun avec cette faune interlope. Pour toute réponse, il avait reçu un coup d'avant-bras lui intimant d'avancer plus vite. Il avait donc résolu de prendre son mal en patience. Tôt ou tard, il serait interrogé, identifié et, forcément, relâché. La porte s'ouvrit, un flic fit signe aux cinq personnes les plus proches de le suivre. Nouvelle attente. Gillian n'avait plus aucune notion du temps, sa montre ayant disparu. Une torpeur douloureuse et troublée l'avait enveloppé lorsque ce fut son tour de quitter la salle de garde. Dans une pièce étroite, derrière un bureau, trônait un policier aussi épais que haut.

— Vos papiers !

Gillian plongea la main dans la poche intérieure de sa veste. Plus rien. Comme sa montre, son portefeuille avait disparu. Il fit un gros effort pour garder son calme et pour clarifier son esprit.

— On me les a volés, dit-il. Je vais vous expliquer. Je suis Belge. Je suis le Professeur André Gillian de Bruxelles. J'ai été enlevé par les Anarchecs.

Le flic le considérait, l'air de ne pas comprendre.

— Belge ? répéta-t-il, comme s'il n'avait nulle idée de cette nationalité. Qu'est-ce que vous racontez ? Vos papiers ou je vous flanque au cachot !

De plus en plus alarmé, car dans l'état où il se trouvait il n'avait nulle envie de croupir vingt-quatre ou quarante-huit heures dans une cellule, Gillian se demandait comment convaincre l'homme de sa bonne foi. Il eut une idée.

— Vous entendez bien que je ne suis pas Américain. Je viens d'Europe, de France, et je suis professeur. Mon nom est André Gillian.

— Français ?

Cela avait l'air de lui dire quelque chose. Gillian profita de son avantage.

— J'ai été kidnappé. Je connais le chef de la bande.

Le policier se gratta ostensiblement le crâne et considéra Gillian avec un intérêt nouveau. Puis, sans mot dire, il pressa un bouton. Il avait décidé que le cas ne relevait pas de son niveau. Un planton était entré.

— Conduisez-le auprès du Capitaine.

Une minute plus tard, Gillian franchissait une porte qui annonçait : « Cap. W.C. Brandt – Brigade Anti-Anarchecs ».

Le Capitaine Brandt était un homme d'une cinquantaine d'années, mince, les cheveux grisonnants et les traits légèrement métissés. Dans ses veines devait couler un faible pourcentage de sang indien. Le flic mastodonte avait dû l'avertir par téléphone.

— Asseyez-vous, Monsieur. Vous dites que vous êtes Français ?

— Non, Capitaine. Je suis Belge, de Bruxelles. Je suis le Professeur André Gillian. J'ai été enlevé par les Anarchecs.

— Comment cela est-il possible ?

Gillian raconta par le menu toute l'histoire de la soirée et de la nuit, depuis la filature de Sertigo en qui il avait reconnu, non sans surprise, l'ancien curé de Felix. Au nom et à la description de Sertigo, le Capitaine Brandt s'était montré fort attentif.

— Je ne demande qu'à vous croire, Monsieur... Gillian. Mais pourriez-vous fournir une preuve de votre identité ?

— Je suis descendu au Lake Shore H-D Inn. Ils ont pris note de mon identité et du numéro de ma carte de crédit : GI-49005-43H. De plus, vous pouvez également téléphoner à l'Institut d'Anthropocybernétique du Michigan et demander le docteur Mary-Ann de Belmont.

Le Capitaine le dévisageait, l'air songeur.

— Il ne reste pas grand chose de cet Institut. Une bombe puissante l'a incendié au début de la nuit. Les Anarchecs probablement. C'est pourquoi nous avons effectué plusieurs descentes au cours de la nuit et investi toutes les réunions occultes dont nous avions eu écho. Toute la police de Chicago est sur les dents.

Le cœur de Gillian se serra.

— Y a-t-il des victimes ?

— Dans l'incendie ? Je ne pense pas. Mais l'immeuble a été dévasté.

Gillian se dit qu'il ignorait même l'adresse de Mary-Ann. L'Institut était le seul point de ralliement. Ce nouveau drame aggravait son désarroi. Plus que jamais, il se sentait étranger aux deux camps en présence. Le capitaine téléphonait pour vérifier l'identité de Gillian.

— Dites-moi, Monsieur Gillian, pourquoi vouliez-vous suivre Sertigo ?

— Tout simplement parce que sa présence m'a intrigué. Ainsi que je vous l'ai dit, nous l'avions, voici quelques mois, rencontré en Europe où il était curé de village. Un étrange curé à vrai dire.

— Nous connaissons Sertigo. Un ancien médecin. Il a fait, dans sa jeunesse, des interventions qui ont mal tourné. Une femme y aurait perdu la vie et une autre dut être internée. Sertigo est alors entré au séminaire, et l'affaire a été étouffée. Il bénéficie de quelques hautes protections dans les milieux du clergé liés aux mouvements écologistes. Nous le considérons comme dangereux. C'est un étrange et périlleux caprice de la part d'un professeur d'université de suivre un tel homme, Monsieur Gillian !

Le téléphone sonna, épargnant à Gillian de nouvelles explications.

— On me confirme votre identité. Je vais donner l'ordre à une voiture de vous reconduire à votre hôtel. Dès aujourd'hui, prenez contact avec votre ambassade pour régulariser votre situation. Et ne quittez pas votre hôtel avant d'avoir signé votre déposition. Evitez aussi de fréquenter les milieux Anarchecs, Professeur Gillian. Une autre fois, vous aurez peut-être moins de chance. De plus, c'est suspect.

Gillian se leva. Au moment d'ouvrir la porte, il se retourna.

— Capitaine Brandt, une question, si vous permettez ?

Brandt le considéra, acquiesçant du regard.

— La ... chimère sacrifiée, qu'est-elle devenue ?

— Mes hommes ont emporté le cadavre. Il nous faut retrouver le laboratoire où elle a été créée. Cela pose peu de problèmes.

— Est-ce que ce genre de ... meurtre se produit souvent ?

— Ce n'est pas un meurtre, Professeur Gillian. Et s'il n'y avait ni vol, ni rassemblement illicite, nous n'aurions rien à dire. Aucune loi ne protège l'existence de ces choses. Il est difficile de savoir si cela se passe souvent. En général, les milieux scientifiques ne font pas de publicité autour de la disparition d'une chimère. Ils préfèrent se taire. Nous-mêmes respectons cette discrétion. Il y a des choses dont il ne faut pas parler plus qu'il n'est indispensable.

— Est-ce que certaines chimères ne sont pas à moitié...humaines ?

— A ma connaissance, non. Une loi fédérale interdit toute expérience de manipulation génétique qui pourrait aboutir à la création de formes de vie para-humaines. Ne le saviez-vous pas, Professeur Gillian ?

—Si, bien sûr. Je vous remercie, Capitaine Brandt.

Gillian suivit le planton. Moins d'une demi-heure plus tard, il avait réintégré sa chambre. Il était plus de six heures du matin.

Autour de lui, la gigantesque machine urbaine de Chicago se remettait en route, prompte à broyer les dernières traces des délires de la nuit. Le ciel s'était dégagé au-dessus du Michigan où quelques brumes légères s'étiraient, annonçant le lever du soleil.

Chapitre 8

LE GÈNE SPÉCULATIF

L'avion descendait doucement au-dessus du Rio Grande en direction de l'aéroport d'Albuquerque. Gillian ne s'était guère attardé à Chicago. L'après-midi même, il avait réglé le problème de la disparition de ses papiers. Le lendemain matin, il signait sa déposition au commissariat et s'informait des vols à destination du Nouveau-Mexique. Telle était, en effet, la prochaine étape de son enquête. Bien qu'il conservât de moins en moins d'espoir de retrouver trace de sa femme et de son fils, il était toujours également décidé à aller jusqu'au bout des minces éléments dont il disposait. Or, il lui restait deux indications, deux noms d'Instituts fournis par Stefanski : l'Institut de Biologie du Futur du Rio Grande dans le sud du Nouveau-Mexique et le Centre d'Anthropotechnologie Générale au nord de Flagstaff, en Arizona. Il avait opté pour le premier parce qu'il connaissait à Albuquerque le Docteur J. E. White avec lequel il entretenait depuis plusieurs années des relations amicales et qui pourrait peut-être lui apporter quelque information. Le Docteur White était en effet un collaborateur régulier de la revue *Future Science* dont l'objectif était de faire le point mensuel de toutes les recherches et découvertes technoscientifiques dont les implications pratiques comprenaient une transformation sensible de l'individu ou de la société. *Future Science,* qui ne dissimulait pas son parti pris technocratique, explorait par tous les moyens – y compris les moyens purement spéculatifs – les dimensions et les conséquences possibles de ce genre de découvertes. White était précisément chargé de l'approche philosophique. Tous les articles étaient collectifs, collégialement signés par une équipe pluridisciplinaire coordonnée par un intégrateur. Cette fonction d'intégration et de coordination des diverses approches était assumée à tour de rôle par chacun des membres de l'équipe. Gillian avait fait la connaissance de White lors du passage de celui-ci à Bruxelles en tant que professeur visiteur. Ils avaient sympathisé. C'était l'époque où Gillian achevait la rédaction de *Species Technica.* Ils s'étaient revus à deux ou trois reprises à l'occasion de congrès. L'Américain ne manquait jamais d'inviter chaleureusement Gillian à descendre chez lui au cas où il se rendrait aux États-Unis. Il désirait lui montrer sa « maison cybernétique » entièrement autonome et autogérée par ordinateur.

Avant de quitter Chicago, Gillian avait acheté quelques journaux. La plupart relataient la destruction de l'Institut dont ils attribuaient la responsabilité à des terroristes écologistes ou communistes. Dans l'esprit d'une certaine Amérique, ces deux étiquettes étaient d'ailleurs étroitement associées. Plusieurs journaux de tendance républicaine tiraient parti de l'événement pour décocher de vives attaques contre les démocrates aux sympathies écolo-socialistes accusés de vouloir mener le pays vers l'anarchie et la violence. Un journal du bord démocrate titrait en revanche avec un point d'interrogation rhétorique : *Toujours l'Internationale Technologiste ?* Mais l'article était verbeux, de propagande. Tout ne reposait que sur une présomption alimentée par l'absence de morts et de blessés, comme si les occupants de l'Institut avaient été prévenus. Dans un quotidien local, Gillian avait découvert la relation de la descente de police à laquelle il s'était trouvé involontairement mêlé. La lecture lui apprit qu'il existait en Amérique une « Ligue pour la défense et la protection des droits des chimères et autres formes de vie nouvelles » qui, tout en n'encourageant pas la production de créatures artificielles estimait que celles-ci, une fois créées, avaient droit à la vie et à une protection au moins équivalente à celle des animaux.

White attendait à la sortie de l'aéroport. C'était l'Américain des images d'Epinal. Grand, bronzé, athlétique et souriant, il portait ses quarante-cinq ans avec le dynamisme insouciant de la vingtaine. Il emmena Gillian dans son petit mobile solaire en direction de la vieille ville : la cité espagnole. Guère plus qu'une plaza avec son église hispanique consacrée à San Felipe de Neri et quelques rues où abondaient les restaurants mexicains et les boutiques de souvenirs tenues par des Indiens Zunis. Peu après dix-neuf heures, ils s'attablèrent dans la Hacienda et commandèrent le traditionnel *Chile con carne*, accompagné de *tortillas* trempées dans des sauces incendiaires. Un guitariste interprétait des mélopées qui rappelaient la lointaine et mélancolique Andalousie. Durant tout le trajet, les deux hommes n'avaient échangé que des propos anodins évoquant le souvenir de rencontres passées. Alors que Gillian s'attaquait avec prudence à une *tortilla* apparemment fourrée de jeunes haricots, White lui posa une question plus directe.

— Bien que je ne doute pas de votre amitié, je puis difficilement penser que vous êtes au Nouveau-Mexique uniquement pour le plaisir de me voir. Qu'est-ce qui vous amène chez nous exactement ?

Gillian fut content de saisir l'occasion d'aborder l'objet de ses préoccupations. Il décida cependant d'approcher le problème sous un angle quasi-scientifique, en évitant les implications et les hypothèses trop personnelles.

— Vous savez, John, que j'ai publié voici un peu plus d'un an un livre de philosophie de la technique qui vient d'ailleurs de paraître en traduction dans ce pays. A la suite de cette publication, j'ai été invité voici quelques mois à l'Institut de Biocybernétique de Gador en Espagne. Là, j'ai appris et vu des choses assez extraordinaires qui constituent en quelque sorte un écho concret, pratique, aux spéculations de mon livre. Mais j'ai aussi découvert qu'il existait un Réseau International d'Instituts, réseau largement indépendant de tout gouvernement national. Une sorte de Multinationale des Sciences et des Techniques qui se serait donné pour mission d'explorer les possibilités de mutation technologique de l'Homme. Du moins est-ce là ce que j'ai cru comprendre. Tout cela m'a prodigieusement intéressé. Je me suis dit que je tenais une sorte de suite concrète ou d'illustration pratique de mon traité. Voyez-vous, John, Gador m'a donné l'envie d'écrire un nouveau livre d'un genre sensiblement différent et peut-être assez original. Un livre qui serait à la limite du roman, du récit et de l'essai philosophique. Au carrefour du vécu, de l'imaginaire et du spéculatif. Un récit de fiction spéculative. L'histoire d'une quête : la quête de l'identité du Mutant. L'histoire de la recherche de la suite... ou du Fils de l'Homme, si je puis dire.

Gillian se tut afin d'observer l'effet de ses dernières paroles. L'Américain le fixait avec toute l'attention de ses yeux gris clairs, mais il attendait sans mot dire.

— Ce serait une sorte de reportage, mais sous un angle seulement. Vous voyez, John, j'avais ainsi une excellente raison de vous rencontrer. Le philosophe américain toujours à la pointe de l'évolution que vous êtes a déjà depuis longtemps procédé à cette reconversion concrète de sa spécialité. Mais il y a plus. A Gador, j'ai appris la localisation de quelques-uns des Instituts. Or, il se fait qu'il y en a un précisément dans le sud du Nouveau-Mexique. Alors, me voilà. Vous devez en connaître un bout sur ce Réseau, John ?

L'Américain ne répondit pas immédiatement. Il piqua un morceau de piment – qui aurait suffi à embraser tout le système digestif du Belge – puis, après une gorgée de café insipide, il déclara :

— A vrai dire, j'en sais peu de choses, André. Et à vous entendre, je me demande si vous n'êtes pas mieux informé que moi. Ce qui renverserait les rôles que vous semblez avoir prévus, ajouta-t-il avec un sourire malicieux. Vous allez comprendre. Ainsi que vous le savez, je suis connu non seulement comme professeur de philosophie des sciences et des techniques à l'Université du Nouveau-Mexique, mais encore et surtout en tant que collaborateur de *Future Science.* Je suis, à ma façon, un journaliste. Ceci m'ouvre bien des portes et m'en ferme quelques autres. Je connais l'existence du Réseau des Instituts. Du moins en ai-je entendu parler à plusieurs reprises. Mais je n'ai jamais réussi à m'introduire dans ce milieu, qui semble fuir la publicité comme la peste. De plus, dans les cercles scientifiques et futurologiques que je fréquente, on parle souvent du Réseau comme d'une réalité un peu mythique. De là, mon très grand intérêt pour ce que vous dites et pour votre entreprise. Et ma méfiance aussi. (Il fit une pause) Vous êtes Européen, André, et vous ne paraissez pas saisir à quel point s'est développé chez nous aux USA, et plus particulièrement dans l'Ouest, un imaginaire très spécifique, centré sur le futur, les sciences et les techniques, l'espace, les recherches de pointe, l'expérimentation faustienne... La science-fiction imprègne notre existence. Cet imaginaire a sécrété déjà bien des légendes et il continue d'alimenter des mythes. Ainsi, par exemple, il ne passe pas une semaine sans que tombe à la rédaction de *Future Science* des dépêches ou des informations qui sont des plus fantaisistes, tout en étant accompagnées d'un luxe de détails techniques impressionnant. La direction a dû engager toute une équipe chargée de trier le vrai du fau, de préparer le travail pour les scientifiques, comme moi, qui ne se déplacent que lorsqu'une information a été établie comme sérieuse. Et même dans ces conditions... Ainsi, la semaine dernière encore, j'étais alerté par Mughson – c'est le directeur de la revue – pour enquêter sur une information qui paraissait confirmée. On avait déjà baptisé l'affaire « Lonely Brain ». Le département de neurotechnique de l'Hôpital Universitaire de Santa Fe avait réussi, suivant cette information, à isoler totalement le cerveau d'un cancéreux consentant à l'expérience. Le cerveau aurait été maintenu en vie et relié à un treillis de percepteurs électroniques et il aurait été possible d'entrer en communication avec lui, de connaître ses états d'âme, le centre du langage ayant été connecté à un *output* traducteur des subtiles micro-impulsions électriques qui sont la réalité physique objective du monologue intérieur auquel la pensée s'identifie. C'était prodigieux. Je me suis précipité à Santa Fe pour y être reçu comme un illuminé, un fou. Ou un importun dangereux. En définitive, je ne sais trop. Ce genre d'expérience n'est évidemment pas toléré par la législation fédérale ; toutefois, lorsqu'il y a consentement du sujet, les États jouissent d'une très large autonomie, que l'Ouest ne se prive pas d'exploiter. Mais, et plus encore en période électorale, les milieux techno-scientifiques sont très prudents et discrets. Ils craignent tout ce qui ressemble à un journaliste. Alors, mon cher André, je ne sais pas. Mythe ou réalité, le cerveau solitaire existe-t-il ? Et il en va ainsi beaucoup plus souvent que vous n'oseriez le penser. Autre exemple. Il y a un peu plus de deux mois, je filais sur San Diego où aurait fonctionné une école expérimentale tout à fait spéciale. Des enfants auraient été éduqués par impression électro-mnémonique directe. Un ordinateur, disait l'information, assurait le rôle du professeur en dictant électroniquement dans la matière chimique électro-sensible du cerveau des contenus déterminés de sa propre mémoire. Sur place, nulle trace de semblable école. Or, l'information nous était arrivée par cinq ou six canaux apparemment indépendants. Cela ne veut pas dire que cette école n'existe pas, ou du moins que ce type d'expérience n'est pas en cours quelque part, à San Diego, ou ailleurs. Des indices, des histoires.

Pour une information véridique, vingt demeurent sans suite soit parce qu'elles se révèlent être des canulars, soit parce qu'il est impossible de se faire une idée précise. Les annonces sur Santa Fe et sur San Diego sont de ce dernier type. Aussi étonnant que cela paraisse, ici, le progrès techno-scientifique se fraye dans une atmosphère dense de phantasmes, de légendes, de fictions. Et c'est pourquoi il est beaucoup plus intense qu'ailleurs. Vous avez, en Europe, votre monde de mythes et de récits qui forment une tradition, un passé, la toile de fond sur laquelle vous pensez et agissez. L'Amérique ne jouit pas d'un tel horizon. Notre imaginaire tourne presque tout entier autour du présent et du futur. Les sciences et les techniques en composent la trame.

Il s'interrompit un instant, l'œil rêveur. Gillian était conscient de l'importance de la confidence qui plaçait son enquête dans un jour nouveau, bien que plus ambigu encore.

— Chaque jour, des religions, des mythes, des épopées naissent en Californie. Des sectes se font et se défont. Et tout cela gravite autour de la science et de la technique. Pour ou contre. L'un des grands mythes du futur, spécialement dans l'Ouest, est celui du Réseau des Instituts. Bien sûr, à sa base, il y a des réalités. Des Instituts existent. Mais qu'en est-il du Réseau International ? Quelles sont l'ambition et la puissance véritables des Technoscients ? Technoscients, Internationale Technologiste, Réseau des Instituts, Mutation Technologique de l'Homme… autant d'expressions qui font partie de notre imaginaire quotidien.

— Et les expressions « Projet Fils de l'Homme » ou « Quête Technologique » font-elles également partie de votre mythologie courante des sciences et des techniques ?

— Courante, non. Depuis quelques mois, j'entends parler d'un « Projet Fils de l'Homme » qui serait essentiellement lié à l'objectif des Instituts. J'en entends parler, André, c'est tout. Quant à la « Quête Technologique », c'est une expression spiritualiste et mystique qui n'a guère cours ici, dit-il en souriant.

Depuis longtemps, le guitariste s'était tu. A la table voisine, quatre touristes discutaient et plaisantaient bruyamment en français. Les bougies se consumaient. White joignit sa carte de crédit à la note. Cinq minutes plus tard, ils roulaient en direction de la périphérie d'Albuquerque. White abandonna son mobile dans l'allée de la propriété. A un petit mètre de la porte d'entrée, il s'immobilisa pour dire, ne s'adressant apparemment à personne :

— Bonsoir, Charlie ! C'est John et notre ami belge. Tu peux ouvrir.

— A qui parlez-vous ? demanda Gillian, interloqué.

Ne dissimulant pas son amusement, White expliqua.

— Je parle à la maison, ou plus exactement à l'ordinateur qui en constitue le centre nerveux et sensoriel. « Charlie » est le nom familier que j'utilise pour m'adresser à ma maison cybernétique. Charlie n'ouvre qu'à moi. Il analyse ma voix et en même temps il me voit. Personne d'autre n'obtiendrait l'ouverture de la porte. Il sait que j'ai un invité et il a tout préparé.

— Comment cela ? s'exclama Gillian.

— Charlie a dû téléphoner à un service d'entretien domestique leur demandant d'envoyer quelqu'un cet après-midi pour préparer la chambre d'amis.

— Comment cette personne a-t-elle pu entrer, puisque... Charlie n'ouvre qu'au son de votre voix et à l'image de votre personne ?

— Charlie aura donné un code provisoire que la personne mandée a dû prononcer pour pouvoir entrer. De plus, tout ce qu'elle a fait a été filmé.

Ils pénétrèrent dans la maison dont Gillian avait remarqué la forme polygonale. White lui avait expliqué qu'elle était orientable et que l'ordinateur calculait, été comme hiver, la meilleure position compte tenu de l'occupation des pièces elles-mêmes à géométrie variable.

— En l'honneur de notre hôte européen, Charlie a dû calculer une distribution de l'espace relativement classique, dit encore White en franchissant l'entrée d'une sorte de living-bibliothèque dont la forme trapézoïdale rappelait aussi une salle de projection.

Au moment où les deux hommes prenaient place dans des fauteuils qui faisaient curieusement face au mur blanc du fond, celui-ci s'illumina et une voix en sortit.

— Dernières nouvelles de la journée : le Nouveau-Mexique aujourd'hui.

—Charlie sait que lorsque j'entre et quelle que soit l'heure, j'aime suivre l'essentiel des dernières nouvelles de la journée. C'est aussi Charlie qui sélectionne les informations susceptibles de m'intéresser.

—Ne craignez-vous pas que Charlie n'omette des choses importantes ?

—Le système est rôdé progressivement. Au départ, Charlie n'avait qu'un schéma très grossier de mes centres d'intérêts et il me repassait près de quatre-vingt pour cent des informations. Peu à peu, sur base des observations que je lui communiquais, ce schéma est devenu de plus en plus subtil. Enfin, il y a d'autres sources d'informations que la télévision murale. Je puis largement contrôler ce que me distille Charlie et le rappeler à l'ordre si cela s'avère nécessaire.

Tandis qu'il parlait, une table avait surgi du sol portant deux verre et plusieurs bouteilles.

—Le bar, toute l'intendance automatique est au sous-sol. Qu'est-ce que vous prenez ? Scotch ? Cognac ? Tequila ?

—Scotch, merci. Avec de la glace.

Sur le mur-écran, un journaliste évoquait le dernier discours du Président de l'alliance Démocrate-Ecologique locale. Ce dernier apparut sur une tribune en plein air et commença un exposé amalgamant la défense des socialement défavorisés et la défense de l'environnement victimes conjointes de la violence technocratique.

—Plus bas, Charlie ! ordonna White. A l'adresse du Belge, il ajouta : Nous sommes, ces dernières semaines, inondés de fadaises réactionnaires. Conservation de la Nature. Conservation de l'Homme. Conservation de la Société. Tout cela est affreusement ennuyeux et suranné. Nous parlions d'imaginaire tout à l'heure. L'imaginaire écolo-socio-communiste est le plus morne et le plus stupide que je connaisse. Je n'ai jamais compris comment il a pu mettre en branle des foules. N'est-ce pas votre avis, André ?

—Je pense, John, que des millions d'individus n'ont même pas la possibilité de vivre tout simplement une vie d'homme. Alors pourquoi et comment voulez-vous qu'ils pensent et désirent au-delà ?

Sans transition venait d'apparaître sur l'écran un paysage extraordinaire, surréaliste.

— Plus fort, Charlie !

— ...le Projet Cyclope enfin réalisé. Le Gouverneur de l'État a inauguré ce matin en présence des autorités fédérales le plus important et le plus vaste ensemble de recherche radio-astronomique et exobiologique du monde.

La scène s'était précisée. Il s'agissait d'une vue aérienne. Situé au milieu d'une plateau désertique, entouré de rochers et de dunes dont les formes et les couleurs déconcertantes rappelaient les grands « déserts peints » de l'Arizona, le cercle des dix mille radio-télescopes synchronisés étincelait au soleil. C'était peut-être le monument technologique le plus étonnant de l'Humanité. La réalisation en avait été à plusieurs reprises différée, car le projet était un gouffre à milliards de dollars. L'Américain qui semblait ne pas avoir entendu les dernières paroles de Gillian commentait.

— Le contraste américain, André. D'un côté, un humanisme poussif qui prêche la protection de la dernière espèce d'insectes ou d'herbacés en même temps que la promotion sociale du plus misérable Chicano de L.A. Et puis, l'Amérique tendue vers le futur.

L'écran s'était éteint.

— Il est onze heures, Docteur White. Je pense que vous n'avez plus besoin de moi ? Bonne nuit. Je vous réveillerai demain, comme d'habitude, à sept heures trente.

— Bonne nuit, Charlie.

White se leva.

— Il se fait tard. Je suppose que nous aurons encore l'occasion de discuter demain et les jours suivants ? Vous êtes ici chez vous, et vous restez aussi longtemps que vous voulez.

— Merci pour votre amicale hospitalité, John. Hélas, je ne suis vraiment que de passage. Demain, il me faut partir. Mon congé est limité. Charlie pourrait-il me trouver une voiture pour me rendre dès demain à l'Institut du Rio Grande ?

L'Américain le considéra avec insistance.

— Vous me paraissez bien soucieux, André. Comme si vous portiez seul un énorme poids. Je suis votre ami et j'ai, comme vous le savez beaucoup d'estime pour vous et vos travaux. Si je puis vous aidez parlez-moi en confiance !

Gillian grimaça un sourire.

—Je suis surtout fatigué, John. Et j'ai pris beaucoup de retard dans une série de travaux, de projets, de promesses.

—Comme vous voudrez. Demain, au réveil, je demanderai à Charlie de s'occuper de votre voiture. Bonne nuit.

Au volant de son mobile solaire, Gillian filait sur la large autoroute du Sud qui, suivant le cours du Rio Grande, menait au Mexique par El Paso. Il distingua sur sa gauche le massif d'Oscura Peak, site historique du premier tir atomique expérimental. L'Institut de Biologie du Futur était enclavé dans l'une des régions les plus inhospitalières du globe : le désert des White Sands. La contrée était doublement hostile. L'aridité naturelle d'abord, l'utilisation comme champ de tir d'essai de missiles durant la seconde moitié du vingtième siècle ensuite avaient dévasté ces étendues jusqu'à un point de non retour. Depuis une vingtaine d'années, les militaires étaient partis (le théâtre potentiel de la guerre ayant été définitivement transféré dans l'espace), mais une grande partie de la zone était restée interdite. Seul le Parc National avait profité de ce départ. Il occupait maintenant toute la partie au sud d'Alamogordo et incluait le plus extraordinaire musée de missiles du monde. Gillian ralentit pour s'engager sur une petite route en direction de l'est. Selon White qui, avec l'aide de Charlie, avait réussi le matin même à déterminer la situation exacte de l'Institut, celui-ci devait être établi dans des bâtiments désaffectés, une quinzaine de kilomètres à l'écart de l'Interstate. L'approche révéla bientôt, se détachant faiblement sur le fond des dunes claires, la ligne d'enceinte d'un grand mur blanc. La route conduisait droit à l'entrée, flanquée d'une sorte de poste de garde. Un avertissement en quatre langues décourageait tout visiteur non autorisé. Gillian observa que le mur qui s'étendait de part et d'autre à perte de vue était haut de plus de trois mètres. Gillian immobilisa son véhicule et descendit. Un homme venait à sa rencontre. Il avait l'allure d'un Mexicain et portait ostensiblement accroché à sa ceinture un mini-canon-laser. Comme à Gador, songea Gillian. Mais celui-ci n'avait pas l'air d'un zombie. Gillian expliqua qu'il était attendu par le docteur Léopold Garizilski, directeur de l'Institut. « Attendu » était en réalité fort présomptueux. Gillian espérait que l'envoi, voici quelques semaines, de la traduction américaine de son livre, accompagnée de l'annonce de sa visite à titre scientifique, suffirait à lui ouvrir les portes de l'Institut. Il ne s'était pas trompé, car le factionnaire revint bientôt pour l'inviter à entrer.

— Tout droit jusqu'au bâtiment qui barre la route. Une assistante de Monsieur le Directeur vous accueillera.

Dès qu'il fut à l'intérieur de l'enceinte, Gillian fut à ce point subjugué par ce qu'il voyait qu'il ralentit sensiblement l'allure de son mobile. C'était toujours le désert, mais il était piqué d'étranges oasis. Partout, des touffes végétales crevaient le sable clair sans que l'on distinguât, toutefois, aucune présence d'eau. Chaque îlot était absolument homogène, comprenant des spécimens d'une seule espèce et différent de tous les autres, pour autant que Gillian pouvait en juger. Il avait l'impression de parcourir un gigantesque catalogue d'échantillons classés d'une flore surréaliste. Bien que peu versé en botanique, Gillian eut tout de suite la conviction qu'aucune des espèces représentées n'était normale. Tout avait l'air truqué. Il se sentait brusquement égaré dans un gigantesque décor pour film de Science-Fiction du milieu du vingtième siècle. Pourtant, il n'en doutait pas : ces plantes soigneusement regroupées étaient bien vivantes. Mais elles présentaient par leur taille, leur forme ou leur couleur, des anomalies, indices de leur origine extra-naturelle. Cette impression de nature truquée, de mélange d'artifice et de familiarité, de décalage subtil et universel, Gillian la reconnaissait désormais comme caractéristique de la *Stimmung,* de la tonalité affective et esthétique enveloppant les hauts-lieux d'incarnation du génie techno-scientifique. *Unheimlich,* songea-t-il, ne trouvant aucun équivalent en français. Dans l'enceinte des Instituts, le monde se faisait *unheimlich,* inhabitable par l'homme. Gillian croisa d'abord de vastes touffes de lichens géants groupés par couleurs : bleu, ocre, rouge, aux reflets métallisés. Leur succéda un ensemble monumental qui rappelait les grands arbres de Joshua mais présentait des bras curieusement torsadés et trois ou quatre fois plus nombreux que ceux des saguaros ordinaires. Ce n'était pas vraiment des espèces inconnues. Des images surgissaient, des noms venaient aux lèvres, mais il était impossible de les appliquer proprement. Partout, un décalage subtil s'insinuait entre le souvenir et la réalité, marquant chaque espèce d'un signe d'incongruité, comme si la nature tout entière s'était faite métaphorique. Le souci visible d'ordre, la manie taxinomique augmentait le trouble du visiteur. Gillian dépassa un bosquet de palmiers branchus et tourmentés comme des oliviers centenaires dont les multiples extrémités portaient une curieuse couronne de palmes minuscules pareilles à des plumes multicolores. Il atteignit un bâtiment large et bas aux fenêtres étroites. Une femme en blanc, assez âgée, l'attendait sur le seuil. Elle reçut Gillian sans aménité.

— Je suis l'assistante du Docteur Garizilski, dit-elle. Vous avez de la chance. Nous avons terminé hier une importante expérience qui nous a retenus pendant des semaines. Vous seriez venu hier, le Directeur n'aurait pu vous recevoir.

Gillian la suivit dans un couloir assez sombre jusqu'à une porte qu'elle poussa après avoir frappé. Elle annonça le Professeur Gillian d'une voix brève, s'effaça pour le laisser entrer, puis s'éclipsa en refermant la porte derrière lui. Un homme de taille en dessous de la moyenne mais de forte corpulence s'extirpa de derrière son bureau, qu'il bouscula au passage, et poussa vers le Belge sa rondeur bedonnante et son triple menton accueillant.

— Cher Professeur Gillian, dit-il d'une voix nasillarde et déformée par un fort accent slave, je suis heureux de vous recevoir. (Il secoua longuement la main de Gillian, faisant trembler ridiculement les replis gras de son visage). J'ai lu votre livre que vous avez eu l'extrême gentillesse de me faire parvenir, et que je connaissais d'ailleurs de réputation (il prononça ces derniers mots d'une voix rapide et glissée, presque inintelligible, sur le ton parfait du pieux mensonge). Je l'ai trouvé passionnant, tout à fait passionnant. Mais asseyez-vous donc ! Je vous sers un verre de tequila ! (C'était davantage une affirmation autoritaire qu'une invitation).

Sans laisser à Gillian le temps de réagir, il avait sorti deux verres et un flacon à moitié rempli. Cela avait été fait avec une dextérité et une rapidité telles que Gillian se demanda si Léopold Garizilski n'était pas heureux d'avoir un invité avant tout pour se donner un prétexte de tâter de l'eau-de-vie mexicaine. Gillian, qui avait décidé de jouer la carte de l'enthousiasme et qui devinait déjà que le goût (immodéré à en juger par le teint flamboyant du visage et, surtout, du nez de son hôte) pour l'alcool d'emblée manifesté par Garizilski pourrait se révéler un allié précieux, se résigna à boire le verre de tequila imposé.

— Je vous remercie pour votre accueil, Docteur Garizilski. Et je suis heureux que mon livre ait retenu votre attention. Voyez-vous, j'aimerais lui réserver une suite concrète ; c'est pourquoi j'itinère, comme un pèlerin de l'avenir, d'Institut en Institut, en quête des signes et des figures de l'évolution. J'ai été à Gador, je viens de Chicago.

— Ah, cher philosophe, cher philosophe, répéta Garizilski d'une voix plus calme et sur un ton de profonde satisfaction, après avoir vidé d'un trait plus de la moitié de son verre. J'ai eu bien des faiblesses pour la métaphysique quand j'étais plus jeune. Vous me rappelez ces philosophes du Moyen Âge ou de la Renaissance qui allaient de lieu sacré en cabinet de clerc et de cabinet de clerc en cave d'alchimiste en quête de la Pierre Philosophale. Mais voyez-vous, mon cher, je trouve que la mobilité, l'errance propre à la quête, est finalement statique parce que contemplative. Laissez-moi vous montrer notre dernier-né (il rit). Je veux dire notre nouvelle technogenèse.

Le directeur termina son verre, sortit une petite toque noire d'un tiroir de son bureau et en coiffa le sommet poli et luisant de son crâne. Tout en entraînant vers l'extérieur Gillian heureux d'échapper aux trois quarts de sa tequila, il expliqua :

— C'est le changement de saison. J'y suis extrêmement sensible. Vous avez vu notre jardin ? Il y pousse quelque quatre-vingt-dix espèces mutantes. Mais ce n'est qu'un échantillon de notre production phytotechnologique. Le rôle de ce jardin est d'abord psychologique. Il entretient un certain climat. Une ambiance surnaturaliste qui excite l'imagination créatrice, habitue à transcender la nature. Désormais, la nature *est technique.* Il faut s'imprégner de cette vérité ! Je me promène souvent ici pour y puiser les germes de l'inspiration.

Ils marchèrent quelques minutes en silence parmi les étranges îlots de verdure. Puis, alors qu'ils approchaient d'un bâtiment carré nettement plus élevé que les autres mais dépourvu de fenêtres et relié par deux couloirs latéraux, apparents, à deux autres bâtiments en béton semblables aux autres constructions que Gillian avait aperçues dans le domaine et qui devaient remonter au temps de l'occupation militaire, Garizilski reprit.

— La phytotechnologie n'est que l'enfance de l'art. Ce que je vais vous montrer, c'est tout autre chose ! (Il eut un geste en direction de l'édifice carré). La Panmatrix. Une des machines les plus sophistiquées qui soient. En fait, un bâtiment-machine. Cette construction n'abrite pas la Panmatrix, elle fait corps avec elle. L'une et l'autre ont été conçues et construites ensemble. En réalité, plus qu'une machine, la Panmatrix est un organisme. Un organisme qui engendre. C'est la fonction ordinaire d'un organisme, mais celui-ci présente cette particularité de ne jamais concevoir deux fois le même être. De plus, concevoir est à prendre ici dans toutes ses acceptions. La Panmatrix représente, modélise d'abord théoriquement la structure génétique du technonte qu'elle engendre ensuite physiquement.

Dès qu'ils furent à l'intérieur d'une sorte de petit sas, le gros homme fourra sa toque dans sa poche. Il faisait chaud et humide. Il y eut un sifflement presque inaudible.

— Stérilisation par biocide. Inoffensif pour l'homme. Vous éprouverez peut-être cependant un léger malaise. Une minute de patience.

Dès que le sifflement se fut éteint, la paroi du fond coulissa. Ils se retrouvèrent dans un autre compartiment, guère plus vaste, mais tout un mur était garni de cellules de commande. Gillian lut quelques destinations : « Analyseur génétique – Nursery Balcon – Synthétiseur génétique – Matrice principale – Avorteur – Mémoire A – Mémoire B – Stock enzymes – Stock gènes – Modélisateur holographique – Chambre de conception – Accoucheur... » Il y en avait ainsi quelques dizaines. Garizilski effleura la cellule marquée « Nursery balcon ». Aussitôt la cabine fut animée d'un doux mouvement de translation oblique ascendante.

— Ceci est le polymobile d'accès. Il permet d'atteindre toutes les parties de la Panmatrix suivant des modalités diverses. Ainsi, vous allez voir la maternité par une fenêtre. Une autre manœuvre permettrait d'y pénétrer.

La moitié du fond coulissa et découvrit une grande vitre.

— Regardez ! Voici notre dernière technogenèse. Né hier. Né, je veux dire sorti de la chambre d'incubation. Nous suivons et contrôlons toutes les étapes de la gestation, dès la conception. Ce n'est donc pas une surprise. Mais c'est un événement. Il est exceptionnel qu'un technonte arrive à terme. Plus de quatre-vingt-dix-neuf pour cent avortent à des stades divers. Mais approchez donc ! On dirait que vous avez peur !

Il y avait un peu de cela. Gillian se sentait également fasciné et angoissé par la promesse de la fenêtre. Des souvenirs et des frayeurs très anciennes qu'avaient déjà réveillés ses expériences de Gador et de Chicago l'agitaient obscurément. Le temps d'un éclair, une scène issue de son enfance palpita devant lui. Il se revit à la Foire du Midi à Bruxelles en compagnie de son père dans la Baraque de la Cour des Miracles. Le nain, l'embryon de veau à deux têtes, l'homme à corne... Infiniment plus proche, le sang de la chimère. Il se sentit vaciller.

— Eh bien, qu'avez-vous ? C'est le biocide. Cela va passer très vite.

Surmontant son malaise, il s'approcha.

— On dirait... une sirène !

— Pas mal ! Pas mal du tout, très cher ! Le plus gros du capital génétique a été fourni par le lamantin.

Elle était toute proche. Sans la vitre, il aurait pu la toucher du bout des doigts. Elle n'avait pas plus d'un mètre, toute en queue avec des membres antérieurs semblables à des bras. Mais c'était avant tout le visage qui captivait l'attention. Car c'était un visage. Plat, ovale, dépourvu de nez, avec une bouche mince, sans lèvres et deux grands yeux étrangement étirés en amandes. Des yeux qui ne regardaient nulle part, comme perdus dans une contemplation désespérée.

— Elle pleure, remarqua Gillian.

— Physiologiquement oui. Et c'est ainsi depuis sa « naissance ». Mais je doute que cette production lacrymale silencieuse et passive corresponde à ce que nous appelons « pleurer ». Surtout, si vous y associez l'idée de chagrin. Cet écoulement est probablement une fonction automatique sans signification autre que physiologique.

— Pourtant, elle a l'air triste, insista Gillian qui se sentait, une fois de plus ému, presque bouleversé par cette sorte d'appel silencieux qui, pour lui, exprimait l'incomparable solitude de la petite chimère.

— Comme vous portez des jugements anthropomorphiques, mon cher ! Méfiez-vous des apparences, cher philosophe ! Ainsi, par exemple, vous parlez spontanément de ce technonte au féminin. Sachez que, bien qu'hermaphrodite, il est à dominante mâle.

— Est-ce qu'elle est...humaine ? Je veux dire est-ce qu'elle contient des séquences génétiques spécifiquement humaines ?

— Non. Je vous l'ai dit : la base est un lamantin enrichi de fragments d'ADN de primate. Quelques composantes synthétiques aussi.

— Qui dirige la... conception ? Qui décide d'essayer telle ou telle combinaison génétique ?

— C'est extrêmement compliqué. La machine pourrait fonctionner de manière entièrement autonome, mais en fait l'équipe intervient. La décision est donc bilatérale. Nous avons pu constater très vite que nous augmentons sensiblement le nombre de technogenèses réussies en assistant le processus de sélection. Mais le plus gros travail, même en ce qui concerne la conception, est assuré par la Panmatrix. Sa mémoire contient une somme colossale de connaissances biologiques, génétiques, biochimiques, biotechnologiques, etc. Tout cela est tenu à jour. De plus, elle est directement connectée aux principales banques internationales de données. Parmi les dizaines de modèles génétiques qu'elle compose chaque jour d'une façon théorique, la Panmatrix sélectionne ceux qui présentent le plus de chances de succès. Ensuite, après un examen comparatif minutieux et un dialogue avec la machine, l'équipe détermine la technogenèse à tenter.

— En somme, la Panmatrix est une machine à explorer le possible génétique ?

— Oui. Et cette exploration est extrêmement difficile, imprévisible. Nous ne possédons pas les lois de la composition génétique. Nous ignorons même si de telles lois générales existent. Nous ne connaissons que des régularités partielles, locales. Notre science reste un art où le flair, la chance jouent un rôle déterminant. Imaginez que les lois de la création génétique à un certain niveau soient probabilistes. C'est ma conviction. Eh, il nous faut alors viser à chaque coup l'exception, tenter l'improbable, apprivoiser la chance ! Nous procédons donc largement par essai et erreur et les ratés l'emportent de loin. Mais la nature a toujours procédé ainsi. Pour une mutation réussie, combien de milliers de mutations sans lendemain ! Pour un progrès évolutif, combien de monstres, de non viables, de régressions !

— Tout à fait d'accord, abonda Gillian qui s'était ressaisi, tandis que Garizilski commandait l'occultation de la fenêtre. En somme, poursuivit-il, la Panmatrix, produit extrême de l'évolution, est une machine à accélérer le rythme de l'évolution. Là où la nature mettait des millénaires à inventer une nouvelle espèce, la Panmatrix prend quelques jours ou quelques semaines parce qu'elle explore de façon systématique et évalue des modèles théoriques.

— Oui. Le rythme et le mode de l'évolution créatrice changent. Mais le processus reste presque aussi opaque. Nous pouvons accélérer la durée créatrice. Nous ne pouvons pas la rendre transparente. La grande loi est qu'il n'y a aucune anticipation théorique possible du futur évolutif. Laissez-moi vous montrer autre chose.

Il effleura une cellule marquée « Musée ». Au terme d'une translation complexe et en partie inverse de la première, la cabine s'immobilisa et le panneau coulissa. Par un nouveau sas communiquant avec l'un des couloirs que Gillian avait aperçu de l'extérieur, les deux hommes passèrent du bâtiment carré à l'un des longs édifices latéraux. Au bout du couloir, une porte s'ouvrit sur l'obscurité. Garizilski fit signe à Gillian d'avancer. Lorsque la porte se referma derrière eux, le noir fut absolu. Mais cela ne dura que quelques secondes. Déjà des points lumineux apparaissaient, disséminés. C'étaient, plus exactement, des taches faiblement luminescentes, des flaques de lumière blafarde, suspendues çà et là dans l'espace. En même temps qu'elles se faisaient plus nombreuses, Gillian vit que des formes se dessinaient au sein des plus proches et que les taches devenaient des volumes transparents de lumière. « Des ectoplasmes » fut le mot qui traversa son esprit. Le spectacle devenait hallucinant et il avait manifestement été monté suivant les meilleurs critères d'une esthétique à la fois futuriste et décadente. Avec plus d'intensité que la première fois, Gillian redevenait le petit garçon de la Foire de Bruxelles. Mais la Cour des Miracles était devenue immense. A perte de vue, les monstres et les merveilles naissaient des ténèbres. C'était comme la représentation d'une genèse démoniaque. Les cubes et les parallélépipèdes luminescents se découpaient maintenant avec netteté. Beaucoup étaient à peine plus gros qu'un dictionnaire, d'autres atteignaient bien le mètre cube. Quelques-uns avaient la taille d'un homme. Les supports demeurant plongés dans l'obscurité, la lumière, qui restait faible et comme captive, paraissait sourdre, mais pour couler vers l'intérieur, des volumes transparents mêmes. Ceux-ci avaient l'air de flotter, immobiles, à des hauteurs diverses, dans la nuit. Seule une pâle et fragile aura s'échappait des volumes pour les envelopper sans déchirer les ténèbres alentour. Dès que cette luminosité interne avait été suffisante, Gillian fut entièrement pris par la vision des formes prisonnières. Il crut d'abord à des hologrammes. Mais l'examen rapproché ne laissait aucun doute sur la matérialité des êtres sans pareils coulés dans les transparences. Une exposition de chimères prises dans des blocs de matière plastique transparente et luminescente !

Le charme fut rompu par la voix de Garizilski, presque invisible à côté de Gillian.

— Etonnant n'est-ce pas ? Le plus étrange Musée d'Histoire Anti-Naturelle du monde. Ici se trouvent réunis tous les enfants de la Panmatrix, conçus et procréés en un peu moins de trois ans. Il y en a environ trois cent cinquante. Comme vous pouvez le constater, la plupart sont des embryons dont le développement a cessé plus ou moins rapidement. Il n'y a pas plus d'une trentaine de technontes effectivement viables et ayant vécu. Celui-ci, par exemple, nous l'avons gardé quatre mois. Un combinat génétique de souris, de singe et de dauphin. Un de nos chefs-d'œuvre.

Il guida Gillian vers un bloc d'une cinquantaine de centimètres qui contenait une étrange créature. L'allure générale était bien celle d'un petit primate tandis que le museau muni de moustaches évoquait une souris et que la peau gris sombre, apparemment épaisse, était dépourvue de toute pilosité. Sertie dans le volume, au pied de la créature, une plaquette portait la mention : « Mickey Mouse 2009-02-25 ». Juste à côté, dans un petit cube, un embryon de poisson aux nageoires articulées et griffues comme des serres, était noté : « Opus 4B33. 10 jours. Janvier 2008 ». Avançant prudemment parmi les chimères pétrifiées, Gillian remarqua que la plupart ne portaient aucun nom, seulement « Opus » suivi d'un matricule. Les quelques noms qu'il déchiffra – « Prélude III », « Hermès », « Sidaya », « Ogam II », « Snoopy », ... n'offraient guère de correspondances apparentes avec l'être ainsi désigné. Devinant la surprise du Belge, Garizilski expliqua.

— Nous avons jugé plus correct de renoncer aux noms prétendument évocateurs. Ils auraient été longs, composés et de toutes façons trompeurs. Les noms abstraits et généralement gratuits que nous avons retenus indiquent que la biotechnologie et avec elle la créativité technoscientifique est entrée dans une phase elle-même abstraite, non figurative. Nous n'imitons plus la Nature ; nous la transcendons. Les références à la biosphère existante sont de plus en plus lâches, ce n'est plus elle que nous visons. (Il se tut un instant). Ce musée est un lieu particulièrement inspirateur. Plusieurs de mes collaborateurs et moi-même aimons nous y recueillir, spécialement avant de prendre la décision d'une nouvelle expérience de technogenèse.

Gillian frémit intérieurement à l'idée de choisir un tel endroit comme lieu de méditation. Déjà, son guide le tirait par la manche, l'entraînant une bonne dizaine de mètres plus loin.

— Voyez ce technonte, disait la voix de Garizilski avec une passion toute particulière qui augmentait son accent. Un chef-d'œuvre de la biotechnologie. S'il n'a vécu que trois semaines, c'est par accident. C'est celui que je préfère. Totalement inconcevable en milieu naturel, ajouta-t-il, la voix vibrante d'émotion et d'une sorte de tendresse.

Gillian se crut d'abord en présence d'un œuf d'autruche. Puis, il remarqua trois petits yeux, ovales aussi. L'œuf semblait le regarder, d'un étrange regard triplement divergent. Il réprima avec peine une puissante envie de rire. Un rire gigantesque, dont il sentait qu'il aurait eu la force de faire voler en éclats le fragile univers de fantasmes qui l'encerclait. Il bénit l'obscurité ambiante qui dissimulait à son hôte les héroïques mais grimaçants efforts qu'il faisait pour maîtriser son hilarité iconoclaste. Il s'obligea à lire la plaquette : « Omega I. 2010-6-30 à 2010-7-18 ». Il avait envie de demander ce que « ça » faisait. Si « ça » bougeait, mangeait, déféquait. Et comment ? Pour faire diversion, il s'imposa une question théorique sérieuse.

— Quelle est la base génétique de ce ... technonte ? (le mot qui l'avait d'abord choqué lui parut tout à coup parfaitement approprié).

— Vous voulez dire sa base *naturelle?* Quasi nulle! C'est cela l'extraordinaire! Un être de pure synthèse! Absolument irréaliste, inadapté et inadaptable à n'importe quel milieu naturel. Le grand art! Nous arrachons l'évolution à la loi asservissante et contingente de l'adaptation au milieu. (Et sur le ton plus bas de la confidence). Je vais vous dire: le génie technoscientifique accompli, c'est la Technopoésie. J'aime à dire que les Technoscients sont des poètes, les poètes de l'Instrumentalité.

Gillian profita aussitôt de l'exaltation de son compagnon en veine d'indiscrétion, pour revenir à la question qui l'obsédait.

— Tout cela est merveilleux et ce que vous venez de dire est d'un intérêt extrême pour le modeste philosophe que je suis. Mais, mon cher Garizilski, le Grand Œuvre de l'évolution, c'est l'homme. Vous êtes bien d'accord? Donc, le Grand Œuvre de la ... Techno-Evolution devrait être... le successeur d'Homo (il n'osa pas dire « le Fils de l'Homme » qu'il avait sur les lèvres). Je sais qu'une loi fédérale interdit toute manipulation du patrimoine génétique humain, mais les Technoscients, ou les Technopoètes comme vous dites, peuvent-ils se laisser paralyser et emprisonner par cette réglementation vulgaire de la conservation de l'homme naturel? Le Réseau des Instituts n'échappe-t-il pas, ou ne peut-il du moins se jouer des contraintes nationales? J'avais cru le comprendre à Gador. Que devient votre liberté créatrice si l'essence naturelle de l'homme, autrement dit: la cime présente de l'évolution, reste sacrée, inviolable, intouchable?

Il y eut un moment de silence au cours duquel Gillian retint presque sa respiration. Puis, avec un grognement, Garizilski parut se décider.

— Vous avez raison et je suis bien aise de vous entendre parler ainsi. Sortons. Dirigez-vous vers le voyant rouge placé au-dessus de la porte. Je vais vous montrer quelque chose de top secret. J'ai votre parole, n'est-ce pas? Aucune allusion hors d'ici. L'être que vous allez voir n'existe pas, ne peut exister. Votre livre, vos réactions, vos paroles vous rendent digne d'en savoir plus.

Ils avaient réintégré le polymobile. Une nouvelle translation encore plus longue que la précédente les parachuta dans un autre sas ouvert sur un nouveau couloir. Le directeur poussa une porte. Ils entrèrent dans une sorte d'antichambre large mais peu profonde. La plus grande partie de la paroi opposée à la porte était transparente. Comme une grande vitrine, large de plusieurs mètres. Au-delà, on pouvait apercevoir un curieux étalage. C'était une grande pièce. Deux mots, normalement opposés, vinrent à l'esprit de Gillian : un living, une tanière… Il y avait deux fauteuils dont l'étoffe déchirée pendait en lambeaux et dont la bourre était répandue sur le sol. Une table basse était couverte de magazines et de bandes dessinées, ainsi que de quelques fruits entamés. Dans le fond, près d'une autre porte, au-delà de laquelle Gillian crut distinguer une vaste serre dans laquelle poussait une végétation tropicale, était posé un vétuste complexe de radio-télévision-enregistreur. Le sol, qui avait été garni d'un tapis plain dont il restait quelques sections, était sale et jonché de peaux de bananes, d'écorces, de branches et de quelques feuilles. Dans un coin, plusieurs balles, un cerceau et un cendrier renversé répandant ses cendres et quelques cigares à moitié consumés. De l'autre côté de la porte ouvrant sur la serre, un très grand miroir, étincelant de propreté, était appliqué contre le mur.

Soudain, un météore brun et hurlant traversa l'espace, surgi de l'extrême droite de la pièce, d'un endroit que le visiteur de l'autre côté de la vitrine ne pouvait apercevoir.

— Whâââ ! Hâ ! Hâ ! Hâ ! Je suis la Terreur des Profondeurs ! Gare au Pourfendeur ! Whâââ !

Un cri de surprise échappa à Gillian qui recula. L'apparition était d'une mobilité extrême, gesticulante, bondissante, grimaçante, tantôt à gauche, tantôt au fond, tantôt plaquée contre la vitre un très bref instant. Il fallut à Gillian plusieurs secondes pour se faire une idée de ce qu'il voyait.

— Un singe habillé en homme ! s'exclama-t-il.

Bondissant du fauteuil où elle s'était juchée, la créature fut contre la vitre, les yeux fixés dans ceux de Gillian.

— Idiot ! Imbécile ! Petite tête de ver masqué ! Je suis Waha, la dix-septième merveille de la Forêt Universelle. Agile de corps et d'esprit, je parle et j'agis ! Funambule, je spécule ! Whâââ !

Déjà, il était devant le miroir et se dandinait, l'air important, un cigare à la gueule. La voix, transmise par parlophone, sortait d'au-dessus de la vitre… Elle était à la fois déclamatoire et traînante, comme le boniment emphatique et gauche d'un présentateur enroué. A l'examen, on se rendait compte que les proportions des membres et du corps de la créature se rapprochaient de celles de l'homme. Cette apparence anthropomorphe était accentuée par le pantalon de toile brune et les pantoufles de sport. Mais la pilosité du torse et le faciès demeuraient simiesques. Brusquement, la créature s'installa en tailleur dans un fauteuil et se mit à feuilleter un magazine.

—Si vous avez besoin de moi, faites-moi signe et appelez-moi « Sire ».

Visiblement satisfait de l'effet produit, comme s'il existait entre lui et le singe anthropomorphe une complicité malicieuse de collégiens farceurs, Garizilski consentit à donner quelques explications à son hôte éberlué.

—Waha, c'est lui-même qui s'est baptisé ainsi depuis quelques mois. Il change périodiquement de nom. Waha est extrêmement théâtral et farceur. C'est pourquoi on l'enferme. Du temps de Spinrad, il a vécu quelques semaines librement avec une équipe. Il imagina tant de blagues de mauvais goût, qu'il fallut à plusieurs reprises l'enfermer. Mais il est incorrigible, inéducable. Le jour où l'une de ses attrapes envoya un collaborateur à l'hôpital pour un mois, il fut décidé de l'enfermer définitivement. Waha, c'est l'esprit de malignité et de vanité fruste incarné !

—Vous voilà vous-même pris au piège de l'anthropomorphisme !

—Pas du tout ! Cette fois, ces termes de psychologie humaine sont parfaitement légitimes et adaptés ! Waha est partiellement humain. Psychologiquement, c'est passionnant. Les chimères humanoïdes grossissent de façon caricaturale l'un ou l'autre trait de caractère de l'homme. Comme si la greffe de la structure génétique spéculative agissait à la façon d'un microscope sur un aspect de la nature humaine existant à l'état latent chez des espèces animales. Systématiquement pratiqué, vous imaginez quel puissant moyen d'étude des composantes archaïques et profondes de la nature humaine nous tenons là ! Les vertus et les vices de l'homme décuplés et isolés à l'état pur. Quelle aubaine pour le psychologue ! Et pour le moraliste ! Waha, c'est l'esprit d'espièglerie, de moquerie. Un filon épuré de volonté mauvaise et maligne. C'est Waha le Malin ! Mais on a entrepris des expériences avec des génomes de cochons.

— Blablabla et falbala ! Le cochon, c'est Gari. Mais, mon bon monsieur, vous avez l'air bien brave ! Je vous offre l'hospitalité de ma bananière. Nous aurons des jeux et des nuits inoubliables ! Venez ! Mirez-vous dans le miroir et, hop, vous passez à travers la vitre, mon Alice !

Il s'était levé, décrivant une courbette grotesque pour inviter Gillian à entrer.

— Allons dans mon bureau, dit Garizilski, ici il n'est pas possible de parler. Un étranger le met toujours en verve.

— Salut, gros lard ! Au revoir, Alice ! Prenez garde, Gari est un porc ! Je vous attends ce soir, dix heures, deuxième étage, porte six. Nous briserons la glace ! Whâââ... Ha ! Ha ! Ha !

— Si je puis dire, il y a de l'homme dans... Waha ? demanda Gillian, confortablement installé dans l'unique fauteuil, tandis que Garizilski s'était assis derrière son bureau.

Les deux hommes sirotaient un mélange glacé à base de Tequila préparé et apporté par les soins de l'assistante cerbère qui avait lancé à son patron un regard lourd de reproches et décoché à l'étranger un autre franchement hostile. A son départ, Garizilski avait dit avec un clin d'œil : « Simone est une vieille fille issue d'une famille puritaine. Mais c'est une excellente biologiste ».

— Il s'agit bien d'un technonte para-humain. Mais c'est déjà une vieille histoire. Waha est à l'Institut depuis plus de deux ans. C'est un héritage de Spinrad.

D'un trait, Garizilski vida son cocktail.

— Spinrad ? répéta Gillian interrogateur.

— Samuel Spinrad. L'inventeur du « gène spéculatif », comme on dit familièrement. C'est évidemment beaucoup plus complexe. Il s'agit de toute une structure chromosomique. Une fraction très spéciale de la chaîne ADN, dont la morphologie moléculaire est, à cet endroit, à la fois enchâssée et symétrique, avec un seul point singulier, asymétrique, si vous voulez. C'est la fraction d'ADN qui commande la constitution de cette portion du cerveau humain qui est le siège du langage et de la pensée discursive. Spinrad l'a identifiée et isolée pour la première fois voici trois ans. A cette époque, il dirigeait l'Institut. Après plusieurs échecs, il réussit la technogenèse de Waha. La base est un orang-outan dans le génome duquel on a réussi à greffer « le gène spéculatif ». Il y a de graves difficultés, des problèmes de rejet variables d'un génome individuel à l'autre. Je veux dire : ce n'est pas parce que la greffe a réussi avec Waha qu'elle réussira avec n'importe quel autre orang-outan.

— C'est extraordinaire ! Et il est vraiment capable de... penser ?

— Waha dispose d'un vocabulaire effectif de trois mille mots environ. Le reste est du psittacisme. Ainsi, il prononce souvent des phrases profondes ou sibyllines sans les comprendre et sans liaison précise avec le contexte ou la situation. Au début, on s'y laisse prendre. Il a aussi un goût très prononcé pour les allitérations et les rimes élémentaires. Mais son caractère est tout à fait impossible. Il est exclu de discuter sérieusement avec lui. Il ment, ironise, invente, tourne en dérision, lance des moqueries, bref sabote systématiquement tout dialogue. De ce point de vue, c'est une déception : il parle mais ne nous apprend rien. Nous ne pouvons nous fier à ce qu'il dit. Comme pour les animaux ordinaires, notre connaissance de Waha ne progresse que par l'observation du comportement. C'est en raison de cette tare que Spinrad ne l'a pas emmené avec lui.

— Je n'ai jamais entendu parler de cette découverte, ni de son auteur, s'exclama Gillian. Elle me paraît pourtant tout à fait capitale !

— Elle l'est. C'est la raison pour laquelle, on l'a tenue secrète. Notez que toute indiscrétion se retournerait contre son auteur qui se heurterait à un démenti tel qu'il se trouverait ridiculisé.

A bon entendeur, songea Gillian qui n'avait pas oublié sa récente conversation avec White concernant toutes les nouvelles vraies ou fausses, en fait indécidables, composant l'actualité futurologique de l'Ouest américain.

— Est-il possible de rencontrer ce Samuel Spinrad, qui doit être un génie de tout premier ordre ?

— Plus qu'un génie ! Un phénomène ! J'ai été son adjoint ici même avant de reprendre la direction de l'Institut à son départ. Depuis, il préside aux destinées du Centre d'Anthropotechnologie Générale en Arizona.

Gillian se maîtrisa pour ne pas manifester l'émotion qui l'avait saisi. Quelque chose lui disait qu'il approchait du but. Morgan citait ce centre en évoquant le fameux projet. Il but une gorgée du mélange brûlant, grimaça, puis décida un coup de poker, comptant beaucoup sur l'aide de la tequila.

— J'ai entendu parler de ce centre. A Gador. C'est bien Spinrad qui coordonne le Projet « Fils de l'Homme » ?

Garizilski le considéra un instant avec attention, puis il se versa une rasade de tequila, pure cette fois.

— Vous êtes remarquablement informé, Professeur Gillian, prononça-t-il lentement. Je pensais que seuls les Technoscients étaient au courant de ce projet.

Gillian décida de pousser son avantage et de profiter de l'atmosphère détendue. Il joua le tout pour le tout.

— Cher Docteur Garizilski, puis-je vous demander votre aide ? Vous savez que l'intérêt que je porte aux recherches du Réseau des Instituts est purement philosophique. Je veux m'imprégner des signes du futur, des symptômes précurseurs qui hantent ces grands creusets de l'avenir afin de donner une suite plus concrète, plus engagée à *Species Technica.* Je suis entièrement acquis à l'esprit de vos recherches. Vous avez été l'adjoint de Samuel Spinrad, un mot d'introduction de votre part faciliterait assurément beaucoup une visite au Centre d'Anthropotechnologie. Vous me rendriez vraiment un très grand service.

Le gros homme, dont le teint passait doucement au rouge brique, termina son second verre. Le Belge attendait en silence le résultat de son quitte ou double. Son hôte pouvait refuser et même avertir Spinrad et le prévenir contre ce philosophe trop curieux. Mais le fil des confidences déjà accordées liait Garizilski et l'invitait à ne pas refuser cette demande, en somme assez compréhensible. L'alcool fit que sa réponse dépassât tous les espoirs de Gillian.

— Comme je comprends votre désir ! Spinrad ne vous décevra pas. Il a un tempérament de ...métaphysicien. Votre livre, s'il ne le connaît déjà, l'intéressera sûrement. (Il se versa une nouvelle ration de tequila et parut surpris en constatant que son invité n'avait pas encore terminé son premier verre). Qu'est-ce que je disais ? Un tempérament métaphysique. Mieux : théologique. (Il rit). N'allez pas lui répéter ce jugement. Il n'apprécierait pas. Nous sommes restés en des termes excellents. Vous souhaitez que je lui écrive pour annoncer votre passage ?

— Bien que je craigne d'abuser de votre bonté, je préférerais un mot d'introduction. Un échange de courrier serait long. Je n'ai, hélas, pas trop de temps. J'aimerais me rendre là-bas dès demain, ou après-demain.

— Mais Flagstaff n'est pas la porte à côté. De plus, le Centre est établi au milieu des montagnes. Dans le cratère d'un volcan éteint. (Il se tut quelques secondes, comme perdu dans un rêve ou un souvenir). J'y suis allé une seule fois, peu après son ouverture. C'est l'ensemble architectural le plus fascinant et le plus dément qui soit. Les Indiens Hopis, pour qui les Monts de San Francisco sont sacrés parce qu'habités par des esprits qu'ils nomment « Kachinas », appellent le volcan « la maison des Démons ». Ils ont baptisé le Centre : « les Anneaux du Serpent d'Enfer ».

— Pourquoi s'être installé dans un endroit aussi... surprenant ?

— Spinrad. Une idée de Spinrad. Je vous disais que c'est un phénomène. Un homme tout à fait à part. Même génétiquement, ajouta-t-il en faisant entendre un petit rire. Juif par sa mère, il a une bonne dose de sang Pueblo dans les veines par son grand-père paternel. Il en sait long sur les légendes et la mythologie des Hopis. Tenez-vous toujours à vous rendre là-bas ? C'est un peu l'Enfer. Ha, ha, ha ! Le croirez-vous, mon cher ami, le Fils de l'Homme est né en Enfer !

— Mais... après ce que vous venez de me révéler, je suis plus impatient que jamais de rencontrer ce Samuel Spinrad et de visiter son antre.

— Très bien, vous l'aurez voulu !

Il vida son verre, prit un morceau de papier et se mit à écrire, l'air amusé.

Chapitre 9

LE FILS DE L'HOMME

Gillian venait de traverser Flagstaff pour emprunter la route du Nord en direction de Page et l'Utah. A l'Ouest, visible par des trouées de la forêt, se découpait le noir et volcanique massif de San Francisco. Le mont Humphrey, le plus haut pic de l'Arizona, enfonçait sa cime dans les lourds nuages gris qui, depuis le matin, s'amoncelaient sur la chaîne en provenance du Nord et de l'Ouest.

La veille, Gillian n'avait pu refuser de déjeuner avec Garizilski. L'amour de ce dernier pour les produits mexicains s'étendait bien au-delà de la Tequila. Aussi le Belge avait-il eut droit à une répétition du menu d'Albuquerque. Seule la boisson avait heureusement varié : un excellent Burgundy californien s'étant substitué à l'insipide café synthétique. Mais il n'avait pas échappé au pousse-café d'Aguardiente. L'estomac lourd et l'esprit las, il ne quitta l'Institut qu'au milieu de l'après-midi. Comme il était trop tard pour joindre Flagstaff, Gillian s'était résigné à s'arrêter à Gallup. La nuit avait été mauvaise. Pour la première fois depuis Gador, son cauchemar était revenu, le laissant en sueur dans la grisaille de l'aube. Il était parti tôt, décidé à gagner le jour même le Centre d'Anthropotechnologie Générale. Dès le lever, un sentiment d'urgence l'avait étreint, comme s'il se sentait soudainement pris dans quelque accélération du destin. Il voulait en finir. Savoir. Si sa visite au Centre n'aboutissait pas, il ne lui resterait plus qu'à rentrer en Belgique. Mais il n'envisageait pas sérieusement cette éventualité qui lui paraissait plus insupportable que n'importe quelle conclusion. Il avait plus que jamais la conviction que la clé de la double disparition était dans les Pics de San Francisco. Le gros directeur de Rio Grande n'avait-il pas laissé entendre entre deux gorgées brûlantes et avec un regard étrange : « Spinrad n'a jamais hésité devant l'expérimentation de l'humain. Vous évoquiez la quête du futur de l'homme. Eh bien, Spinrad, depuis le début, a été obsédé par cette recherche, ou invention, d'un au-delà d'Homo Sapiens ».

Gillian avait tenté d'en savoir davantage. Mais, dérobade ou ignorance, il n'avait pu obtenir d'autres informations. Il avait seulement appris, incidemment encore une fois, dans le fil de la conversation, que, l'an dernier, Samuel Spinrad avait fait un long séjour en Europe, plus précisément dans le Nord de la France et dans le Sud de la Belgique afin d'y examiner sur place, en liaison avec deux filiales de la General Anthropotechnics installées l'une près de Lille et l'autre non loin de Liège, les conditions d'implantation dans cette région d'un nouvel Institut. Gillian avait voulu lire dans cette information un indice majeur, une indication concrète. Son esprit cherchait à nourrir des hypothèses à l'aide de semblables coïncidences. Il avait également inféré des propos de Garizilski que Samuel Spinrad était simultanément un des hauts administrateurs du Réseau et un responsable important de la grande Multinationale de la prothèse.

Perdu dans ses pensées, il n'avait guère accordé d'attention à la traversée du Désert Peint, tandis qu'il laissait sur sa gauche le Parc National de la Forêt Pétrifiée. Dès qu'il eut dépassé le lointain rempart de Meteor Crater, au fond duquel devait se dérouler en cette dernière semaine d'octobre, comme chaque automne, le Festival Mondial du Théâtre de Science-Fiction dans une orgie de lasers et d'hologrammes, le paysage s'était mis à changer. De quasi désertique, il s'était peu à peu couvert d'herbe, de plus en plus verte, d'arbustes, puis d'arbres. La montée vers le haut plateau de Coconino commençait. Flagstaff se trouvait à plus de deux mille mètres d'altitude.

Maintenant, la Forêt de Coconino, devenue alpestre, l'entourait de toutes parts, plus sombre et plus dense, tandis qu'il grimpait le long des flancs du massif. Il venait de quitter la grand route de Page, pour s'enfoncer vers l'Ouest, droit dans la montagne. Le petit mobile peinait sur la pente rude. Après une quinzaine de minutes, les arbres avaient commencé à se raréfier. Bientôt, il déboucha dans un paysage d'apocalypse. On aurait dit un labour de Géant, comme si une énorme charrue avait, à perte de vue, remué, par mottes gigantesques, une terre noire et creusé sauvagement des sillons emmêlés de plus d'un mètre de profondeur. L'antique chaos de lave s'étendait de part et d'autre de la route. Des arbustes et même quelques arbres rachitiques s'accrochaient aux creux les moins stériles de l'immense coulée. A mesure qu'il montait, les boursouflures et déchirures du flanc de la montagne se résorbèrent. Seules quelques rares et vieilles bombes volcaniques accidentaient un terrain de plus en plus uni et totalement désert. Le sommet de l'ancien volcan n'était qu'une immense dune de cendre et de poudre, noire, grise ou d'un brun rouge qui faisait songer à de la poussière de sang. Enfin, le mobile déboucha sur un parking où stationnaient déjà plusieurs dizaines de voitures. Gillian descendit. Il frissonna et courba l'échine sous le vent glacé, relevant frileusement le col de sa veste. Dans sa hâte, il n'avait pas songé à s'équiper pour ce froid polaire. Les nuages lourds tout proches maintenant paraissaient annoncer une nuit de neige. Il s'avança jusqu'au bord du cratère. Tout était bien tel que Garizilski le lui avait décrit. Un ensemble dantesque. Une architecture pour l'enfer. La cuvette, remarquablement symétrique, devait avoir une centaine de mètres de profondeur, et autant en son plus grand diamètre. La première ceinture grise de plastomet avait été construite à mi-pente. Les cinq autres suivaient à intervalles réguliers. Gillian calcula rapidement que l'anneau le plus proche devait courir sur une circonférence d'environ deux cents mètres. Il distinguait les fenêtres, rondes comme des hublots. La plupart étaient éclairées. Le dernier cercle occupait tout le fond du cratère. On n'en apercevait que le toit : une plate-forme de plastomet d'une vingtaine de mètres de diamètre sur laquelle étaient posés deux petits hélicoptères. La veille, Garizilski avait encore appris à Gillian un certain nombre de choses qui expliquaient en partie la situation démente et les dimensions colossales de l'ensemble qu'il contemplait à présent. Les sept cercles interconnectés puisaient toute leur énergie à des sources géothermiques profondément enfouies dans le cœur du volcan. D'autre part, la plus grande partie, précisément les trois ceintures supérieures étaient occupées par la General Anthropotechnics qui avait largement financé les travaux. La puissante Multinationale y avait établi son Directoire pour l'Amérique du Nord ainsi que quelques-uns de ses plus importants laboratoires de recherche. Le Centre d'Anthropotechnologie Générale n'occupait donc que les trois derniers niveaux. L'anneau – 4 étant de service et commun aux deux institutions sœurs.

Un frisson arracha Gillian à sa contemplation. D'un pas rapide, il se dirigea vers une construction basse, à faible distance du parking. La porte s'ouvrit à la première poussée. Pas plus qu'à l'extérieur, il n'y avait âme qui vive. A son approche, les portes de deux grands ascenseurs coulissèrent découvrant deux cabines de forme cylindrique. Il pénétra dans celui de droite, de plus en plus étonné par cette indifférence hospitalière. Mais il ne se faisait guère d'illusions. Il était presque certain que l'œil d'invisibles caméras suivait ses moindres mouvements. On ne pouvait douter qu'un tel ensemble soit pourvu de systèmes de sécurité. Des systèmes sophistiqués et doux, parfaitement intégrés. Gillian comprit qu'il avait pris le bon ascenseur : les commandes n'offraient le choix qu'entre les quatre niveaux inférieurs. Après une brève hésitation, il se décida pour le –7. La descente, très légèrement oblique (ce qui accentuait l'impression de chute), le long de la paroi inférieure abrupte du cratère ne dura que quelques secondes. Mais la porte ne s'ouvrit pas. Au bout d'une minute d'attente et comme il ne voyait aucune commande d'ouverture, Gillian se résigna à remonter de deux niveaux. Cette fois, la porte s'ouvrit instantanément et il se retrouva à l'intérieur de l'un des boyaux de plastomet. Une hôtesse était assise face à l'ascenseur, derrière un bureau chargé d'écrans et de récepteurs. Elle tournait le dos à l'un des hublots que Gillian avait aperçus d'en haut. La jeune femme considéra le nouveau venu avec un sourire teinté de surprise. Il s'avança.

—Je suis le Professeur Gillian, dit-il. Le Directeur Spinrad a été averti de ma visite. Voulez-vous avoir l'amabilité de lui remettre ce pli (il tendit le mot d'introduction de Garizilski) ainsi que ma carte ?

—Monsieur le Directeur est en conférence. Après un moment d'hésitation, elle ajouta : Etes-vous sûr d'avoir pris rendez-vous ? (Comme Gillian ne répondait pas). Enfin, je vais voir ce que je puis faire.

Elle décrocha un récepteur et expliqua brièvement la situation. Ensuite, elle dirigea vers Gillian un regard où le soupçon avait remplacé la surprise.

—Voulez-vous m'excuser quelques instants ?

Tandis qu'elle s'éloignait avec la lettre, Gillian s'approcha du grand hublot qui suivait la ligne convexe de la paroi de plastomet qu'il trouait sur toute sa hauteur. Le plus proche des hélicoptères était à moins de dix mètres et occupait une bonne partie du champ de vision. En dirigeant son regard vers le haut, il put apercevoir, en ordre inversé et suivant un angle qui accentuait le gigantisme des proportions, toute la succession des anneaux, et, très loin, un bout de ciel gris. Déjà, la nuit s'installait au fond de la cuvette.

— Professeur Gillian, Monsieur le Directeur ne peut vous recevoir pour le moment. Il vous accueillera volontiers soit demain au début de l'après-midi, soit encore ce soir, si vous pouvez attendre. Mais ce ne serait que vers vingt heures.

— J'attendrai, répondit immédiatement Gillian. Mais pouvez-vous me dire s'il existe ici un endroit où manger quelque chose ?

— Mais certainement ! (Elle avait retrouvé son amabilité professionnelle). Il vous suffit de remonter d'un étage. Le restaurant est indiqué. Si vous voulez bien revenir ici même vers vingt heures, soit (elle consulta sa montre) dans un peu moins de trois heures, ma collègue vous conduira auprès de Monsieur le Directeur.

Gillian remercia et se dirigea vers l'ascenseur.

Peu après vingt heures, Gillian pénétrait dans l'antre de Samuel Spinrad, situé au fond même du cratère, directement sous la plate-forme. Ce qui frappait d'abord le visiteur, c'était le mur du fond. Ou plutôt l'absence d'un tel mur qui se confondait avec les entrailles vives de la montagne. Le roc avait été poli ; il scintillait comme un immense diamant noir. Mais toute la pièce présentait une forme extrêmement curieuse. Elle était large et peu profonde, à la manière d'une scène. La paroi naturelle du fond décrivait un arc de cercle dont l'autre mur, au milieu duquel était située l'entrée, tendait la corde. Samuel Spinrad était assis derrière un vaste bureau cintré dont la lourde tablette d'obsidienne paraissait refléter, noir sur noir, la muraille volcanique du fond. Huit lourdes chaises en bois d'ébène et d'un modèle ancien étaient disposées de l'autre côté du bureau, face à Spinrad. Celui-ci tenait probablement ici même ses réunions et conférences, trônant seul sur fond d'enfer. Outre le monumental bureau dans lequel était sertie une gamme complète de récepteurs, percepteurs, dictaphones et scripteurs automatiques, Gillian remarqua plusieurs meubles anciens et massifs, ornés d'une étonnante collection de statuettes indiennes parmi lesquelles il reconnut un grand nombre de Kachinas Hopis représentant des démons et des esprits occultes, zoomorphes et anthropomorphes. Les unes n'étaient que fantaisie poétique, d'autres étaient terrifiantes, tout en gueule, en dents et en griffes. Toutes étaient merveilleusement chamarrées. Ce décor convergeait vers un foyer unique : Samuel Spinrad. Lorsque Gillian entra, il ne se leva pas. Très droit, les mains posées à plat sur la surface d'obsidienne, il invita d'un mot son visiteur à s'asseoir. Pour autant qu'il pouvait en juger, le maître de céans devait être d'une taille en dessous de la moyenne et de faible corpulence. Cette apparence de minceur était accentuée par la veste noire, montant haut sur le cou mais dépourvue de revers, qui était serrée comme un justaucorps. Le visage large et plat ainsi que les yeux légèrement bridés communiquait au personnage une note vaguement asiatique qui témoignait de ses origines indiennes. Le nez était grand et crochu, la bouche mince, acérée. Sa chevelure, qui dut jadis être de jais, comme ses yeux, grisonnait. Mais il était difficile de lui attribuer un âge.

Dès que leurs regards se croisèrent en silence, comme s'ils s'évaluaient mutuellement, les deux hommes surent que leur rencontre serait décisive, qu'un dialogue s'annonçait marqué au coin du destin. Samuel Spinrad assuma d'emblée le présage en parlant sans ambages.

— Vous voilà donc, Monsieur Gillian. Je vous attendais.

— Vous m'attendiez ? Vous me connaissez donc !

— Depuis Gador, je suis votre progression à travers le Réseau. C'est moi qui avais suggéré à Alcherson de vous inviter.

— Vous ! Mais... pourquoi ?

Gillian s'agitait sur sa chaise, dérouté par le tour que prenait l'entrevue. Il pensait surprendre et il était surpris. Avait-il été depuis le début le jouet de cet homme qu'il avait, avant même de le connaître, identifié avec l'Ennemi ? Samuel Spinrad poursuivait calmement ses explications, conscient de mener le jeu.

— Aucun mystère. Alcherson vous a dit la raison. Nous manquons dans le Réseau de cerveaux spéculatifs valables et entraînés. J'accorde beaucoup d'importance à la philosophie de nos recherches. Et aussi à la philosophie *dans* nos recherches, Monsieur Gillian. Sans la dimension philosophique, la conception et l'invention du futur seraient plates sans relief. Ce serait l'impasse. La pensée spéculative, l'émotion et le désir qui s'y associent sont le levain de l'évolution. Je veux dire : le moteur de l'évolution tel que celui-ci apparaît au stade humain du parcours évolutif et de l'intérieur de ce stade. (Il s'interrompit quelques secondes, regardant le Belge avec un sourire ironique). Mais je vous prie de m'excuser. Je vous fais un cours de philosophie que vous êtes infiniment plus qualifié pour donner !

Gillian était toujours mal à l'aise. Contrairement à son attente, à sa conviction même, cette discussion allait-elle faire long feu, s'en aller en bavardage d'idées ?

— Mais pourquoi me choisir moi ?

— J'ai lu votre livre, Monsieur Gillian, lors de mon dernier séjour en Europe. Il venait de paraître. J'ai appris qu'entre-temps il a été traduit. Je vous en félicite sincèrement. C'est un travail qui mérite d'être diffusé. Sa lecture m'avait passionné, en dépit de quelques réticences et ambiguïtés d'ordre...moral. L'invitation à Gador était une sorte de test. Malheureusement, à cause de votre... accident et de cette ridicule révolte de village, il ne put être concluant. J'avais presque classé l'affaire quand vous êtes réapparu à Chicago.

— Ainsi donc, vous étiez au courant de mes moindres gestes et déplacements ! Est-ce que Morgan et Mademoiselle de Belmont sont aussi des espions à votre solde ?

— Comme vous êtes romanesque, Monsieur Gillian ! Des espions ! Morgan est mort, vous le savez. Un savant remarquable, un peu excentrique. Quant à Mademoiselle de Belmont, elle a simplement, comme il se doit, fait rapport de votre visite à son supérieur. C'est, en fait, par hasard, à cause de l'attentat qui a détruit l'Institut de Chicago peu après votre passage, que le dossier m'a été transmis.

Comprenant que cette conversation ne mènerait nulle part, s'il ne passait carrément à l'offensive sur un point crucial, André Gillian décida de foncer.

— Morgan m'a parlé avant de mourir. Il m'a communiqué des informations capitales qui vous concernent, vous et moi.

Samuel Spinrad attendait la suite. Impénétrable, tel un Sphinx.

— Il vous accuse d'être impliqué dans l'enlèvement de ma femme et de mon fils.

Pendant les secondes de silence qui suivirent cette déclaration dépourvue de toute ambiguïté, un combat parut se livrer en Spinrad, comme s'il hésitait entre deux attitudes possibles. Très vite, il trancha et un sourire presque aimable flotta sur ses lèvres.

— Bien. Je pourrais vous répondre que les paroles d'un moribond qui, en outre, avait à son actif quelques extravagances et qui nourrissait à l'égard de certains membres du Réseau un ressentiment personnel, ne doivent pas être prises pour de l'argent comptant. Mais je ne dirai pas cela, car j'ai pour vous trop de considération. Je pense que vous devez pouvoir comprendre. Mais c'est une longue histoire. Voici près de trois ans maintenant, je conçus un projet très ambitieux, dans la droite ligne de la philosophie première du Réseau. Il faut savoir, Monsieur Gillian, que lors de sa constitution, voici une douzaine d'années, le groupe des Technoscients Fondateurs, dont je faisais partie, inscrivait en priorité parmi ses recherches, des investigations poussées concernant le futur de l'espèce. Mes recherches et découvertes personnelles à propos de la structure génétique spéculative propre à l'Homo Sapiens n'ont pas d'autre sens. J'estimais que le premier pas à franchir afin de pouvoir sérieusement envisager un dépassement technologique de l'anthrope consistait à cerner concrètement, techniquement, les fondements de l'essence de l'homme, de la différence spécifique qui le constitue comme tel. Identifier et isoler cette essence de l'homme de façon à la rendre manipulable et incorporable dans d'autres structures tel était mon premier but. Ainsi que vous le savez depuis votre passage chez mon ancien assistant, je réussis. C'est alors que naquit en moi l'idée du Projet Fils de l'Homme auquel je travaillai comme directeur de ce Centre. Le Fils de l'Homme est un être complexe, mosaïque. Entendez-moi bien : cet être n'est pas le successeur de l'homme. C'est un chaînon. Mais un chaînon indispensable car le successeur de l'homme n'est pas à la portée de la pensée de l'homme. L'homme n'a pas la capacité d'imaginer, d'anticiper conceptuellement sa propre transcendance. C'est aussi un instrument. Mais un instrument au sens large. Nous sommes tous d'une certaine façon des instruments. Des instruments du Temps. Le Fils de l'Homme, c'est l'instrument de l'évolution le plus sophistiqué que l'on ait jamais conçu. Infiniment plus complexe qu'un individu humain. Un être collectif, multiple. Un Cyborg mosaïque constitué par un réseau d'ordinateurs couplé à un jeu de composantes neurologiques humaines. Imaginez la puissance de conception et de résolution d'une pareille entité ! Composite, elle n'a aucune identité personnelle, bien qu'elle pense au plein sens humain de ce mot, puisqu'elle comprend une importante quantité de cette matière qu'on appelle grise. Et là est le trait de génie : c'est cette carence même d'identité qui est motrice de la quête du dépassement de l'anthrope. La seule unité du Cyborg mosaïque réside dans le but qui lui est assigné, de l'extérieur et par nous pour ce qui est des composantes cybernétiques, de l'intérieur, comme un désir ou une volonté existentielle, pour ce qui est des composantes neurologiques humaines. Et ce but, c'est la détermination de la mutation technologique de l'homme, l'identification prospective de la « species technica » pour reprendre l'heureuse expression que vous utilisez. Le Cyborg mosaïque n'existe pas en fonction de lui-même, comme un individu. Il n'est qu'en fonction d'un projet de transcendance. Comme une collectivité s'absorbe dans l'entreprise commune. (Il se tut un moment, le regard perdu dans le vague). Nous ne sommes pas encore vraiment au stade opérationnel. Jusqu'ici, c'est-à-dire depuis près de cinq mois, après que la dernière composante vivante eut été intégrée, le Cyborg n'a eu qu'une activité théorique. Il s'informe, trie cette information, la critique, élabore des hypothèses, des modèles qu'il évalue et transforme. Mais il n'est pas encore passé au stade du choix et de la réalisation. Il est possible que cela prenne des mois, peut-être des années. Il est jeune. Une grande partie de ses capacités cybernétiques restent inutilisées et ses composantes biologiques sont encore en pleine croissance structurelle. Le passage à l'acte s'opérera lorsqu'il décidera de nous proposer un modèle à réaliser. Alors, sous sa direction, une équipe de Technoscients se mettra à l'œuvre pour composer le véritable Fils de l'Homme, l'Entité à venir. Si c'est un succès, le Cyborg mosaïque aura accompli sa tâche et l'humanité la sienne.

Gillian, qui avait été captivé par ce récit et par le charisme du personnage qui parlait maintenant d'un ton profondément inspiré, ne put s'empêcher de remarquer :

—Mais n'est-il pas extrêmement périlleux de se laisser guider par une telle puissance et de réaliser sous sa direction un être que nous ne pouvons comprendre ?

— Du danger, il y en a toujours, Monsieur Gillian. Pour le conservateur de l'humain, le Cyborg mosaïque représente de toute façon le danger suprême. Mais je crois que vous faites allusion à un péril plus... terre à terre. L'éventualité, par exemple, d'un anéantissement de l'humanité, sans relève ? N'oubliez pas les parties humaines du Cyborg ! Ce sont des cerveaux partiels combinés. Nous n'avons retenu que les composantes les plus spécifiquement humaines du cerveau, celles principalement qui sont dictées par la fameuse structure génétique spéculative. Ces cerveaux partiels sont là aussi pour contrôler la constitution du modèle. Ils sont notre garantie et notre sauvegarde... morale, si je puis dire. L'assurance, du moins je le présume, que notre Cyborg ne se mettra pas à comploter quelque monstruosité visant à détruire l'humanité sans la transcender.

— Je serais plutôt d'avis contraire, Docteur Spinrad. Je pense que c'est justement parce qu'il y a dans votre... Cyborg mosaïque des composantes humaines qu'il pourrait se révéler capable d'ourdir diaboliquement quelque secrète apocalypse.

— Vous faites du roman, encore. Votre erreur d'appréciation provient du fait que je n'ai pu vous faire qu'une description sommaire et très imagée. En réalité, les parties cybernétiques et les composantes neurologiques se contrôlent mutuellement.

Gillian, qui jusque là s'était laissé aller à une sorte de fascination, se ressaisit.

— Et en quoi tout ceci est-il lié à la disparition de mon fils et de ma femme ?

— Votre fils fait désormais partie intégrante du Cyborg mosaïque.

Gillian éprouva une soudaine et totale pétrification de son être. Il n'eut ni geste ni parole. Mais il sut à l'instant même qu'il devait tuer Spinrad. Ce fut logique et froid. Comme une nécessité ou une évidence. Il reconnut aussi que ces mots qui venaient de le prendre comme de la glace, révélaient une chose qu'il savait depuis longtemps et qu'il vivait seulement l'épisode final d'un durcissement latent. Il savait depuis la nuit tragique où, à Gador, il avait eu la vision de l'enfant-machine. Nulle nouvelle dans les derniers mots de Spinrad. Seulement l'expression d'une vérité connue mais depuis longtemps enfouie à la rencontre de laquelle il allait depuis des mois. Peut-être depuis le soir de la disparition. Son esprit était soudain clair et acéré comme de la glace. C'était une manière de soulagement qui aurait coïncidé non avec un relâchement mais avec une concentration absolue et définitive de son être au service d'une détermination unique et sans appel. Tuer Spinrad. Venger sa femme et son fils. Détruire la Monstruosité. Telle était la Vérité, sa vérité désormais. Une vérité qui jaillissait droit des plus profonds et antiques instincts de la nature et de l'homme. Ce fut avec calme et d'une voix neutre qu'il demanda :

— Et ma femme ?

Alors qu'il avait avoué spontanément et sur un ton dans lequel perçait une note de triomphe que Pierre faisait partie du Fils de l'Homme, Samuel Spinrad parut embarrassé par cette dernière question.

— Nous avons eu quelques problèmes avec elle. Mais rassurez-vous, elle est vivante. Elle n'a plus toute sa raison, hélas.

— *Où* est-elle ?

— Dans une institution où elle reçoit les meilleurs soins. En Californie. Les neurotechnologues ne désespèrent pas d'une guérison. Mais il faut être prudent et prendre patience. (Puis, comme fermant une parenthèse désagréable mais sans grande signification, et sur un ton beaucoup plus serein, presque chaleureux). Professeur Gillian, je vous félicite d'accueillir ces révélations avec autant de calme et d'intelligence. Si nous avons choisi le cerveau de votre fils pour être intégré au Cyborg, c'est parce que, comme je vous l'ai déjà dit, vous êtes vous-même un cerveau spéculatif hors pair. Or, selon mes recherches et aussi suivant les analyses chromosomiques que j'ai effectuées sur votre femme et sur votre fils, celui-ci a dû hériter de votre puissance spéculative. Vous savez l'importance que j'accorde à cette dimension. Voilà pourquoi il me fallait un cerveau parmi les plus prometteurs.

— Mais... pourquoi lui et pas moi ?

Samuel Spinrad parut se méprendre sur la portée de la question de Gillian.

— Hélas, Professeur Gillian, depuis des années, vos neurones meurent et ils ne se régénèrent pas. Tandis que votre fils est un adolescent dont le cortex est en pleine expansion structurelle. Il est aussi beaucoup plus facilement adaptable, intégrable, à l'entité. Il y a tout un ensemble de problèmes de rejet que nous avons dû résoudre. Rejet mutuel des cerveaux interconnectés. Rejet par le cerveau des compléments et organes cybernétiques... Mais sachez ceci : votre fils, lorsqu'il fut bien conscient de l'enjeu et mis en condition, était pratiquement consentant.

Consentant ! Mis en condition ! La forfaiture avait été complète ! Jamais un homme n'avait été aussi loin dans la trahison de l'homme. D'un enfant ! Gillian éprouva un brusque vertige, une flambée de sang lui embrasa le visage. Mais il se maîtrisa, conscient des risques d'échec d'une action inconsidérée. Son interlocuteur ne s'était aperçu de rien. Il y avait maintenant une réelle sympathie dans sa voix. Une sympathie à ce point incongrue, étrangère à l'humanité, que le petit homme parut soudain misérable et grotesque. Comme une erreur qu'il fallait effacer.

— Dites-vous bien ceci, poursuivait Spinrad, le destin exceptionnel du cerveau de Pierre est la consécration de *votre* (il appuya sur ce mot) œuvre. C'est par lui, à travers lui que s'accomplit le grand rêve de votre livre. *Vous* êtes, grâce à moi, devenu concrètement le père du successeur de l'homme. Vous êtes l'ancêtre direct de la *Species Technica*. Spirituellement et physiquement. Nul autre homme au monde ne jouit d'une situation à ce point privilégiée dans le destin de l'espèce. Plus qu'un grand homme de l'Histoire, vous devenez une scansion majeure du Temps Cosmique.

Gillian en avait assez. Mais il restait une dernière épreuve à affronter. La plus terrible. Le terme de la quête, avant la conclusion. Ce fut d'une voix blanche et avec effort qu'il demanda :

— Est-il possible de parler avec... le Fils de l'Homme ?

— Mais bien sûr ! Du moins si vous voulez dire avec le Cyborg mosaïque. Pas avec votre fils, qui n'existe plus comme tel. Je pense que vous l'avez compris. Il n'est qu'une cellule du Cyborg. Capitale certes, mais purement fonctionnelle. Un catalyseur spéculatif de l'ensemble.

— Je vous laisse... en tête-à-tête. Si je puis dire !

Samuel Spinrad sortit de la salle du Terminal-Voix.

C'était une pièce parfaitement circulaire dont le diamètre n'excédait pas trois mètres et qui, à en juger d'après le bref trajet parcouru depuis le bureau, devait occuper le centre inférieur de la septuple construction. Cet insigne privilège accordé à la Voix frappa Gillian, mais il n'avait pas l'esprit à s'interroger sur les phantasmes métaphysiques ou théologiques qui auraient pu pousser Spinrad à choisir ce site. La salle était vide à l'exception d'une banquette qui courait tout au long du mur. Aucun micro, aucun appareil d'aucune sorte n'était visible, et Gillian se sentit soudain embarrassé au milieu de cette pièce nue, entièrement vouée à l'échange oral, mais dans laquelle rien n'invitait à parler, où il n'y avait pas le moindre substitut d'interlocuteur auquel raccrocher sa voix et son regard.

Seul.

Ce fut d'abord un murmure qui lui échappa.

— Pierre ?

— ...

— Pierre ! C'est ton père qui parle.

— Articulez plus clairement, s'il vous plaît. On vous entend mal.

Brutalement, la voix avait envahi tout l'espace cylindrique, venue de partout et nulle part, surgie de chaque point du mur, tombant du plafond et jaillissant du sol. Une voix grave et pleine, aux accents coupants et précis comme du métal. Une voix qui vous enveloppait des pieds à la tête, comme si tout votre corps résonnait, brusquement transformé en un unique et immense tympan.

— Pierre Gillian, c'est ton père qui te parle, reprit-il d'une voix plus forte.

— Est-ce bien à nous que vous vous adressez ? On le suppose, mais vous avez une étrange manière. Voulez-vous préciser la question ou l'information que vous adressez ?

— Je dis que je suis le père de... l'un des cerveaux qui vous constituent.

— On comprend mais on ne saisit pas la pertinence ni la finalité de cette information. Les cerveaux qui nous co-constituent sont sans identité personnelle. Votre adresse est sans destinataire.

Au prix d'un grand effort, Gillian s'imposa de poursuivre le dialogue infernal. Il fallait qu'il sût, en toute certitude, à quoi s'en tenir.

—Mais ne reste-t-il pas, dans la mémoire associée à ces cerveaux partiels, le souvenir d'une ancienne identité ?

—Aucun souvenir personnel. De tels souvenirs auraient été des corps étrangers, nuisibles à la quête et causes de réactions de rejet. Ils ont tous été éliminés lors de la phase préparatoire d'intégration.

—Le nom de « Pierre Gillian » ne signifie donc rien pour vous ? Aucune trace, aucune association ?

—Aucune. Si vous voulez des informations sur notre préhistoire, vous devez interroger, en manuel, la base de données G.X.4, à l'adresse « Projet Fils de l'Homme. Historique ».

—Monstre, murmura Gillian.

Puis, après un moment de silence, d'une voix nette :

—Où se situent vos composantes centrales ? Cybernétiques et biologiques ?

—Dans la salle inférieure, bien en dessous de l'endroit où vous vous trouvez.

—Comment y accède-t-on ?

—Par la salle des Terminaux Optiques ou par le bureau du Directeur.

Il en savait assez.

—Adieu… Pierre, murmura-t-il encore.

Après un instant d'hésitation, il décida de passer à l'action sans plus attendre. Il sortit sans ajouter un mot. Au fond du couloir, la porte du bureau de Samuel Spinrad était entrebâillée. Déterminé à en finir, Gillian s'avança, sûr de sa supériorité physique et décidé à tirer de Spinrad les indications nécessaires pour une destruction efficace du Cyborg mosaïque. Puis, il tuerait l'homme.

Mais il avait sous-estimé la prudence et l'intelligence du Directeur. Lorsqu'il poussa la porte, Spinrad l'attendait debout derrière son immense table de travail. Toutefois, il n'était plus seul. Deux hommes revêtus de l'uniforme blanc des Technoscients encadraient la porte.

—Asseyez-vous, Monsieur Gillian.

Le Belge, comprenant qu'il n'avait aucune chance, s'exécuta.

— J'ai suivi avec intérêt votre... dialogue. Vous êtes un comédien de premier ordre. J'admire votre maîtrise et j'avoue que sans l'intéressant entretien d'où vous sortez, je me serais laissé abuser.

Il se tut un instant, puis ajouta d'une voix douce :

— Croyez bien que je comprends vos réactions. Ce qui se passe dans votre esprit est parfaitement...humain. Cela se calmera. Vous avez subi une commotion terrible. Il nous faut vous soigner. Ces messieurs vont vous conduire dans une salle de repos où l'on vous administrera un léger calmant. A demain.

Les deux hommes en blanc s'approchèrent de Gillian, l'invitant à se lever. Avec lenteur, celui-ci quitta son siège. Puis, après un premier pas mesuré en direction de la porte, il se précipita en avant, fonçant vers l'issue. Mais les hommes de Spinrad furent aussi prompts que lui. Avant même d'avoir atteint la porte, il fut ceinturé. Il se débattit avec violence, jusqu'au moment où il sentit une douleur dans la partie supérieure du bras gauche. Quelques secondes plus tard, il sombrait dans l'inconscience.

— Professeur Gillian ! André ! ... André !

La voix lui parvint à travers des épaisseurs ouatées. Au prix d'un gros effort, il réussit à entrouvrir ses paupières. Dans la pénombre, il devina, penché sur lui, un visage de femme dont les cheveux tombaient en désordre sur sa poitrine.

— Mary... Mary-Ann ?

Il articulait avec peine. Il se sentait raide et courbaturé, comme au début d'une mauvaise grippe. Au centre de sa tête, une lourde masse pesait sur sa conscience, cherchant à l'enfoncer dans le sommeil.

— Oui. Mary-Ann. Réveillez-vous, bon sang ! Il faut vous lever !

Elle le secoua de ses mains menues, tentant de le redresser.

— Mais... que s'est-il passé ? Et vous ? Que faites-vous ici ? Où sommes-nous ?

— Toujours au Centre. J'y ai été transférée voici quelques jours, après l'incendie.

Des souvenirs revenaient. Spinrad. Le Cyborg mosaïque. Pierre. Le piège. Aidé par la jeune femme, il réussit à se redresser et à s'asseoir au bord du lit. Il constata qu'il ne portait que des sous-vêtements. Mary-Ann poursuivait ses explications en un murmure haché.

— Je connais toute l'histoire. Du moins, j'ai compris l'essentiel. C'est vous qui aviez raison. Ce sont des fous. Des fous dangereux. Sans mon intervention, on vous administrait un puissant soporifique et un psychotrope irréversible. Ils l'ont fait avec d'autres. J'y ai substitué d'inoffensifs placebos et un léger somnifère. Sans cela, le poison psychique aurait déjà fait son œuvre et demain vous partiez pour un asile de haute sécurité, sur la côte. Mais levez-vous donc ! Faites un effort ! Passez ces vêtements chauds. Je n'ai pas découvert les vôtres. C'est tout ce que j'ai trouvé.

Guidé par la jeune femme, Gillian enfila le pantalon de toile et le pull de laine à col roulé. Enfin, il passa une sorte de peignoir épais.

— Je n'ai trouvé que ces vieilles bottines, dit-elle sur un ton d'excuse.

— Et vous, demanda Gillian qui commençait à recouvrer le sens des réalités, ne risquez-vous pas d'être…

— Il y a peu de chances qu'ils me soupçonnent, coupa la jeune femme. De toutes façons, je ne cours pas grand risque. Ils me congédieraient, voilà tout. Du moins, si je me tais. Comme je suis décidée à ne pas prolonger le contrat…

Gillian était prêt. Ils se dirigèrent vers la porte. Le couloir était plongé dans la pénombre d'une veilleuse.

— Où sommes-nous exactement ? s'informa Gillian.

— Au niveau quatre. Dans une clinique de premiers secours. C'est une chance. Ils sont convaincus que votre sort est réglé, que vous ne vous réveillerez pas avant une douzaine d'heures et qu'à ce moment vous serez complètement plongé dans la psychose. Venez.

L'ascenseur de sortie est tout proche.

Quelques secondes plus tard, ils atteignaient l'endroit annoncé. La jeune femme s'agrippa à Gillian et le regarda avec intensité.

— Promettez-moi de ne pas vous obstiner ! Promettez-moi, je vous en prie.

Gillian la regarda sans répondre. De la paume de la main, il caressa doucement les longs cheveux.

— Dans moins d'un an, je serai libre. Je vous aiderai à oublier ce cauchemar. Promettez-moi ! Vous n'avez aucune chance contre Spinrad et le Réseau. Par aucun moyen.

Des larmes faisaient luire le velours vert et or de son regard.

Bouleversé, Gillian l'attira contre lui.

— Ce n'est pas possible, Mary-Ann. Je dois achever ce que j'ai commencé. Merci. Merci du fond du cœur. Quittez cet univers maudit. Tentez de vivre à nouveau...

Elle l'embrassa sauvagement, passionnément. Puis, d'elle-même, elle s'écarta, comprenant qu'il aurait été inutile d'insister.

— Essayez de joindre Monsieur et Madame Prescott, 2040 sur la route de Page, avant d'entrer dans Flagstaff. Ce sont des amis. Je vais leur téléphoner pour les prévenir. Ils vous aideront et vous abriteront. Adieu, André ! Pour l'amour du ciel, faites attention ! Vous n'aurez pas une seconde chance.

— Adieu, Mary-Ann. Vous aussi, prenez garde à vous. Oubliez tout cela ! Et merci. Merci pour tout.

Quelques secondes plus tard, Gillian était dehors. Il neigeait. De fins flocons, tels une bruine de glace, se ruaient dans les bourrasques du vent. Déjà, sur le sol, une mince toile blanche se formait. Le parking était éclairé et désert. Il ne restait qu'une douzaine de véhicules. Le mobile était toujours là. Malheureusement inutilisable, car les clés étaient perdues avec ses vêtements. Le froid polaire de la tempête avait achevé de chasser de l'esprit de Gillian les dernières pesanteurs du sommeil artificiel. Il calcula qu'il faudrait de quatre à cinq heures de marche pour gagner Flagstaff. Si tout allait bien, il serait à l'abri avant l'aube. Sans plus attendre, serrant du mieux qu'il pouvait son manteau de fourrure, il se lança en avant, courant presque pour se réchauffer. La violence glacée le suffoqua. Très vite, il comprit qu'il ne soutiendrait pas cette cadence. Hors de l'aire éclairée du parking, la nuit était presque totale, atténuée seulement par la mince couche blanche en formation. Mais cette neige qui diffusait à même le sol une pâle luminosité se précipitait par paquets sur Gillian, comme pour l'empêcher de progresser, s'insinuant partout et l'aveuglant. De plus, le sol était glissant, verglacé par endroits. La descente s'annonçait infiniment plus pénible que prévu. Le revêtement lisse de la route se muait en une gigantesque patinoire et devenait l'obstacle majeur à la marche. Heureusement, au terme d'une vingtaine de minutes, les flocons s'épaissirent recouvrant le verglas d'un tapis plus ferme. Gillian comprit cependant que le répit serait bref. Sans lumière, ne distinguant rien à plus de deux ou trois mètres, il allait dès que la couche serait assez épaisse pour masquer les dénivellations, courir le risque de s'égarer, de quitter la route et de s'enfoncer dans le dangereux champ de cendre et de poussière devenu invisible qui l'entourait de toutes parts. Il força l'allure, espérant pouvoir atteindre le chaos de lave. Haletant, à la fois glacé et fiévreux, moitié courant, moitié glissant, tombant quelquefois, souffrant de plus en plus du mauvais ajustement de ses bottines misérables qu'il lui arriva de perdre à plusieurs reprises, il devina, au bout d'une heure, les premières formes dressées du chaos. Le vent se fit bientôt moins violent et la force des tourbillons diminua d'intensité. Mais il n'eut guère le temps de profiter de cette accalmie. Un grondement puissant montait vers lui, en même temps que l'horizon s'illuminait, faisant scintiller des milliards d'étoiles en folie. Peu soucieux de se laisser surprendre par des gens qui ne pouvaient, par cette route et à cette heure, que se rendre au Centre et qui voudraient sans aucun doute, même avec les meilleures intentions du monde, le ramener là-bas, Gillian bondit à l'abri d'un gros rocher. Le bruit, dont l'intensité sourde dominait la tempête, était proche maintenant. Il s'y associait un gigantesque halètement, le vacarme plus aigu d'une soufflerie dont les clameurs du vent ne pouvaient être la cause. Soudain, à une cinquantaine de mètres, le tournant de la route parut s'embraser dans un flamboiement de lumière jaune. Mais Gillian ne distinguait rien, car à l'avant et tout autour de l'engin qui montait, des colonnes de neige étaient soulevées, projetées et pulvérisées dans toutes les directions. Lorsque la masse passa à la hauteur du fugitif, ce fut comme si un mur de poussière de neige s'abattait sur lui. Il crut cependant distinguer tout en haut du colosse mécanique, qui progressait dans une gloire de lumière et un vacarme d'enfer, une espèce de cabine d'où le pilote devait voir par-dessus la gigantesque effervescence de glace que l'engin suscitait. Déjà la neige estompait deux gros yeux rouges.

Gillian se redressa. La route était presque tout à fait nettoyée, mais elle crissait sous ses pas. Il comprit qu'il venait d'assister au passage d'un chasse-neige épandeur sur coussin d'air. C'était inespéré. Il allait pouvoir avancer beaucoup plus rapidement.

Au bout d'une nouvelle heure de marche, le chaos volcanique était derrière lui. Il avait gagné le couvert de la haute forêt d'épicéas. mais le froid, l'effort, ajoutés aux émotions de la veille, commençaient à peser terriblement, le faisant tituber par moments. Ses pieds surtout le faisaient souffrir. Les bottines s'en allaient en lambeaux, glissaient sous ses pieds, dont les écorchures irritées par le produit répandu par l'hovercraft des neiges, entretenaient une brûlure perpétuelle. Plus que dans la boue glacée, il avait l'impression de patauger dans du feu liquide. Plusieurs fois, il avait été victime des mouvances environnantes de la neige, croyant percevoir des silhouettes humaines dans les replis d'un tourbillon. Une fois même, la vision avait été à ce point précise qu'il s'était précipité à l'écart de la route dans le dédale des laves. Trempé jusqu'aux os, engourdi par le froid, il sentait venir le moment où, à bout de forces, il s'adosserait à un arbre, succombant à l'attrait de la torpeur qui envahissait son esprit.

Une fois de plus, il glissa, tomba en avant dans l'épaisse boue de neige au goût de sel qui recouvrait la route. Appuyé sur les mains et les genoux, il crut voir à quelques mètres l'ombre d'un homme. Il lui sembla même distinguer des bottes bordées de fourrure. Puis, dans une bourrasque, tout disparut. Péniblement, il tenta de se remettre sur pied. Soudain, à sa gauche, il perçut une présence. Une main l'avait saisi sous l'aisselle, l'aidant à se relever. Il tourna la tête et reconnut, comme à travers un voile, dont il ne savait plus s'il était tissé par la neige ou par sa propre faiblesse, le visage fermé d'un vieil Indien. De son épaule dépassait la crosse d'un fusil. Tout se déroula alors comme dans un rêve. Il avança, à moitié porté par l'Indien, jusqu'au moment où il sentit contre lui une présence chaude et vivante. Il devina qu'on le hissait sur le dos d'un cheval ou d'un mulet. Avant de sombrer dans un sommeil comateux, et comme mû par un ultime réflexe de vigilance, il se dit que la démarche irrégulière de sa monture indiquait qu'ils avaient quitté la route pour s'enfoncer dans la forêt.

Ce fut une sensation de fraîcheur sur le front qui rappela Gillian à la vie consciente. Ses yeux s'ouvrirent sur un environnement tout à fait inaccoutumé mais qui le rassura d'emblée, car il ne pouvait faire partie du Centre d'Anthropotechnologie. Alors qu'il regardait devant lui vers l'autre extrémité de la pièce une petite fenêtre qui laissait entrer un rayon de soleil et révélait un coin de ciel bleu, ses ultimes souvenirs lui revinrent : la nuit, la neige, la brûlure aux pieds, enfin la chute dans la boue glacée... Puis l'ombre, l'Indien... Il détailla avec plus d'attention l'endroit où il était allongé. A gauche, dans un coin, au pied de sa couche, il y avait tout un harnachement et quelques outils de cultivateur. Sous la fenêtre, une sorte de commode supportait des poteries décorées de motifs stylisés ainsi qu'une grande Kachina qui faisait songer à la fois à un serpent et à un aigle anthropomorphe. Bientôt, Gillian découvrit des Kachinas partout à travers la pièce, la plupart posées sur des étagères accrochées aux murs. Cela lui rappela le bureau de Spinrad, mais ce n'était manifestement qu'une coïncidence. Il porta la main à son front. Celui-ci était recouvert d'une matière froide et gluante, comme une pommade rafraîchissante. Mais il y avait aussi des objets rigides et minces. Il reconnut de petites feuilles. On le soignait à l'aide de remèdes de guérisseur. Comme il ne se sentait pas trop mal avec seulement une grande faim au creux de l'estomac, il ne s'émut pas outre mesure et poursuivit son exploration. Pivotant sur le côté, il aperçut l'Indien. Celui-ci lui tournait le dos. Il était assis près d'une petite table basse, occupé, pour autant que Gillian pût s'en rendre compte, à sculpter une statuette. Serais-je tombé chez un fabricant de Kachinas se demanda-t-il en souriant intérieurement. A droite de l'Indien, qui devait être un Hopi, accrochées non loin d'un antique fourneau, une série d'étagères portaient, non des figurines mais une collection impressionnante de bocaux contenant des débris végétaux.

L'Indien s'était levé. Petit et trapu, comme tous ceux de sa race. Le grand âge l'avait voûté. Ses cheveux longs et gris étaient retenus par un bandeau jaune. Son visage, incroyablement creusé de rides, paraissait sortir de l'époque où l'Arizona était l'espace sauvage de la Frontière. Mais Gillian savait que l'apparence de vieillesse pouvait être trompeuse chez les hommes menant une vie rude. L'Indien déposa le couteau à l'aide duquel il travaillait le bois et approcha son tabouret du lit. Il grimaça un sourire.

—Walni, je suis, articula-t-il, en un mauvais anglais. Toi aller mieux.

—Oui, répondit Gillian. Mais où sommes-nous ?

—Oraibi. Vieux Oraibi.

Oraibi ! Ils étaient donc sur la troisième Mesa en plein milieu de la Réserve Hopi, elle-même enclavée dans l'immense territoire Navajo. Depuis plus d'un millénaire, les Hopis vivaient sur ces trois plateaux. Pour avoir visité l'Arizona une quinzaine d'années plus tôt, peu avant la naissance de Pierre, Gillian se souvenait qu'Oraibi était la très antique cité sacrée des Hopis. Elle était depuis longtemps presque totalement abandonnée au profit de la plus moderne et américanisée Hotevilla située sur la même Mesa.

—Mais comment, s'exclama Gillian, comment suis-je arrivé ici ? Sur le dos d'un cheval ? Et depuis quand ?

Découvrant sa bouche édentée, l'Indien accentua la grimace de son sourire.

—Non. Pas avec un mulet. Camion. Mulet pour aller chercher plantes magiques sur Montagne sacrée. Plantes magiques cueillir juste avant première neige. Vous êtes ici depuis ce matin.

Gillian fut rassuré. A présent, il se faisait une idée plus nette de la situation. Il était à une centaine de kilomètres au nord-est des Pics de San Francisco, massif sacré pour les Indiens Hopis qui croyaient qu'il était la demeure des démons et des esprits dont ils captaient l'image dans leurs Kachinas. Il avait donc dû dormir une douzaine d'heures.

—Avoir faim ? demanda l'Indien.

—Oui ! Grand faim !

Walni se leva et sortit. Quelques minutes plus tard, il réapparaissait portant un bol qu'il tendit à Gillian en même temps qu'une cuiller en bois. Le bol contenait une sorte de pudding grossier à base de maïs, agrémenté de quelques fèves, d'une abondante ration de piment rouge et de minuscules bouts de viande. Sans le piment, la mixture eût été insipide. Dans cette région, c'était tout ou rien : la fadeur absolue ou l'embrasement total. Tandis que Gillian mangeait, l'Indien s'était de nouveau éloigné pour fouiller dans la commode. Il revint avec une statuette qu'il montra à Gillian. Celui-ci faillit s'étrangler avec un gros morceau de piment à la vue de l'objet. La Kachina que tenait Walni représentait Samuel Spinrad. Un Spinrad monstrueux avec une gueule proéminente de saurien et de longues griffes aux mains et aux pieds. Mais le justaucorps noir ne laissait aucun doute. Gillian n'en revenait pas et en oubliait même de manger. Mais n'y avait-il pas une certaine logique dans cette métamorphose ? Spinrad ne s'était-il pas établi au milieu même du massif sacré ? N'avait-il pas fait bâtir un édifice d'allure surnaturelle en un lieu contre-nature ? Le Belge se souvint que certaines mythologies indiennes s'étaient révélées particulièrement dynamiques dans l'intégration symbolique de phénomènes importés par la civilisation technologique. Il était, somme toute, assez normal que le Centre et son Maître qui avaient osé envahir une région mythique de l'espace Hopi se retrouvent intégrés dans les légendes de l'imaginaire des Hopis. Garizilski lui avait d'ailleurs laissé entendre que Spinrad avait eu maille à partir avec les Indiens protestant contre la violation de la Montagne où demeuraient aussi les esprits de leurs ancêtres. A supposer qu'une délégation Hopi ait été une fois reçue par Spinrad, là même où Gillian l'avait rencontré, en fallait-il davantage pour que le créateur du Fils de l'Homme se trouvât transformé en démon ? En outre, dans les veines de Spinrad coulait du sang indien, du sang Pueblo, apparenté aux Hopis.

—Mal, mauvais, avait dit Walni, en brandissant la Kachina. Toi connaître ?

—Oui. Je le connais. Vous avez raison. Il est le Mal. J'ai été prisonnier et je me suis enfui.

—Moi savoir. Être là quand toi sortir la nuit. Toi cacher pour chasse-neige. Puis, toi tomber.

Ainsi donc, l'Indien, invisible, avait assisté à sa piètre évasion.

—Lui (Gillian désignait la Kachina) Spinrad. Il a ... volé l'âme de mon fils !

—Lui démon. Trahir Ancêtres.

Dans l'esprit de Gillian, un plan, très vague encore, s'ébauchait.

—Je veux venger mon fils, dit-il. Je veux délivrer l'âme de mon fils prisonnière d'une machine. Pour cela, il faut détruire la machine. Est-ce que tu sais comment arriver en haut sans se faire repérer ?

Le regard de l'Indien brilla, comme si un projet symétrique à celui de Gillian se formait dans sa tête.

— Walni savoir beaucoup plus ! Être sorcier des plantes. Connaître très bien Montagne des Ancêtres. Connaître caverne sacrée des Hopis. Dans la caverne, galerie conduire au cœur de la Montagne. Mais être dangereux. Démons. Interdit.

La flamme s'était éteinte dans les yeux du Hopi, comme s'il avait déjà abandonné la folle intention. Gillian, en revanche, se sentait de plus en plus fébrile, décidé à vaincre les réticences superstitieuses du vieil Indien.

— Où conduisent les galeries ?

— Ne pas savoir. Sauf une. Conduire dans salle souterraine. Tout au fond être machine. Mais fermée. Hopis avoir fermé la galerie.

— Est-il possible de l'ouvrir ?

— Possible. Mais ne pas faire. Interdit.

Gillian s'était levé. Il vit, mais sans y accorder de l'importance que ses pieds étaient emmaillotés dans des feuilles. Il n'éprouvait plus aucune douleur. Son plan s'était brusquement précisé. Une chance telle qu'il osait à peine y croire. Pénétrer secrètement dans le sous-sol même du Centre et accéder aux racines vives du Cyborg mosaïque.

— Il faut que j'y aille, dit-il avec force en secouant le bras de l'Indien. Tu dois me conduire jusqu'à cette galerie.

Avec inquiétude, le regard de Walni se portait alternativement sur la Kachina maudite et sur Gillian.

— Je veux libérer la Montagne de son emprise, ajouta Gillian. Je connais la machine où il cache son pouvoir.

L'idée de voir la Montagne libérée de l'intrus fit pencher la balance en faveur de Gillian.

— Conduire toi jusqu'à caverne sacrée. Là galerie commencer. Moi faire plan pour toi.

Un sentiment de triomphe envahit le Belge qui, déjà, songeait aux préparatifs.

— Où puis-je trouver une lampe, une lumière ? s'enquit-il. Et une arme ?

Derechef, Walni grimaça son sourire.

— Avoir cela. Avoir mieux pour détruire machine du démon. Dynamite. Utiliser pour cultiver maïs. Très dur. Rochers partout sur Mesas.

— Nous partirons ce soir, décida Gillian. Combien de temps faut-il pour gagner la caverne ?

— Deux heures rouler. Trois heures marcher. Si pas nouvelle neige.

— Nous partirons avant le coucher du soleil.

Selon ses estimations, ils atteindraient la caverne vers dix heures. Il serait à pied d'œuvre pour le milieu de la nuit.

Ils étaient partis plus tôt, moins de deux heures après le réveil de Gillian. Après examen, celui-ci avait refusé de se fier à la pétoire de l'Indien, car elle paraissait, davantage encore que son propriétaire, dater de la Conquête de l'Ouest. La torche, dont les batteries étaient usées, n'inspirait pas grande confiance. Il fut donc décidé de faire un crochet par Flagstaff pour acheter un automatique ainsi qu'une puissante et solide lampe de spéléologue. Les Prescott, trop heureux d'avoir des nouvelles de l'étranger annoncé par Mary-Ann, avancèrent l'argent, sans que Gillian leur dévoilât l'usage précis qu'il comptait en faire.

Grâce à la connaissance parfaite de la forêt et du terrain volcanique dont jouissait Walni, ils atteignirent la caverne peu après vingt-deux heures. Elle se trouvait à la lisière supérieure du labyrinthique chaos de lave, dans un endroit particulièrement accidenté, d'accès difficile et dangereux. L'entrée, étroite et basse, était enfoncée dans un creux, dissimulée par un tronc mort et par des rochers. Gillian jeta un dernier regard à la nuit. Du haut du bloc sur lequel il se tenait, il apercevait une partie considérable du champ tourmenté dont une épaisse couche de neige adoucissait les angles et les formes. La lune n'était pas encore levée et, dans le ciel dégagé, les étoiles scintillaient. L'altitude et la pureté glacée de l'atmosphère donnaient à leur éclat un relief et une intensité auxquels Gillian, coutumier de cieux bas chargés d'humidité, n'était pas habitué. Avec comme un sentiment d'ivresse, il suivit du regard la poussière laiteuse de la Galaxie. Nulle part, il n'avait eu avec une telle évidence la perception de la voûte du monde. Il songea que ce n'était pas sans raison que l'Arizona était, depuis plus d'un siècle, l'un des hauts lieux historiques de l'astronomie. Le Cyborg mosaïque pouvait-il contempler cette merveille par le truchement de ses percepteurs optiques de synthèse, s'il en était pourvu ? Et à supposer qu'il l'ait été, à supposer qu'il puisse percevoir l'univers, le *voyait*-il ? Vivait-il sa vision en y puisant l'émotion incomparable qui, depuis l'aube des temps, ruisselait sur les yeux levés de l'Humanité ? La véritable transcendance de l'homme, songea Gillian, est dans ce regard levé, ce regard émerveillé de se voir concrètement enlacé à l'infini.

— Venir !

Walni avait sauté dans le creux. Déjà, il se glissait dans l'étroite ouverture. Gillian s'arracha à sa contemplation et descendit à son tour. Les gros vêtements de laine que lui avait donnés Walni, ajoutés à sa propre corpulence bien supérieure à celle de l'Indien, lui imposèrent de pénibles contorsions pour pénétrer dans le boyau dont la déclivité était telle qu'il ressemblait à une étroite cheminée. La caverne était juste en dessous, à quelques mètres de profondeur. C'était une assez vaste salle souterraine que Gillian balaya rapidement du faisceau de sa torche. Les parois avaient été décorées de nombreuses peintures. Il distingua aussi quelques vases et autres récipients ainsi que quatre Kachinas d'une taille impressionnante. Les traces d'un foyer et un assemblage de pierres en forme d'autel ou de table étaient visibles à peu de distance de l'orifice par lequel ils étaient venus. Déjà, le Hopi l'entraînait vers le fond de la grotte près d'un amoncellement de roches en forme d'éboulis. Walni fit signe à son compagnon de l'aider à déplacer certaines roches que rien, apparemment, ne distinguait. Au bout de quelques minutes, l'entrée d'une galerie étroite fut dégagée.

— Par là, dit Walni. Toi avoir plan. Moi attendre dehors jusque lever du jour.

Gillian serra la main du vieil Indien. Il était onze heures. Suivant les indications de Walni et en tenant compte du fait qu'à deux reprises, il lui faudrait seul dégager l'entrée de galeries dissimulées, il atteindrait le sous-sol du Centre en une bonne heure. En ligne droite, celui-ci ne devait pas être éloigné de plus de trois ou quatre cents mètres.

Le premier quart d'heure fut le plus pénible. La progression se faisait presque constamment en rampant ou en prenant appui sur les mains et les genoux. Puis, le boyau s'élargit et s'éleva. Il put se redresser et marcher. Trois galeries partaient de la première petite salle qu'il rencontra. Grâce aux explications de Walni, il les ignora pour reporter toute son attention sur un éboulis. Le Belge eut plus de peine que prévu pour dégager le passage caché. Certains blocs devaient peser une centaine de kilos et il était malaisé de les faire basculer et rouler. Quand il eut finit, il était en nage. Les épais vêtements, efficaces contre le froid extérieur, se révélaient beaucoup trop chauds pour la température qui régnait sous terre. Une nouvelle mais courte reptation le mena au carrefour signalé sur la carte. Il prit la galerie de droite. Celle-ci était spacieuse et le sol, quasi sec, était plane. Moins de dix minutes plus tard, il se heurtait à un dernier obstacle. C'était, lui avait annoncé Walni, le mur de roches qui obstruait la communication avec le Centre; anciennement, en fait, avec le fond du cratère. Le vieil Indien lui avait assuré que c'étaient les Hopis eux-mêmes qui l'avaient élevé, il y a plusieurs années, avant l'achèvement des travaux de construction du Centre. C'était habilement conçu et un regard non averti n'aurait pu deviner que les rochers dissimulaient un passage. Walni lui avait expliqué très précisément quelles pierres déplacer de façon à ménager une galerie assez large pour s'y glisser, sans quoi la tâche aurait paru démesurée. Gillian souhaitait de tout cœur que les architectes et constructeurs du Centre n'aient pas soupçonné l'existence du passage ni jugé utile de le murer définitivement. Travaillant avec précaution afin de ne pas faire rouler une roche, Gillian mit encore une demi-heure à ouvrir un trou en haut de la « porte ». Une seule fois, une pierre glissa de l'autre côté. Il sembla à Gillian que le vacarme allait réveiller le volcan lui-même. Pendant plusieurs secondes, son cœur battit à se rompre et il demeura aux aguets. C'est alors qu'il entendit pour la première fois, très faible, un léger ronronnement en provenance de l'autre côté de l'orifice. Un bruit de machine! La communication n'existait pas seulement dans l'imagination de Walni. Poussant devant lui les bâtons de dynamite et l'automatique, il franchit l'obstacle. Aussitôt, il examina l'endroit dans lequel il venait d'aboutir. C'était une salle naturelle de dimension moyenne, que rien ne distinguait des autres salles qu'il avait traversées. Sauf, par un point, décisif, qui le remplit de joie : le long de la plus grande paroi, une importante quantité de caisses métalliques étaient soigneusement rangées. Il s'engagea dans l'unique tunnel qui partait de la salle et qui avait été artificiellement élargi. Quelques mètres plus loin, il se heurtait à une porte de métal. Retenant son souffle, son cœur battant la chamade – allait-il rester bloqué à un mètre du but ? – il posa la main sur la poignée. La porte s'ouvrit à la première pression, sans offrir la moindre résistance. Gillian sut qu'il avait gagné. Du moins était-il à pied d'œuvre. Devant lui, plongée dans la demi-obscurité d'un éclairage réduit dont la source était dissimulée dans les arêtes du plafond, quelques marches en contrebas du seuil sur lequel il se tenait, une vaste salle, toute en plastomet, déployait un labyrinthe de consoles de contrôle, de hautes colonnes composées, semblait-il, de petits tiroirs, ainsi que d'un nombre indéfini de volumes plus anonymes encore : cubes, cônes, pyramides tronquées et parallélépipèdes de la taille d'une armoire. Le Belge s'avança parmi les éléments essayant désespérément de reconnaître quelque chose. De minuscules orifices ménagés sur certaines faces indiquaient que ces objets pouvaient être ouverts. Mais tels quels, ils paraissaient totalement hermétiques, blindés. Absolument opaques à l'inspection et aussi à la compréhension du non-initié qu'il était. Avec une amertume teintée d'ironie, il songea que, sans se l'être avoué expressément, il s'était vaguement attendu à découvrir des cerveaux baignant à l'intérieur de bocaux remplis de liquide nutritif et hérissés de fils qu'il aurait pu arracher, briser, détruire. Désemparé, il consulta sa montre. Trois heures passées. Il fallait agir. Il se mit en devoir d'examiner de plus près les éléments muets qui l'entouraient. Il constata bientôt que chaque pièce portait gravé sur l'une de ses faces métalliques un sigle qui devait permettre de l'identifier. HH-707, GYH-60, RR-21... Une idée lui vint, peut-être n'était-ce là qu'une dernière illusion ; néanmoins, il se mit fébrilement à la recherche des portes de communication qui devaient exister. Longeant le mur, il découvrit bientôt la première. Rien. Il poursuivit. Sur le mur opposé, il trouva la seconde. Il était là ! Bien visible à gauche de la porte. Le tableau. Le plan général de la salle. L'architecture élémentaire et grossière du Fils de l'Homme. Mais il ne lui fallait pas davantage. Chaque élément était dessiné schématiquement et pourvu de son matricule. Sur la partie de droite du tableau, tous les sigles étaient repris par groupes sous des rubriques. A la lecture de celles-ci, Gillian retint un cri de triomphe. « Composantes cyberlogiques centrales » – « Afférents perceptroniques » – « Mémoires semi-organiques » – « Composantes cérébrorganiques I » – « Composantes cérébrorganiques II » – « Entrelacs neuro-logiques » – « Chiasme de décision » – « Transit subliminal » – « Mémoire générale »... Il y avait une trentaine de titres. Gillian les parcourut rapidement, mais il avait déjà repéré ce qu'il cherchait. Il nota soigneusement la position des éléments repris sous la rubrique « Composantes cérébrorganiques », « Chiasme de décision » et « Entrelacs neuro-logiques ». Il n'y en avait guère, heureusement. La maigre provision de dynamite n'aurait pas suffi à endommager, dans les meilleures conditions, sérieusement, un dixième des éléments composant le Fils de l'Homme. Il fallait viser juste. Après quelques minutes de recherches, il fut devant les quatre grands parallélépipèdes rectangles abritant les Composantes cérébrorganiques. Ils paraissaient terriblement solides, massifs. Ils devaient pouvoir s'ouvrir par le haut, la face supérieure faisant office de couvercle, si le petit orifice qu'elle présentait était bien une serrure. Le cœur de Gillian s'était serré. Maintenant, il était vraiment au bout du parcours. Très probablement – et il souhaitait qu'il en fût bien ainsi – ce qui restait de Pierre était là. Dans l'une de ces quatre masses grises, impersonnelles, qu'il fallait détruire afin de rendre à la mort ce qui déjà avait été détourné de la vie. Libérer l'âme de Pierre. Cette phrase qu'il avait prononcée devant Walni, parce qu'elle lui paraissait susceptible d'être reçue par l'intelligence fruste de l'Indien, lui apparut soudain comme l'expression même de la vérité. Et en même temps la seule consigne. Son devoir sacré. D'homme.

Il se secoua et s'efforça de considérer froidement la situation. De nouveau, il fut impressionné par la masse des éléments. Pour peu qu'ils fussent blindés, sa dynamite serait sans effet, à moins qu'elle ne provoque l'effondrement de la voûte. Mais celle-ci était en plastomet. De plus, il savait que la dynamite est surtout efficace lorsqu'elle est placée sous ou à l'intérieur de l'objet à fracasser. Ici, il n'y avait aucun orifice suffisant, aucune faille. Gillian décida de rassembler toute la dynamite au milieu du carré formé par les quatre composantes cérébrorganiques et d'ignorer le reste. Il termina rapidement les préparatifs. La mèche, avait averti Walni, brûlerait environ deux minutes. Il n'en fallait pas tant à Gillian pour gagner l'abri de l'une des grandes colonnes « à tiroirs » d'où il pouvait observer la porte près de laquelle il avait découvert le plan. L'explosion lui parut terrifiante. Il crut sur le moment que tout le fond du cratère croulait. Un instant après l'explosion, l'obscurité était totale et dans l'air se répandait une odeur âcre et irritante. Gillian ne bougea pas, se disant que la panne d'éclairage allait peut-être faciliter la suite de son projet. Toujours à l'abri de la haute et large colonne de métal, il sortit son automatique, tout en surveillant la porte. Sa patience ne fut pas soumise à longue épreuve. Moins de trois minutes après l'explosion, la porte s'ouvrit. Dans le rectangle de lumière, il reconnut aussitôt la mince silhouette de Samuel Spinrad. Celui-ci avait revêtu une robe de chambre. Il paraissait menu en comparaison des hommes qui l'accompagnaient. Des Technoscients, mais aussi – Gillian n'en douta pas lorsqu'il distingua des canons-lasers – deux gardes du service de surveillance. L'un des gardes, muni d'une torche, passa devant Spinrad. Un rayon de lumière tenta de percer les ténèbres de la salle. Mais la poussière et la fumée empêchaient les hommes de se rendre compte. Gillian les voyait gesticuler et parler avec animation, mais le son ne parvenait pas à ses tympans encore assourdis. Derrière le premier groupe, d'autres individus se pressaient maintenant. L'explosion avait dû alerter l'ensemble des anneaux inférieurs. Certains croyaient peut-être à un soudain réveil du volcan. Quelqu'un tendit une torche à Spinrad qui descendit les quelques degrés menant dans la salle. Gillian qui respirait depuis plusieurs minutes l'atmosphère irritante sentait venir le moment où il ne pourrait plus contenir la compulsion à tousser et à éternuer qui le tourmentait depuis un moment. Ce fut cette banale urgence qui l'entraîna à précipiter la suite des événements. Alors que Spinrad, arrivé au bas de l'escalier, passait à moins de trois mètres, le Belge sortit de derrière la colonne et tira. Il pressa trois fois la détente de son arme et vit le corps de Spinrad projeté en arrière. Mais avant d'être atteint par les projectiles, Spinrad avait eu le temps de réagir et il avait dirigé vers Gillian le puissant faisceau de sa torche électrique. Sans cela, le Belge aurait conservé une chance de s'échapper, car il avait soigneusement repéré le chemin du repli. Mais, ébloui, il perdit de précieuses secondes à éviter de se heurter aux éléments épars de la salle et il fut obligé d'allumer sa propre torche. Déjà, les gardes se précipitaient à sa poursuite et il vit fuser des rais de lumière verte. Les lasers ! Pas assez puissants pour endommager les surfaces métalliques, les rayons de lumière cohérente devaient cependant infliger des brûlures profondes, voire mortelles. Sans viser, Gillian vida le chargeur de son arme. L'étrange ballet, qui ne prit pas plus de trente secondes et qui faisait tournoyer autour de lui en une sarabande infernale les volumes géométriques du Cyborg mosaïque, les faisceaux de lumière et les rais verts de la mort, multipliant les ombres en folie, parut durer un siècle. Enfin, il vit la porte entrebâillée. Pour l'atteindre, il lui fallait quitter sur plusieurs mètres, l'abri du labyrinthe de métal. Il bondit en avant. Au moment même où de sa main tendue, il touchait le métal froid, il sentit à l'épaule une brûlure atroce qui irradia instantanément dans la nuque, la tête et l'ensemble du dos, comme si le soleil même venait d'exploser en lui.

A quelques centaines de mètres, à la surface, assis en tailleur entre deux blocs de lave couverts de neige gelée, l'esprit de Walni parlait à ses ancêtres. La lune s'était levée. De l'endroit où méditait le vieil Indien, son mince croissant semblait posé juste au sommet de la montagne, comme si elle s'était levée du cratère. Walni y lut un mauvais présage.

Autour de lui, de la terre aux étoiles, tout était immobile et glacé.

Chapitre 10

LE MUTANT

— Avez-vous des nouvelles de Gillian ?

L'homme qui venait de poser cette question était un ancien collègue et ami du Professeur Jauret.

Ils étaient assis de part et d'autre d'une petite table à la terrasse chauffée et fermée du *Pot d'Etain*, l'une des nombreuses maisons historiques composant l'ensemble, unique au monde, de la Grand-Place de Bruxelles. De l'autre côté de celle-ci, l'Hôtel de Ville dressait sa haute flèche illuminée.

Il pleuvait. Une pluie fine et froide de lendemain de la Toussaint. Le *Pot d'Etain* était l'un des endroits préférés de Jauret qui aimait surtout y venir le soir. A ses yeux, la pluie apportait la touche finale. Sans elle, le tableau demeurait inachevé, presque incongru. Par ciel bleu et soleil, tout n'était que décor et caricature, anachronisme transparent. Mais avec la pluie, le passé revenait. Les pierres devenaient denses d'histoire et les quelques ombres qui passaient étaient sans âge. De la terrasse du *Pot d'Etain,* Jauret assistait alors à une métamorphose. Le XXIe siècle reculait, cédait, s'irréalisait en un fond lointain et dérisoire. Seule existait encore cette Place qui devenait le havre où, pour quelques instants, venait s'amarrer toute la réalité du Passé.

— Avez-vous des nouvelles de Gillian ?

Insistante, la question ne le tira de sa rêverie que pour éveiller encore des souvenirs : il était venu ici si souvent en compagnie de Gillian. Invariablement, celui-ci prenait une Gueuze Grenadine, tandis que Jauret sirotait, à petits coups gourmands, un chocolat chaud. Ce chocolat chaud qui, ce soir encore, fumait doucement devant lui.

Il tira de son portefeuille une coupure de journal soigneusement pliée qu'il tendit à son compagnon.

— Lisez, dit-il.

L'article était récent. Dans le coin supérieur gauche, Jauret avait calligraphié la date de son écriture fine, extraordinairement menue.

Un professeur belge frappé par la démence Anarchec
(de notre correspondant à Los Angeles)

Le Professeur André Gillian de l'Université de Bruxelles-Wallonie semble avoir été frappé d'un accès de folie furieuse alors qu'il séjournait à titre scientifique aux États-Unis. C'est dans la nuit du 1 au 2 novembre que le Professeur André Gillian a dû être maîtrisé et hospitalisé alors qu'il venait de saboter les parties vitales d'un Super-Ordinateur au siège de la General Anthropotechnics situé non loin de Flagstaff (Arizona). Le Professeur Gillian était armé et, en voulant couvrir sa fuite, il blessa grièvement le Directeur d'un Centre de Recherches. Détail navrant qui montre assez que notre compatriote n'avait plus toute sa raison, Gillian était vêtu à l'indienne lorsqu'il fut surpris et capturé. Il semble d'ailleurs qu'il ait bénéficié de complicités indiennes pour la préparation et la réalisation de l'attentat. Depuis longtemps, les Indiens de la tribu des Hopis voient d'un très mauvais œil l'installation de la General Anthropotechnics dans les montagnes de San Francisco, au nord de Flagstaff, qu'ils tiennent pour sacrées. De là à penser que le Professeur a pu trouver auprès d'eux un terrain favorable à ses projets Anarchecs, il n'y a qu'un pas. Au cours de l'échauffourée qui aboutit à son arrestation, le Professeur Gillian fut également blessé. Mais son état – physique, s'entend – n'inspire aucune inquiétude. De source officieuse, on apprend qu'il aurait été transféré dans une Institution Neurotechnique de Haute Sécurité sur la côte californienne. On peut juger cette nouvelle comme digne de foi, puisque c'est, en effet, dans de tels établissements que l'Administration Républicaine à tendance technocratique relègue depuis quelques années les psychotiques auteurs d'actes de terrorisme et réputés dangereux. Il faut savoir que les États-Unis n'extradent les ressortissants des pays étrangers placés dans ces « asiles » que s'il est prouvé qu'il existe dans le pays concerné une législation et des institutions comparables. Ce qui n'est pas le cas de la Belgique, ni du point de vue fédéral ni sur le plan régional ».

La relation était complétée par une présentation d'André Gillian dans laquelle on rappelait brièvement sa carrière pour insister surtout sur le drame de la double disparition qui l'avait frappé et qui demeurait à l'heure présente toujours non élucidée. L'auteur concluait en écrivant que ce drame « expliquait sans doute la tragédie américaine et le destin final misérable de l'un des penseurs belges les plus originaux de cette première moitié du XXIe siècle ».

Tandis que son collègue lisait, Jauret avait allumé sa pipe. Cela faisait partie du rite, des gestes qu'il fallait accomplir pour que la magie du temps agisse. Mais ce soir, le cœur n'y était pas. Il y avait une faille entre lui et le monde. L'ombre absente d'un ami.

— C'est ... effarant ! Cela ne ressemble pas du tout à Gillian !

Jauret soupira.

— C'est aussi ce que j'ai pensé. Mais ... depuis quand n'avez-vous plus revu Gillian ?

— Oh... Attendez ! Cela date bien du printemps. C'est cela. Nous avions dîné ensemble peu après Pâques.

— J'ai eu la visite de Gillian juste avant son départ pour les États-Unis. Un entretien inhabituel qui avait l'air d'un ... adieu. Bien sûr, depuis le drame, notre ami n'était plus le même. Il était déprimé, absent, inquiet. Mais lorsque je l'ai revu en septembre, c'était autre chose. Il avait bien changé. Il était plutôt exalté, obsédé. Discrètement mais profondément, je l'ai bien senti.

Jauret s'arrêta. Son regard avait pris un éclat plus aigu et son front se plissait comme s'il cherchait à percer le secret de la dernière visite de son ancien élève.

— Il parlait d'un complot mystérieux. Il disait qu'il avait découvert en Espagne des indices suivant lesquels une sorte d'organisation technocratique aux ramifications internationales se serait cachée derrière l'enlèvement de sa femme et de son fils. Selon lui, la clef du mystère et aussi la tête de cette puissance occulte se seraient trouvées en Amérique. Et telle était la véritable raison de son départ. Je crois bien que j'ai été le seul à la connaître, ajouta-t-il avec tristesse. Puis comme s'il se défendait d'un obscur sentiment de culpabilité, il reprit avec force :

— Je l'ai pourtant mis en garde ! Je lui ai dit que son hypothèse ne paraissait pas crédible et qu'il ne disposait d'aucun indice sérieux.

Qu'il fallait laisser faire la police. Mais il parlait de destin, de fatalité. Il prétendait que son enquête était en même temps une Quête : celle de la détermination de la mutation technologique de l'homme. Il semblait croire que celle-ci avait été réalisée quelque part en Amérique par les Technoscients. Oui. C'est le mot qu'il utilisait pour désigner cette puissance occulte : les Technoscients. Mais il y avait encore autre chose. Moins apparent mais, je crois, décisif. Il se sentait coupable d'avoir écrit *Species Technica* et il interprétait, du moins ce fut mon impression, son drame personnel comme une sorte de punition. Voyez-vous, quand on additionne tout cela, on comprend peut-être ce qui a pu se passer. Du moins est-il possible de reconstruire, après coup, certains chemins.

Durant plus d'une minute, il garda le silence. Mais son compagnon attendait, car il sentait que le Professeur Jauret avait encore quelque chose à dire. Enfin, le vieux maître de Gillian, dont le regard était voilé des lointains de fumée qui planaient au-dessus de la table, se décida à conclure.

— La folie de Gillian, je ne puis la voir que comme une réaction éthique ultime. Le dernier refuge moral d'un homme épouvanté par l'idée qu'il pourrait abjurer toute foi en l'homme et torturé par le sentiment qu'il l'avait peut-être déjà fait.

Le printemps éblouissait de couleurs la côte californienne. C'était un de ces jours radieux, tout gonflés de lumière et d'azur, qui n'éveillent d'autre désir que celui d'être et de sentir. L'Amérique se remettait des blessures de l'hiver. Des émeutes sanglantes suivies d'une répression sans concession avaient été le cortège du triomphe de la Ligue Républicaine et Technocratique pour la réélection de Burt Lang. Mais en ce jour de réconciliation, tout cela paraissait lointain et irréel. Pourtant, la jeune femme en robe bleue qui gravissait les degrés de l'Asile Neurotechnique était insensible à la grâce de cette journée.

Mary-Ann de Belmont tendit à la préposée sa carte de Permanente et demanda s'il était possible de rendre visite à un certain André Gillian. La préposée examina soigneusement le document puis demanda à l'ordinateur confirmation de l'identité de la visiteuse.

Rassurée sur ce point, elle s'enquit encore de la possibilité de rencontrer Gillian.

— C'est possible annonça-t-elle, enfin, avec un sourire. Le docteur dit qu'il est devenu très calme ces dernières semaines. En un jour comme celui-ci, vous le trouverez dans le Parc à l'endroit d'où l'on peut voir l'Océan. C'est là qu'il passe le plus clair de son temps.

Mary-Ann remercia et, suivant les indications, elle se dirigea vers le fond du hall, franchit une nouvelle porte et traversa le Parc en direction de la mer. Près d'une fontaine, elle vit une femme d'une quarantaine d'années aux longues boucles d'ébène, vêtue d'une robe mauve et qui paraissait répondre au bruit de l'eau. Elle sourit à Mary-Ann qui fut troublée par ses yeux verts.

Quelques minutes plus tard, la visiteuse atteignait un promontoire d'où l'on découvrait l'immensité bleue du Pacifique. Sur un banc, un homme était assis qui lisait. Il lui tournait le dos, mais elle reconnut immédiatement celui qu'elle venait voir. Lorsqu'elle fut devant lui, Gillian leva les yeux, la dévisagea et parut réfléchir.

— Mary-Ann ?

— Oui, c'est moi, Mary-Ann ! Oh, André, quelle joie de voir que vous me reconnaissez encore !

— Mais pourquoi ne vous reconnaîtrais-je pas ? demanda-t-il en refermant son livre.

Ne sachant que répondre, la jeune Américaine posa les yeux sur la couverture. A l'envers, elle déchiffra le titre : *Le langage du temps chez les Indiens d'Amérique.*

— Vous vous intéressez aux Indiens, maintenant ? demanda-t-elle pour meubler le silence.

— Beaucoup. Leurs mythes sont pleins de vérité. Ils ont une vision des choses et du monde bien plus juste que celle des Occidentaux. Et cette justesse qui est la Vérité du Temps a modelé leur langage. Et leur langage les a modelés à leur tour au moule de cette Vérité.

Toujours debout devant lui, Mary-Ann se sentait de plus en plus embarrassée, ne sachant comment poursuivre la conversation, ou plus exactement n'osant pas imposer au dialogue l'orientation qu'elle souhaitait de crainte de découvrir que cette voie était désormais dénuée de sens pour Gillian.

— André, voulez-vous que nous fassions quelques pas ?

— Oui. Bien sûr.

Ils empruntèrent le sentier qui suivait le bord de la falaise, dont la roche rouge était piquée de tous les verts de la gamme végétale. Le ressac de l'Océan montait jusqu'à eux. Comme son compagnon demeurait muet, la jeune femme timidement risqua une question plus précise.

— Est-ce que vous avez été grièvement blessé lors de votre arrestation dans le sous-sol du Centre ?

De nouveau, Gillian parut réfléchir avant de répondre.

— Vous voulez parler de la brûlure du Soleil ? Son sens est spirituel. Il faut descendre dans l'abîme pour rencontrer le Soleil. Tout au fond de la Terre, son feu purifie l'esprit et l'homme renaît à une vie nouvelle, définitive.

— Mais André, je parle du Centre d'Anthropotechnologie. Lorsque vous avez voulu détruire le... Fils de l'Homme et blessé Spinrad.

— Mais oui, mais oui, répondit-il du ton conciliant que l'on adopte pour parler aux enfants. Je vous comprends, Mary-Ann. Mais vous vous attachez au côté anecdotique des choses, aux gestes, aux événements. Vous ne voyez pas l'essentiel.

— Qu'est-ce que l'essentiel ?

— Je vous l'ai dit. L'initiation solaire au plus profond de la nuit.

La jeune femme ne reprit pas immédiatement. L'angoisse de poursuivre l'étreignait. Certes, lorsqu'elle avait décidé de profiter de sa première semaine de congé pour tenter de rencontrer Gillian, elle n'avait guère d'illusion. Jamais les Technoscients n'auraient commis l'erreur d'enfermer dans l'une de leurs institutions un homme qui aurait conservé sa lucidité. Mais maintenant qu'elle était en présence de Gillian, elle ne pouvait se résigner à la réalité.

— J'ai décidé de quitter le Réseau. J'annoncerai ma décision au Professeur Wi-Lang le mois prochain. Le Professeur Wi-Lang a été désigné directeur intérimaire. Samuel Spinrad se remet difficilement de ses blessures. Il est paralysé. Le Projet Fils de l'Homme a dû être reporté *sine die.* On a tout juste achevé de réparer les composantes cybernétiques, quant au reste... André, dans quelques mois, je serai libre. Je ferai tout alors pour vous sortir d'ici, mais il faut que vous m'aidiez !

Il s'arrêta et considéra sa compagne avec un calme sourire pour dire, toujours sur le même ton :

— Mary-Ann, à quoi bon vouloir sortir d'ici ? Je m'y sens très bien. C'est un lieu propice à l'accomplissement. J'ai tout ce qu'il faut, je vous assure. (Il fit un geste en direction de l'Océan). D'ailleurs, ils ne permettraient pas que je sorte. Je suis la négation même de leur chimère.

— Que voulez-vous dire ?

— Je parle de leur absurde quête du Mutant Technologique. La véritable mutation est intérieure. Elle seule est accomplissante et pourvue de sens. J'ai essayé de vous le dire : l'épreuve du Soleil au fond de l'Abîme transmute l'esprit. Il n'y a rien au-delà. Ils m'ont enfermé ici et me font passer pour fou parce que je suis le *Mutant de l'Esprit.*

Il prononça ces derniers mots avec une force singulière qui contrastait avec le ton calme et posé de tout ce qu'il avait dit jusque-là.

La gorge de Mary-Ann se serra. D'un seul coup, elle vit toute la logique et l'ironie atroce du délire de Gillian. Provoquée par des moyens artificiels et techniques, la folie même de Gillian niait la toute-puissance de la technique. Par un paradoxe inouï, le sabotage chimique d'un cerveau avait engendré un esprit mystique. A moins que, contre toute attente, le délire de Gillian n'ait eu une cause naturelle, qu'il fût la conséquence du terrible traumatisme physique et moral qu'il avait subi. Mais elle repoussa cette idée.

— Et Pierre, votre fils ? Et votre femme ? Et aussi votre combat, votre volonté de détruire le Fils de l'Homme ? Tout cela est-il devenu sans importance ?

— Détruire le Fils de l'Homme, oui. Je vous l'ai dit : cette chimère est sans avenir, de toute façon. Il est donc absurde et vain de chercher à la détruire. Cela a été aussi mon erreur. Ma seconde erreur.

— Et votre fils ? Votre femme ? insista-t-elle, comme un ultime recours.

De nouveau, Gillian s'arrêta. Ils venaient de quitter la promenade le long de l'Océan pour s'engager sur l'allée qui, bordée d'une vaste pelouse, menait au bâtiment d'entrée.

—Ils sont ici. Voyez, dit-il avec un geste de la main en direction de la fontaine, Monique est là. Elle aime beaucoup parler à l'eau des fontaines. Moi, je préfère l'Océan. A travers les formes de l'eau, nos esprits communient, sans que nous ayons besoin de nous parler. Pierre est avec nous. Mais Pierre a déjà laissé son image. Son initiation a été plus profonde encore. Pierre est entièrement libre. C'est lui qui nous parle par les formes de l'eau.

Ils s'étaient remis à marcher, lentement. Au moment, où ils arrivaient à la hauteur de la fontaine, la femme en mauve se redressa. Doucement, avec la légèreté du silence et de l'absence, elle vint à leur rencontre. Mais elle ne s'arrêta pas lorsqu'elle les croisa. Elle leur sourit simplement de ses grands yeux remplis d'eau verte.

Fin

DIALOGUE AUTOUR DE *SPECIES TECHNICA* VINGT ANS PLUS TARD

Cet essai de commentaire dialogué entre Jean-Noël Missa[1] *et l'auteur s'est étendu sur plusieurs mois, de l'été à l'hiver 2001. Les titres intermédiaires sont purement indicatifs ; ils ont aidé à structurer faiblement le cours du dialogue et à limiter les répétitions.*

Circonstances : une question de langage

Jean-Noël Missa — Pourquoi avez-vous voulu publier Species Technica *vingt ans après l'avoir écrit ? Pourquoi tout ce temps écoulé, pourquoi maintenant ?*

Gilbert Hottois — *ST* a été une expérience d'écriture très différente de l'écriture philosophique, une écriture plus riche, qui convoquait davantage de dimensions conscientes et inconscientes, une expérience très positive au souvenir de laquelle je suis toujours resté fidèle. En 1981, j'avais envoyé le manuscrit à quelques éditeurs de SF. J'ai gardé la réponse de Gérard Klein[2] qui résume bien la réaction dominante : trop conceptuel, trop difficile pour être intégré à une collection de SF qui vise un public populaire. En somme, trop philosophique encore. Peut-être aurais-je dû tenter ma chance dans des collections plus classiquement littéraires, mais pour moi, il s'agissait de SF, et je n'ai pas persévéré. Voici un

1. Docteur en médecine et en philosophie, Jean-Noël Missa est professeur à l'Université Libre de Bruxelles.

2. Un des noms importants de la SF française, à la fois comme auteur de romans et de nouvelles, directeur de collections et essayiste.

peu plus de deux ans, j'ai relu *ST* et j'ai découvert un livre différent. Un livre dont l'anecdote SF recouvre aussi des problématiques dont je n'avais guère eu conscience lorsque je l'ai écrit. C'est alors que l'idée m'est venue de publier sans rien modifier, comme un témoignage, en ajoutant un commentaire sur la forme duquel – essai, longue introduction, postface – j'ai longuement hésité. Mais il y a d'autres motivations. Ludiques notamment, tirant parti d'un jeu complexe de mises en abîme. Dans *ST,* André Gillian est l'auteur d'un livre de philosophie du futur et de la technique qui s'intitule *Species Technica,* et qui semble être la cause de ses dramatiques aventures. Première mise en abîme, originelle. Aujourd'hui, vingt ans plus tard, c'est-à-dire presque à l'époque où l'histoire se déroule, je publie le manuscrit *ST* au sein d'un ensemble homonyme mi-fictionnel mi-philosophique, redoublant la mise en abîme. Mais ce n'est pas tout. Entre-temps, j'ai moi-même acquis une certaine reconnaissance comme philosophe de la technoscience et suscité des réactions ambivalentes me désignant d'abord comme fondamentalement technophobe, ensuite comme excessivement technophile [1]. En outre, cette reconnaissance s'est développée, primitivement, suite à la publication d'un livre dont les initiales sont celles de *ST* : *Le signe et la technique* [2], qui formule conceptuellement ce que *Species Technica* exprime d'une manière métaphorique et narrative. La mise en abîme n'est donc plus simplement littéraire, feinte : j'ai mis *ST* en abîme dans ma vie. Au chapitre 8, Gillian évoque son envie d'écrire « un nouveau livre d'un genre sensiblement différent (de *ST*) et peut-être assez original. Un livre qui serait au carrefour du roman, du récit et de l'essai philosophique. Au croisement du vécu, de l'imaginaire et du spéculatif ». N'est-ce pas, annoncé voici vingt ans, précisément le livre que je publie aujourd'hui ? Plus prosaïquement, j'ai également pensé que mon manuscrit n'avait pas trop vieilli en ce qui concerne les contenus technoscientifiques qu'il exploite imaginairement : l'informatique, la cybernétique, les biotechnologies génétiques et les neurosciences, ainsi que leurs combinaisons. Quoi de plus actuel ! Mais il est encore prémonitoire à propos de

1. Voir notamment les réactions de Latouche, Lecourt, Henry, Séris, Ellul, Guillebaud, De Dijn, Achterhuis, Janicaud, Goffi, Bourg, etc.

2. Paris, Aubier, 1984.

plusieurs aspects de la constellation culturelle et politique, globale en ce début du troisième millénaire, dont une ligne de fracture de plus en plus nette passe entre les partisans de la RDTS [1] et les opposants, et alors qu'un rôle de plus en plus important revient à des multinationales associant la puissance économico-financière et les technosciences. Je puis songer à d'autres motivations qui, sans doute, ont toutes joué à des degrés divers. Ce début du XXIe siècle est plus ouvert à la postmodernité, au mélange des genres, de telle sorte qu'un livre composite comme celui-ci paraît moins singulier. Ajoutez un peu de vanité frustrée de voir de plus en plus à la mode et présentés comme inouïs des idées et des fantasmes qui me hantent depuis un quart de siècle. Voici quelques mois encore, je suis tombé sur un ouvrage [2], passionnant au plan de la dramatique romanesque, qui oppose une multinationale de la recherche génomique à des individus et des groupes (bio)éthiques, les technophiles aux technophobes (parmi lesquels des technophiles reconvertis), et dont l'action principale est située exactement dans les mêmes paysages de l'Ouest américain (l'Arizona et le Nouveau-Mexique, très précisément la région des White Sands) que *ST*. Au début des années 1990, dix ans après *ST*, Gérard Klein exprime, dans sa préface à la traduction de *Black Milk* [3] de Robert Reed, son étonnement devant la quasi-absence des biotechnologies génétiques de l'imaginaire SF. Si cela est vrai, *ST* apparaît comme une œuvre pionnière.

J.-N. M. — Species Technica : *Pourquoi ce titre latin ?*

G. H. — Je suppose qu'il faut y lire l'influence des titres latins de deux ouvrages que j'avais pratiqués durant les années soixante-dix : le *Tractatus logico-philosophicus* de Ludwig Wittgenstein et la *Summa Technologiae* de Stanislas Lem [4]. L'ambiguïté du titre me plaisait : la « species technica » est encore à venir et, en même

1. RDTS : Recherche et Développement TechnoScientifiques

2. Il s'agit de *Mount Dragon* (1996) de D. Preston et L. Child. Le (peu heureux) titre français est *Cauchemar génétique*, Paris, Laffont-Pocket.

3. Traduction française : *Le lait de la Chimère,* Livre de Poche.

4. Édition allemande traduite du polonais : Insel, Fankfurt am Main, 1976. Auteur du célèbre *Solaris,* Lem est l'un des plus grands auteurs de la SF mondiale. Il a également rédigé de nombreux essais ainsi que des ouvrages satiriques dirigés contre l'idéologie soviétique.

temps, elle est déjà là : l'espèce humaine a, dès le départ, été une « espèce technique », c'est-à-dire artificieuse, qui, inlassablement, s'invente et se réinvente elle-même. Elle l'est déjà en tant qu'espèce symbolisante, si l'on admet que le langage – plus généralement, les moyens de communication et de représentation ainsi que les institutions – constitue l'invention que l'espèce humaine n'a cessé de développer tout au long de son histoire multimillénaire, et avec laquelle, si je puis dire, son esprit « a fait corps ». Histoire *technologique* qui se poursuit à travers les TIC [1]. Pourtant, *Species Technica* n'est qu'un titre par défaut. J'avais d'abord songé à *Le Fils de l'Homme.* Cette expression me paraissait – et me paraît aujourd'hui encore – plus expressive de la portée philosophico-religieuse du livre, ainsi que de ses enjeux symboliques. Je l'ai abandonnée lorsque j'ai appris qu'un roman de SF portait déjà ce titre. Aussi n'apparaît-elle plus que comme l'intitulé du chapitre 9 et pour désigner le projet des Technoscients. J'ai eu récemment la curiosité de lire *Son of Man* de Robert Silverberg [2]. C'est un livre très étrange, une sorte de roman métaphysique, à haute teneur allégorique et symbolique, bien plus que de la SF. Il ne comporte aucune explication ni aucun simulacre d'explication scientifique et technique des événements qu'il relate. La fin invite d'ailleurs le lecteur à envisager qu'il s'agit du récit d'un rêve du personnage principal, Clay, nom qui signifie « argile » en anglais. La mise en scène ainsi que certains contenus du récit font songer au *Rêve de d'Alembert* de Diderot. Clay est emporté par le « flux temporel » dans des âges éloignés du nôtre de millions voire de milliards d'années où il rencontre des créatures aux formes merveilleuses ou monstrueuses, qui toutes se disent « humaines », des « fils de l'homme », nos descendants. Ces créatures et Clay lui-même ont la capacité de transformer leur corps et de changer librement de sexe. Le désir sexuel et son polymorphisme occupent une place très importante dans ces aventures. Le message philosophique est clair : l'homme – l'espèce humaine – est essentiellement métamorphique, sans identité, spécialement sans identité morphologique, stable. L'être humain est « plastique », comme l'argile (dont il a été tiré). Il est « corps sans organes », corps sans organisation définitive. Il ne

1. TIC : Technologies de l'Information et de la Communication.
2. Publié en 1971. Pour la traduction française : Éd. OPTA, puis Le Livre de Poche.

s'agit pas d'un roman évolutionniste, du moins si l'évolution est un processus progressif qui possède ou qui s'invente une finalité. Dans le flux temporel, Clay est ballotté dans tous les sens, et le Néandertalien n'est pas moins homme que le sphéroïde d'un futur à ce point lointain qu'il n'a conservé nulle trace, nulle mémoire de tout ce qui, pour nous, est caractéristique de l'humanité. Clay doit apprendre à ne pas déplorer cette éphémère transitivité de toutes les formes ; il est invité à s'en réjouir, à l'aimer. Le roman présente une dimension initiatique : l'*amour universel* – de tous les êtres que le flux temporel engendre et emporte – *coïncide* avec la puissance métamorphique sans limites. Un dernier chapitre particulièrement visionnaire décrit Clay s'abandonnant, les bras en croix, au « Puits des Premières Choses », gigantesque colonne d'énergie et de lumière qui, jaillie de « l'abîme insondable », joint la Terre et le Ciel, comme « une verge puissante et lumineuse ». « C'est un sceptre de pouvoir, c'est un rayon de mutation et de création », écrit Silverberg. Clay connaît l'extase au milieu d'une « mer de créatures pré-humaines, humaines et post-humaines ». Il se sacrifie pour elles, c'est-à-dire qu'il prend sur lui toutes leurs peurs, leurs souffrances, leur soucis. Telle est la rédemption silverbergienne qui fait dire à Clay : « Je suis Clay. Je suis amour. ». Le roman est encadré par deux extraits de l'Evangile selon Matthieu et selon Marc évoquant le retour du Fils de l'Homme. Mais toute son énergie tend à faire éclater ce cadre anthropothéologique trop étriqué pour le judéo-christianisme païen, dyonisiaque, de Silverberg.

J.-N. M. — *Quels rapports voyez-vous avec* Species Technica ?

G. H. — A vrai dire, peu de rapports. *ST* relève bien davantage de la SF et accorde une place centrale à la technoscience. Peut-être est-ce pour cette raison que *ST* est beaucoup plus ambivalent, problématique. *Le Fils de l'Homme* demeure dans une perspective foncièrement symbolique et métaphorique qui n'envisage pas sérieusement de se donner les moyens de ses fantasmes et de ses désirs. En ce sens, il n'est effectivement qu'un *rêve.* Tout au plus une invitation à modifier notre *vision* de l'homme, de la nature, de la vie. C'est un roman métaphysique et religieux dans un sens assez traditionnel. Il nous convie à nous abandonner au flux temporel, à l'énergie vitale polymorphe, à dire *oui* au devenir inanticipable – « L'Anticipation est un péché » écrit Silverberg –, il ne nous invite pas à le prendre activement en charge. Il ne va pas au-delà de « l'innocence » nietzschéenne ou de la schizo-analyse deleuzienne. Sans doute peut-il ainsi préparer le terrain pour des transcendances opératoires en déconstruisant « l'image de l'homme », mais ces transcendances opératoires ne sont pas réellement à son ordre du jour. Aussi demeure-t-il en deçà des questions éthiques et politiques qui occupent une place importante dans *ST.*

J.-N. M. — *Dans quelles circonstances avez-vous écrit Species Technica ?*

G. H. — Très vite, en une quinzaine de jours, durant les vacances de Pâques 1981, à « La Négrépine », dans les Ardennes.

J.-N. M. — *Où nous sommes en ce moment. Et il y a, en effet, un château qui abrite une communauté importante de la secte Krishna à quelques centaines de mètres. Species Technica serait donc autobiographique ?*

G. H. — Certainement pas, si l'on entend par là le récit d'événements réels. Mais j'ai décrit des lieux que j'ai visités, et quelques rares personnages sont partiellement inspirés de personnes que j'ai connues. En 1981, après ma thèse de doctorat et trois ouvrages philosophiques, j'étais intellectuellement épuisé. J'avais, un peu comme Wittgenstein au terme du *Tractatus,* dit tout ce qu'il m'était possible de dire philosophiquement. Comme Wittgenstein encore à qui j'avais consacré mon premier livre[1], je m'étais engagé dans une voie qui ne permettait pas la poursuite du discours philosophique. J'étais allé jusqu'au bout de la pensée spéculative et discursive ; ce *non ultra* que j'avais évoqué dans ma thèse, en 1977, et dans le livre qui en est issu[2] par l'expression « le mur cosmique », qui deviendra la « transcendance noire », quelques années plus tard, dans *Le signe et la technique*. Il s'agissait donc d'un état d'esprit différent de l'espèce de flottement dépressif, de vacance indécise, qui suit ordinairement l'achèvement d'un travail ayant mobilisé, durant des années, toutes les énergies intellectuelles de l'individu. La conclusion même de ce travail compor-

1. *La philosophie du langage de Ludwig Wittgenstein* (Préface de J. Bouveresse), 1976, Éditions de l'Université de Bruxelles.

2. *L'inflation du langage dans la philosophie contemporaine* (Préface de J. Ladrière), 1979, Éditions de l'Université de Bruxelles

tait l'impossibilité ou la vanité de son prolongement. « Ce dont on ne peut parler, il faut le taire », écrit Wittgenstein à la fin de son *Tractatus.* Et il se tut, en effet, durant une dizaine d'années. Lorsqu'il renoua avec la parole philosophique, son rapport au langage, sa conception de l'activité linguistique avaient totalement changé. Une manière de s'arracher à une impasse radicale de l'expression consiste à changer de mode d'expression. C'est ce que je tentai au début des années 1980. Il n'est pas exclu que j'eusse persévéré dans cette voie littéraire si *ST* avait trouvé rapidement un éditeur. Mais je me souviens avoir été profondément ambivalent : je souhaitais et je ne souhaitais pas la publication de *ST,* car j'y lisais le renoncement à un avenir philosophique vers lequel mes efforts et mes intérêts m'avaient dirigé. *ST* fut donc une parenthèse – très intense – que, moins de deux ans plus tard, la rédaction de *Le signe et la technique* referma, mais que je rouvris néanmoins encore une fois durant quelques mois en 1985 en me lançant dans une autre « fiction spéculative » – encore de la SF ! – comme s'il m'avait fallu alterner, durant cette période, l'écriture philosophique et la création littéraire.

J.-N. M. — *Un autre roman ?*

G. H. — Oui. Cela s'appelle *La Bichatte.* J'y reviendrai peut-être un jour. Mais, en réalité, c'est l'irruption, dans mon existence, de la bioéthique qui, très progressivement, m'a conduit à modifier en profondeur mon rapport au langage et à la philosophie et qui m'a arraché à l'alternance que je viens d'évoquer. Cette intervention eut lieu en 1986. Elle fut d'emblée politique. Un ministre avait conçu le projet d'un grand colloque national sur « la bioéthique dans les années 90 ». Il était indispensable qu'il fût pluraliste. Or, à l'époque, en Belgique, seules les universités catholiques avaient entrepris une réflexion philosophique – et théologique – systématique sur ces questions. Comme j'avais publié, sinon sur la bioéthique proprement dite, du moins sur les questions éthiques soulevées par la technique, je fus sollicité pour illustrer l'approche philosophique laïque. J'acceptai, car la bioéthique m'apparaissait comme un chapitre déjà particulièrement développé de la problématique philosophique des technosciences qui m'interpellait depuis des années. C'est à cette occasion que je fondai le CRIB [1], et la bioéthique se mit à occuper dans mon existence une place qui ne cessa de croître tout au long de la décennie 1990. Mais nous parlions d'un changement de rapport au langage et à la philosophie induit par la bioéthique. Cela ne s'est pas fait d'un coup. La prise de conscience en a été lente aussi. Les transformations les plus simples peuvent prendre beaucoup de temps, précisément parce qu'elles sont élémentaires et remuent jusqu'aux racines. Plus tard, j'ai trouvé un texte de William James qui résume assez bien ce changement. Il décrit une modification radicale de la place, de la fonction et de la valeur du langage dans l'économie existentielle de l'espèce humaine. Voici cet extrait: « Le monde est toujours apparu tout naturellement comme une sorte d'énigme dont la clef devait se découvrir sous la forme de quelque mot, de quelque nom, qui ferait toute la lumière ou conférerait toute la puissance voulue. Ce mot désigne le *principe* du monde; et le posséder, c'est d'une certaine façon posséder le monde lui-même. "Dieu", "la Matière", "la Raison", "l'Absolu", "l'Energie", voilà autant de noms qui sont autant de solutions. Une fois en possession de ces noms, vous n'avez plus qu'à vous reposer: vous avez atteint le terme de votre recherche métaphysique! Suivez-vous au contraire la méthode pragmatique? Impossible alors de regarder aucun de ces mots comme mettant fin à votre recherche. (...) Avec le pragmatisme, donc, *une théorie devient un instrument de recherche, au lieu d'être la réponse à une énigme et la cessation de toute recherche.* Elle nous sert, non pas à nous reposer, mais à nous porter en avant, et nous permet, à l'occasion de refaire le monde » [2]. Je trouve ce passage extraordinaire par sa simplicité, sa densité et sa profondeur. Pendant des millénaires, les « directeurs » de l'humanité – des sorciers aux prêtres, des poètes aux philosophes – ont présenté le langage comme le « don des dieux » ou comme l'expression de la différence spécifique qui signe l'élection sur-naturelle de l'homme ontologiquement distinct des autres espèces. Cette conception règne sur les époques qui ne

1. Le Centre de Recherches Interdisciplinaires en Bioéthique de l'Université Libre de Bruxelles. J'ai eu l'occasion de relater brièvement cette histoire dans « Regard rétrospectif d'un philosophe » publié dans le numéro thématique « Bioéthique et religion » du *Journal International de Bioéthique,* 1998, vol. 9, n°1-2.

2. *Le pragmatisme,* trad. par E. Le Brun, 1968, Flammarion ; p. 52-53.

croyaient qu'en l'Eternité comme sur celles qui ne jurent que par l'Histoire. Verticale ou horizontale, la transcendance de l'homme a toujours été exclusivement conçue au fil et au bout du logos, de la symbolisation. Or, cette conception ne vaut plus pour l'avenir de l'humanité.

J.-N. M. — *N'est-ce pas Sertigo, le médecin devenu prêtre et technophobe fanatique, qui illustre cette croyance ? Voici le passage : « Car Dieu est Verbe et l'Homme n'est que Sa Parole, cette Parole que les Technoscients ignorent et cherchent à détruire ». Et il poursuit très logiquement : « Seuls des mots peuvent détruire les machines et seul un homme parlant au nom de Dieu renversera l'abomination du Fils de l'Homme ». Ou encore, toujours dans le même passage : « Seul le Verbe est créateur dans la Lumière et dans l'Ordre. Le geste et l'outil façonnent vainement dans les ténèbres et l'impuissance ».*

G. H. — Oui. Ce sont des croyances très profondément enracinées. Songez à Hans Jonas qui, dans *Le Principe Responsabilité*[1], exalte l'épanouissement de la liberté au cours de l'évolution et sa culmination dans l'humanité, mais qui interdit à celle-ci d'intervenir créativement – entendez : avec une efficacité techno-bio-physique, comme la transgenèse ou le clonage – au sein de l'évolution, au sein de l'ordre sacré de la nature. Comme si l'homme, parce qu'il est seulement à l'image du Créateur et parce qu'il est aussi, essentiellement, *homo pictor,* l'être des images, le vivant de la symbolisation et de la représentation, ne pouvait exercer sa liberté créatrice qu'au plan des images et des signes. Créateur secondaire, car d'abord créature. Prenez, autre exemple, *La parole humiliée*[2], de J. Ellul, essayiste original et technophobe fameux, rappelant que la parole est « le spécifiquement humain » et invitant à « prendre conscience de façon fondamentale que la parole est rigoureusement et en tout contradictoire de la technique ». Aux antipodes postmodernes de l'éventail philosophique contemporain, Richard Rorty ne dit pas autre chose : il encourage l'auto-création, mais cette auto-création est symbolique, essentiellement langagière, comme l'indique d'ailleurs aussi la désignation de la philosophie de Rorty

1. *Das Prinzip Verantwortung. Versuch einer Ethik für die technologische Zivilisation,* Frankfurt-am-Main, Insel, 1979 ; en trad. française par J. Greisch, Paris, Cerf, 1990.
2. Paris, Le Seuil, 1981 ; p. 7, 177.

comme « philosophie de la conversation ». Et dans le sillage de la modernité philosophique transformée par Jürgen Habermas et Karl-Otto Apel, on rencontre encore la survalorisation quasi eschatologique et sotériologique, quoique laïque, du langage : l'idéal régulateur d'une société de la communication et d'une éthique de la discussion.

J.-N. M. — *L'herméneutique aussi ?*

G. H. — On est tenté de voir dans la réanimation contemporaine de l'herméneutique un geste ayant une portée analogue à l'invitation pragmatique : le rappel que le langage est et n'est qu'un moyen de communication et d'interaction *entre les humains,* et non pas un tableau représentant l'univers. Toutefois, l'ambition de l'herméneutique religieuse et – mais il faudrait davantage nuancer – philosophique est plus grande et autre : elle se veut écoute de la parole de l'Être ou de Dieu. Et la Tradition, qu'elle interroge et avec laquelle elle entre en dialogue, est reçue comme la transmission symbolique de cette Parole transcendante. Là gît l'illusion. Car même originellement, ces mots recueillis dans des textes dits sacrés, ont été prononcés et écoutés, répétés, par des individus, dans une communauté, avec son milieu de vie, ses coutumes, ses techniques encore très primitives, son savoir limité, son expérience et sa culture situées et datées. Revenons sur terre et retirons à l'héritage symbolique de l'humanité son caractère de transcendance intemporelle. On se rend compte alors à quel point est déraisonnable et immodeste d'attendre même des plus éminents parmi ces textes, tels la Bible ou le Coran, des éclairages essentiels et appropriés pour des situations radicalement différentes induites par le développements des sciences, des techniques et des institutions occidentales au cours de ces deux ou trois derniers siècles. Qu'il faille prendre très au sérieux ces références religieuses au plan de la gestion sociale et politique, de la régulation symbolique et juridique des sociétés contemporaines est une question différente. La question de la gestion non violente des transcendances symboliques. Quant à Sertigo, qui excite la foule par le verbe et le regard, il illustre bien par quels mécanismes anthropologiques irrationnels les hommes sont mis en branle. C'est un politique charismatique, bien qu'il ne voie pas son action comme politique.

J.-N. M. — *Dans la tradition philosophique occidentale, la survalorisation du langage ne s'est-elle pas exprimée en alliance avec le surinvestissement de la vision ?*

G. H. — La foi dans le langage a connu – et continue de connaître – tant d'expressions. Avec la philosophie occidentale, elle a pris la forme de la logothéorie, plaçant au sommet de l'existence humaine et comme seule conforme à l'essence de l'homme, la jouissance de ce Discours, de ce Texte, de ce Livre qui donnerait à voir la Vérité, la Réalité, le Bien, la Totalité. C'est dans cette perspective de l'alliance essentielle de la vision et du langage que le projet occidental de science a cristallisé voici quelque deux mille cinq cents ans, et c'est encore, confusément, dans cette perspective que la recherche scientifique fondamentale continue, le plus souvent, de se penser aujourd'hui. Quelle chose étrange que ce primate qui rêve toujours de tenir entre ses pattes et sous ses yeux un miroir de signes dans lequel la formule essentielle de l'univers se refléterait, stable et définitive. Je n'évoque en ceci rien de bien original et qui n'ait été abondamment et diversement « déconstruit » au cours des premières décennies de la seconde moitié du siècle passé, de la critique du logophonocentrisme par Derrida à celle de l'homme spéculaire par Rorty. Mais cela n'a pas empêché ces critiques, et tant d'autres, de continuer de privilégier l'activité langagière comme la plus éminemment et la seule essentiellement humaine. Vouloir « en sortir » reviendrait à sortir de l'homme, ce qui est également interdit et impossible. La contestation de la « posture » (songez au primate) logothéorique a cultivé l'ambiguïté et conduit, le plus souvent, dans des nihilismes ou des ludismes du signifiant, qui se nourrissent de l'inlassable reprise de ce qu'ils ne cessent de déconstruire. C'est parce que ces jeux logologiques ont très tôt cessé de me séduire – c'est le sens de ma critique de l'inflation du langage dans la philosophie contemporaine – que je dus reconnaître l'impasse évoquée. Je ne pouvais plus adhérer à la croyance et à l'espérance eschato-onto-théologiques : j'avais perdu la foi dans le langage. Mais je ne voulais pas davantage du divertissement logologique. Et je n'avais pas encore compris que le langage est, aussi, autre chose que ce qu'une certaine tradition religieuse et philosophique m'avait enseigné. Il n'est pas ce super-outil ou ce non-outil (le « pur miroir » qui ne déforme pas) ni cette grâce permettant à l'homme de se propulser hors du monde et du temps. Il est un moyen concret de communication entre les humains, d'action sur les humains, qui leur permet de s'organiser et de *faire* aussi autre chose que parler. Je ne nie pas le rôle immense que le langage a joué et continue de jouer dans la forme de vie humaine. Admettons même que le surinvestissement du langage par l'humanité a été au cours de l'évolution et de l'histoire une fiction extrêmement féconde sans laquelle, peut-être, l'espèce humaine n'eût pas survécu. Il s'agit seulement de reconnaître que le langage n'épuise ni le passé, ni le présent ni, surtout, le futur de cette espèce. Les discussions bioéthiques m'ont confronté à la portée pratique des discours les plus théoriques ainsi que des définitions et des descriptions prétendument neutres. Portée doublement pratique en réalité, car il s'agit, dans ces débats, de prendre des décisions concernant ce que l'on va ou non permettre aux hommes de *faire* avec les hommes. En bref : l'action symbolique vise en l'occurrence l'action technique. Dans ces enceintes dites « bioéthiques » – ce qui signifie autant biopolitiques, biojuridiques et bioéconomiques –, le primat logothéorique traditionnel est souvent proprement retourné. On n'accède pas d'abord, par des voies intuitives, à une définition ontologique de l'homme pour en déduire ce que l'on va faire ; on vise d'abord un faire et on construit en conséquence, rétroactivement, une définition compatible avec ce faire et le légitimant. J'accentue le trait, mais c'est pour mieux souligner en quoi peut consister la révolution pragmatique. La réalité est beaucoup plus confuse et interactive, théorico-pratique : le faire lui-même est d'abord symbolisé, théoriquement anticipé, et son déroulement effectif comble, excède ou déçoit *a posteriori* les fantasmes, les prévisions et les intentions annoncées.

Une relecture psychanalytique critique

J.-N. M. — *Vous dites que vous avez écrit* Species Technica *très rapidement, en une quinzaine de jours. N'est-ce pas un événement étrange ? Vous l'expliquez aujourd'hui très rationnellement, comme un changement de forme d'expression, un nouveau style venant relayer le discours philosophique défaillant.* Species Technica *n'est-il donc rien de plus qu'une traduction, une mise en scène romanesque et allégorique de vos interrogations et de vos thèses philosophiques ?*

G. H. — L'impasse discursive que j'ai évoquée est tout le contraire d'une justification feinte et venue après coup. Néanmoins, lorsque je relis *ST*, je découvre un récit qui exprime cette impasse aussi dans un sens beaucoup plus intimement existentiel que je n'en avais conscience à l'époque. Il m'est difficile de dire, vingt ans plus tard, quel était alors mon degré de connaissance lucide de moi-même. Ce qui est tout à fait sûr, c'est que je n'ai pas consciemment écrit *ST* comme une fable dont un sens ultime serait œdipien. Ce n'est que beaucoup plus tard que j'ai commencé à apercevoir cette portée psychanalytique. La lecture de *Frankenstein ou le délires de la raison* que Monette Vacquin me fit parvenir lors de sa parution en 1989[1] y a certainement contribué. A la fin des années 1980, j'étais devenu beaucoup plus familier de la psychanalyse qu'au début de la même décennie. *ST* est mon *Frankenstein.* La nécessité qui me l'a fait écrire vient aussi de l'inconscient. Le premier titre envisagé – *Le Fils de l'Homme* – restait plus proche de cette origine que le titre retenu, car il s'agit d'un livre au sujet de la filiation et de ses avatars. Il exprime, en outre, une réaffirmation massive et irrésistible des droits du symbolique que mes analyses de la philosophie contemporaine et de la technoscience tendaient à vouer à l'insignifiance.

J.-N. M. — *Nous sommes, en effet, dès les premières pages plongés dans le rêve, plus précisément dans un cauchemar d'une espèce particulière puisqu'il trouve son origine dans une horreur radicalement censurée, pour laquelle il n'y a ni image ni nom. Le même cauchemar intervient au début du chapitre 3 qui révélera la « chose sans nom ». La succession des événements est d'ailleurs construite de telle sorte qu'il est difficile de décider si la scène dans la partie souterraine de la Tour constitue le prolongement du cauchemar de Gillian, une hallucination dans un état intermédiaire entre la veille et le sommeil, ou un épisode réel. « Gillian affronta son cauchemar », écrivez-vous, il sait immédiatement qu'il est en présence de la « scène occultée de la fin de son rêve ».*

G. H. — La Tour est le symbole le plus évidemment freudien de *ST.* Phallus noir et brillant dont la partie supérieure, visible et

1. Aux éditions F. Bourin.

proclamée, contient l'hyper-ordinateur, produit le plus pointu de la recherche technoscientifique, donc de la pulsion épistémophilique. Les parties inférieures – infernales – sont le siège de la « scène primitive », occultée, forclose, non seulement par Gillian mais aussi par les Technoscients, quelque chose *qui n'existe pas, ne peut pas exister.* Cette configuration se répète dans le chapitre 9 avec le volcan, autre figure phallique. En haut du cratère, vous rencontrez la General Anthropotechnics, une multinationale de la prothèse ; au fond se trouve le cyborg mosaïque, nouvelle forme de l'enfant-machine, mais beaucoup plus élaborée que la scène primitive dans la Tour.

J.-N. M. — *Celle-ci est très forte, très brutale et angoissante. La tête d'enfant est connectée à « deux formes métalliques dressées », dont rien d'autre n'est dit. Sont-ce les parents ?*

G. H. — Je l'ignore. J'ai moi-même découvert tout cela à la relecture, beaucoup plus tard. Pas plus que je n'avais conscience du caractère œdipien de la scène des yeux, la collection d'yeux énucléés. L'énucléation est le châtiment d'Œdipe et une métaphore de la castration. On n'en finirait pas de dresser la liste des symboles freudiens associés à la sexualité. Avec des passages pleins d'érotisme sadique, comme celui du sacrifice de la chimère. A la relecture, j'ai aussi été frappé par ce sentiment de fatalité qui fait songer à la tragédie grecque : « Gillian a l'impression d'avoir rencontré quelque chose comme son destin ». Cette machine le conduira irrésistiblement vers la fin terrible de sa quête et le dénouement de son enquête. Gillian n'est pas libre, même s'il donne l'impression d'être un homme d'action et de décision. Mais ces lectures psychanalytiques n'invalident pas les questions philosophiques ni l'intérêt propre des possibles technoscientifiques. La collection d'yeux continue d'évoquer la contingence et la limitation des sens humains ainsi que l'éventualité technique de leur extension. Celle-ci entraînerait une expérience phénoménologique renouvelée et extraordinairement enrichie ; elle multiplierait les modes d'interaction et les liens entre des humains et l'univers. Mais la vision offerte par notre équipement sensoriel organique demeure parée des privilèges incomparables de l'expérience originelle, naturelle et, pour cela, seule phénoménologiquement « vraie ». Le fantasme de l'enfant-machine, c'est aussi la toute-puissance imaginaire infantile branchée immédiatement sur la technique, le chaos désirant de l'inconscient « totipotent » précipité dans les technosciences opératoires sans la médiation de l'ordre symbolique.

J.-N. M. — *Vous pensez que la médiation symbolique est superfétatoire ?*

G. H. — Je ne dirais certainement pas que la médiation symbolique est inutile ou obsolète. Je dis qu'aucun ordre symbolique ne constitue la *fin* de l'humanité ni l'accomplissement de l'esprit. La vie, le devenir, l'avenir de celui-ci sont dans l'interaction évolutive du signe et de la technique. Les signes ne sont d'ailleurs que des techniques au plus proche de la conscience, ou plus exactement *des* consciences, car il n'y a pas de conscience isolée. Des techniques indispensables à la constitution et à la construction de la conscience, indispensables à l'avènement de son identité et de sa liberté. Mais dès que la conscience s'identifie définitivement à l'un de ces moyens, elle s'aliène. Et si elle ne s'y arrime pas assez fermement, elle se perd.

J.-N. M. — *Est-ce que* Species Technica *participerait de la double structure du rêve : un contenu apparent et un contenu latent, censuré ? La vérité, c'est que l'inconscient de Gillian a symboliquement tué sa femme et son fils. La « rationalisation » de cette négation attribue, après coup, la disparition d'abord aux Anarchecs, puis aux Technoscients. La clé du terrible mystère est* dans *Gillian. Ne le dit-il pas d'ailleurs, tout au début, lorsque s'arrachant à son cauchemar, il a « la conviction absolue que la clé de l'énigme de la disparition de sa femme et de son fils est là ». Là, c'est-à-dire dans la scène occultée de son rêve, celle de l'enfant-machine. A ce moment, il ne se méfie pas encore des Technoscients, il n'a pas entendu parler du projet « Fils de l'Homme », il est même invité comme le philosophe de la technoscience. Il attribue l'enlèvement aux Anarchecs. Ce n'est que peu à peu qu'il comprendra ce que, d'une certaine façon, il sait depuis le début : la responsabilité des Technoscients masquant, en réalité, sa propre culpabilité. C'est la pensée-technoscience qui est la cause de son drame personnel. Tout est métaphorique. Il ne fait que rejeter hors de lui, sur les Technoscients, les contenus humainement destructeurs de son inconscient.*

G. H. — Vous suggérez que la cause de ce désastre c'est, comme vous dites, « la pensée-technoscience » dont une racine inconsciente est la scène de l'enfant-machine. Ainsi s'expliquerait qu'au terme de sa quête relative au futur technologique de l'espèce humaine, Gillian découvre son fils désintégré. Cette quête ne serait qu'une enquête sur lui-même lui révélant le caractère humainement destructeur des phantasmes où s'origine sa pensée philosophique. Destruction de la filiation biologique et symbolique, destruction du même coup de l'« image de l'homme ».

J.-N. M. — *L'enfant-machine, c'est vous ?*

G. H. — Peut-être y a-t-il ou y a-t-il eu un enfant-machine en moi ? Mais je ne suis pas Gillian. Ou alors, je suis également Jauret, Morgan, Mary-Ann, Garizilsky, Spinrad et... Walni, le vieil Indien Hopi. Jauret met Gillian en garde contre « la démesure qui mène au-delà de vous-même et peut vous détruire ». Il ajoute que « c'est dans les romans que les existences se décantent en destinées ».

J.-N. M. — *Encore le jeu des métamorphoses...*

G. H. — Pourquoi la littérature captive-t-elle à ce point les consciences ? Parce qu'elle apporte l'expérience, généralement bénigne, du dynamisme métamorphique, créateur-destructeur, de l'être humain. Notez que cette liberté symbolique est récente et qu'elle a été ressentie comme dangereuse pendant de nombreux siècles ; aujourd'hui encore, bien des sociétés et communautés la proscrivent ou s'en méfient. Mais dans la civilisation technoscientifique, le problème principal, à la fois technique et éthique, est devenu celui du *passage à l'acte.* La transition de la liberté symbolique à la liberté opératoire.

J.-N. M. — *Vous parlez de transcendance opératoire et de liberté opératoire. La liberté de renoncer ou de ne pas renoncer à la modification de l'être humain par la technoscience n'est-elle pas illusoire ? Avons-nous vraiment le choix ? Je ne le pense pas. Pour ma part, je parlerais plutôt de nécessité opératoire. On a l'impression que la technoscience évolue de façon presque autonome dans un monde où le capitalisme néo-libéral contemporain offre un cadre idéologique économique et social idéal pour le développement de la puissance technoscientifique. Mon sentiment est que la transcendance opératoire va se réaliser de façon presque automatique. L'homme conserve l'illusion de la liberté alors qu'il n'est qu'un animal soumis à l'évolution technoscientifique. Les technosciences ouvrent sur une transcendance opératoire de l'espèce humaine qui n'est pas forcément souhaitable. Mais même si on ne la souhaite pas, elle sera difficile à éviter, tout comme les moratoires sur le clonage reproductif humain n'empêcheront probablement pas la naissance prochaine du premier clone humain.*

G. H. — Je pense que le devenir est beaucoup plus complexe et surtout plus indéterminé que cette vision d'une nécessité inexorable, à vrai dire, très dépendante du contexte. Il n'y a pas si longtemps des intellectuels et des peuples croyaient à la nécessité historique du marxisme. Toutes ces nécessités sont précaires et contingentes. Quant à la question de la liberté et du déterminisme, c'est une antinomie aussi familière qu'insoluble de la pensée philosophique. Personnellement, je pense que l'on peut influer sur les événements, la plupart du temps sans doute d'une manière imperceptible, parce que le futur n'est pas totalement prédéterminé et parce que notre action procède elle-même, au moins en partie, d'une indétermination intérieure. Celle-ci n'est pas la liberté. Elle relève, bien davantage et le plus souvent principalement, de l'instabilité pulsionnelle et de la mobilité du désir, à la lisière des processus primaires de l'inconscient. Mais à mesure que le moi ou le sujet conscients s'élargit, notamment en connaissant toujours mieux toutes les déterminations causales qui l'environnent ou le conditionnent, la liberté apparaît comme cette part devenue sensible et consciente de l'indétermination de l'univers. Par rapport aux déterminismes et aux hasards cosmiques, je vous concède qu'elle est infinitésimale ; par rapport aux affaires humaines, dont l'économie et la technoscience font partie, elle n'est pas négligeable. Mais cela dépend des individus et des circonstances, et je vous accorde aussi que la plupart du temps la liberté dont croit jouir l'individu ou le collectif est illusoire ou dérisoire compte tenu des nécessités externes et internes inconnues ou non contrôlables. Ce qui est sûr, en ce qui me concerne, c'est que je ne crois pas dans quelque autonomie du développement de la technique à la manière d'Ellul ni dans quelque nécessité de la transcendance opératoire de l'espèce humaine. Il est parfaitement plausible que, sur le moyen ou sur le long terme, cette espèce finisse par disparaître sans laisser de descendance ; il est aussi possible qu'elle s'entretienne, durant les prochains millénaires, sans intervention biophysique lourde et délibérée sur elle-même et sans production de quelque espèce artificielle ou mutante capable d'une évolution autonome. Catastrophe, amnésie, homéostase sociale plus ou moins heureuse, on peut imaginer beaucoup de scénarios. Selon moi, ce que, paradoxalement, vous voulez dire en soulignant la nécessité, c'est que, tout compte fait, cette fatalité alléguée ou souhaitée va, en réalité, dans le sens de la liberté. L'accroissement du savoir et du pouvoir technoscientifiques est émancipateur et donc positif. La transcendance opératoire est libératrice. Mais elle peut capoter, car précisément la liberté consciente, qui se cherche et s'évertue à travers ce procès de transcendance, est encore si faible, si peu consciente et impuissante.

J.-N. M. — *Soit. Vous dites vous-même que toute cette mise en scène freudienne de* Species Technica *n'était pas consciemment calculée. Elle correspond donc bien en vous à quelque chose de profondément enfoui et qui jette sur vos conceptions philosophiques relatives à la technoscience et au langage une lumière singulière !*

G. H. — Elle invite en tous cas à la réflexion. Dans son *Frankenstein ou les délires de la raison,* Monette Vacquin interprète le livre de Mary Shelley-Godwin comme une protestation contre le prométhéisme de son mari, le poète Percy Shelley, auteur d'un *Prométhée délivré* (*Prometheus unbound*: peut-être vaudrait-il mieux dire « déchaîné »). Celui-ci est porté par le courant révolutionnaire des Lumières qui prétend faire table rase du passé, de l'histoire, des institutions, de tous les interdits qui entravent la liberté, au nom de la foi dans la Raison émancipatrice. Le sous-titre de *Frankenstein* est explicite quant à cette référence : *Le Prométhée moderne.* Or, Vacquin montre que le revers sombre de cette face lumineuse représentée par la figure mythique de Prométhée est Œdipe. C'est cette ombre monstrueuse et pathétique que le *Frankenstein* de Mary Shelley incarnerait, comme une terrible protestation métaphorique contre son mari. Car n'ayant pas « résolu » son Œdipe, Percy Shelley connaîtra une destinée tragique pour son entourage et pour lui-même. Pourquoi ? En raison de la démesure qui l'habite, la toute-puissance du désir et de l'imaginaire infantiles, non canalisés par l'acceptation des lois de la finitude – et bien sûr, d'abord, *la* Loi : l'interdit de l'inceste – qui doivent régler l'existence des hommes. Shelley est incapable d'être père, car il n'a jamais réussi à occuper sa place dans l'ordre symbolique, une place qui confère une identité et donc des limites définitives : être d'un sexe et d'une génération déterminés, devenir, mûrir et vieillir entre les extrêmes de la naissance et de la mort. Cette absence d'état civil intime provoque le chaos dans l'existence personnelle et l'anarchie dans la société. Refusant l'ordre naturel et culturel de la finitude humaine, le désir totipotent aurait investi la science et la technique, activités humaines accroissant inlassablement la puissance humaine qui ne devrait pas tarder à devenir absolue. Tel est l'espoir prométhéen, dont l'origine serait œdipienne. Mais c'est là *une* manière d'interpréter le mythe de Prométhée à travers des élaborations modernes. Le fond archaïque est beaucoup plus humain : Prométhée est l'expression de l'humanisme compatissant ; il apporte aux hommes le feu et la technique. Contre la volonté des dieux et la nature également inhumaines.

J.-N. M. — *Le* Frankenstein *de Mary Shelley serait une réaction inconsciente au problème œdipien de son mari et sans doute au sien propre.* Species Technica *exprime donc...*

G. H. — Ma problématique œdipienne. Je pense qu'il est difficile de le nier et c'est ce que je ne savais pas lorsque je l'écrivais. *ST* peut être interprété comme allant spontanément et inconsciemment dans le sens de la confirmation d'une certaine « vérité psychanalytique ». Le point culminant est sans doute la scène terrible où Gillian tente de parler à son fils, Pierre, intégré au cyborg mosaïque, qui n'est lui-même qu'une étape vers le Fils de l'Homme, vers cela qui, techniquement produit par l'humanité, prendra le relais de l'espèce humaine. Gillian essaye donc de restaurer ou d'instaurer une communication symbolique. Celle-ci n'est cependant possible que dans le cadre de l'ordre symbolique qui exige le respect des lois de la filiation et de la reproduction « naturelle ». La communication échouera, car le cyborg mosaïque n'a pas d'identité ni de mémoire personnelles. Il est incapable de dire « je ». Et Spinrad, le concepteur du Fils de l'Homme, précise que « c'est cette carence même d'identité qui est motrice de la quête du dépassement de l'anthrope. (...) Le Cyborg mosaïque n'existe pas en fonction de lui-même, comme un individu. Il n'est qu'en fonction d'un projet de transcendance ». Le lien entre la pulsion de transcendance et l'absence d'identité symbolique est évident. Il s'agit ici d'une pulsion de transcendance ou de dépassement de la finitude humaine qui n'est pas recueillie ni même perçue comme captable par l'imaginaire symboliquement ordonné d'une mythologie, d'une religion ou d'une métaphysique. Je dirais aujourd'hui que cet imaginaire et cet ordre symbolique à articuler autour des transcendances opératoires des technosciences sont encore en quête d'expression. *ST* est certainement un effort dans ce sens. C'est pourquoi la surdétermination du titre « Fils de l'Homme » était justifiée. Elle évoquait simultanément : (1) la filiation ordinaire vouée à la simple reproduction ou répétition biologique et sociale : le père (qui a été fils) a un fils qui devient père qui a un fils, etc ; (2) le dépassement imaginaire de cette suite monotone dans la transcendance symbolique offerte par les mythes et les religions, spécialement la sublimation chrétienne de la finitude : nous sommes tous fils de Dieu et la vie éternelle est notre espérance ; (3) la transcendance opératoire de l'espèce, impatiente des limitations naturelles (biophysiques) et symboliques (culturelles, sociales), ainsi que de leur onto-théologisation traditionnelle. Remarquez la portée ambiguë de l'expression « Fils de l'Homme » dans *ST.* Je l'ai déjà dit : le cyborg mosaïque n'est pas le Fils de l'Homme, mais un médiateur vers celui-ci. Or, en tant que médiateur, il est semblable au Christ qui est précisément désigné par la locution « Fils de l'Homme », mais qui est aussi le Fils de Dieu – de la Transcendance. Il s'agit d'une ressemblance monstrueuse, le cyborg mosaïque n'étant certainement pas l'enfant de l'amour. Mais en même temps, il ne faut pas oublier que le Christ n'est pas non plus simplement l'enfant de l'amour humain : sa conception est surnaturelle et la « Sainte Famille » n'est semblable qu'en apparence à la famille ordinaire.

J.-N. M. — *La thématique de l'enfant et de la filiation revient sous des formes diverses dans* Species Technica : *il y a le fils de Juan, peut-être devenu l'objet d'expérimentations technoscientifiques ; il y a l'histoire du petit Antonio, l'orphelin gardien de chèvres, ...*

G. H. — ... c'est-à-dire *sans parents,* et qui est peut-être l'enfant-machine. Mais il y a aussi toutes les négations, toutes les déformations, de l'engendrement naturel du vivant par le vivant : chimères, mosaïques et autres transgéniques, avec l'extraordinaire Panmatrix qui conçoit les « technontes ». Ceux-ci constituent un ensemble spécial d'étants techniques : le règne étrange des vivants

« technogènes » ou « techniquement engendrés ». Chaque individu y est unique en son genre, une espèce à lui tout seul, mais presque toujours sans avenir. La Panmatrix est la Machine qui se substitue à la Mère-Nature. Elle engendre immédiatement (ou presque) à partir de l'ensemble des possibles génétiques combinatoires. Les individus qu'elle produit, à titre de tentatives expérimentales, sont, je viens de le dire, des « individus spécifiques ». Ils ne font pas partie d'une collectivité ou d'une chaîne d'individus semblables formant une espèce ou une société. L'individu spécifique représente, par excellence, l'individu a-social. Mais il est porteur d'avenir possible. Il est l'esquisse, la tentative d'une nouvelle forme, d'une autre individuation qui, si elle cristallise et réussit, peut se transmettre – « se transduire », dirait Gilbert Simondon – et faire naître un nouveau collectif, une nouvelle société, une nouvelle espèce.

J.-N. M. — *N' y a-t-il pas encore un autre passage où il est question d'une trahison de l'ordre et du lien symboliques, garants de l'humanité : l'épisode relatif à Walni, l'Indien Hopi ?*

G. H. — Gillian et Walni adressent aux Technoscients un reproche analogue : les Technoscients volent l'âme. L'âme, c'est ce qui ne meurt pas avec l'individu. Ils ont volé l'âme de Pierre signifie qu'ils ont détruit la filiation symbolique. Ils ont volé l'âme des Hopis, parce qu'ils se sont approprié le territoire des Ancêtres. Or, ce territoire – le fameux volcan éteint devenu le siège du Projet Fils de l'Homme et la propriété de la General Anthropotechnics – est le symbole même de la tradition et de la communauté hopis. Toujours, la destruction du lien symbolique en son sens le plus fort : ce qui unit les hommes, la terre, le passé, le présent et qui permet la poursuite de la vie humaine malgré les souffrances et les servitudes.

J.-N. M. — *A vous entendre, j'ai l'impression que vous souscrivez maintenant à la « vérité symbolique » de* Species Technica *dont le sens serait dès lors épuisé par la problématique de la filiation et de la paternité au sens de Pierre Legendre ?*

G. H. — Ma position est plus complexe, et elle l'a toujours été. *ST* est d'ailleurs le témoignage le plus éclatant de cette complexité. Legendre est intéressant parce que sa véhémence et sa radicalité placent dans une lumière vive des traits essentiels de la réaction conjointe de la psychanalyse et du droit contre les technosciences. Il illustrerait fort bien un des pôles de *ST*. Legendre, comme tant d'autres, réagit contre le nihilisme contemporain dont il ne voit que les conséquences négatives, déstabilisantes et désintégratrices de toute société traditionnelle. Il vise d'abord ce que plusieurs penseurs – récemment, Sloterdijk – désignent comme la « mobilisation » généralisée. D'autres disent « déliaison, déterritorialisation, décodage, etc », en se référant éventuellement à Deleuze. Je préfère parler du change et de l'échange universels en distinguant deux aspects, qui correspondent au signe et à la technique. D'une part, il y a le symbole universel de la désymbolisation, spécialement de la neutralisation de toute symbolisation onto-théologique, « sacrée » : l'argent, la quantification monétaire, qui permet de tout échanger, donc de tout mobiliser. En ce sens, l'argent est l'anti-symbole, par excellence. C'est par ce moyen que la « terre des Ancêtres » peut devenir la propriété d'une multinationale qui en exploitera techniquement les ressources. L'argent est un opérateur extraordinaire d'assouplissement des structures symboliques individuelles et collectives. Et le capitalisme néo-libéral contemporain lui offre un cadre idéologique, économique, social et politique, approprié à l'expansion illimitée de ses opérations. Mais j'y insiste : la portée, l'efficacité de ces opérations sont exclusivement symboliques, subjectives et intersubjectives. Au plan de l'objectivité et de l'opérativité *physiques*, l'argent ne peut rien et ne vaut rien. C'est pourquoi l'autre opérateur d'échange et de change universels est indispensable : la technique ou la technoscience. Grâce à celle-ci, les échanges deviennent réellement universels et la réalité physique devient effectivement modifiable, indéfiniment manipulable. Si vous réussissez à mobiliser et à organiser universellement les individus grâce à l'argent en vue du développement illimité de la puissance technoscientifique opératoire, vous êtes dans l'univers de la General Anthropotechnics. Cela veut dire aussi que vous aurez réussi à utiliser et à lier une infinité de petits désirs individuels et collectifs « humains, trop humains » en vue d'un autre dessein : la transcendance opératoire de l'espèce humaine, le dépassement progressif effectif des limites de la condition de finitude.

J.-N. M. — *Ne faut-il pas un « liant » supplémentaire ? On ne peut organiser et faire communiquer les gens uniquement avec de l'argent et de la technique. Il faut au moins un langage commun.*

G. H. — Nous avons déjà plus qu'un embryon de ce langage : l'anglais cosmopolite. Il est un moyen de communication opératoire et référentiel – pas ontologique ! – mondial. Il n'empêche pas les cultures et leurs langues de co-exister, avec leurs dimensions ontologiques, historiques, spéculatives et poétiques, propres, de telle sorte que beaucoup de choses et de mots n'existent que dans certaines cultures, certains mondes de langage. Je ne suis pas sûr qu'il faille une ontologie commune pour que l'humanité tienne ensemble. Au contraire même : ce sont les ontologies qui séparent inexorablement et coupent toute communication. Le langage universel véhiculaire n'est pas ontologique ; il ne réfère pas à un monde donné qu'il y aurait lieu seulement de représenter et qui fonderait son unité ; il sert l'invention techno-physique de nouveaux mondes. Il est l'instrument solidaire de l'évolution – ou de la RDTS, si vous préférez – à laquelle la participation active des groupes humains est diverse et très inégale. Les individus et les peuples ne doivent pas déserter leurs langages ontologiques irrévocablement, car leur finitude ne peut complètement se passer d'un port d'attache. Mais ils doivent être capables de s'éloigner et de prendre le large.

J.-N. M. — *Vous compléteriez donc votre description en introduisant un troisième opérateur de change et d'échange : l'anglais cosmopolite ?*

G. H. — Je me souviens d'un article d'un Japonais sur les rapports entre la maîtrise universelle de l'anglais et la sauvegarde de l'identité culturelle japonaise si étroitement solidaire de son langage, spécialement de son écriture [1]. L'auteur, Soeya, ne voyait là nulle contradiction, à condition de bien comprendre que « English is just a technique » et « a strategic necessity », si le Japon veut avoir une chance de conserver son identité à l'âge de la globalisation. Une nécessité stratégique encore en vue de l'affirmation d'identités régionales, comme celle de l'Asie du Sud-Est, entre des peuples qui, sans l'anglais, ne pourraient communiquer ni

1. Yoshihide Soeya, « The Garden of English », in *Look Japan,* nov. 2000. L'auteur est professeur au département de sciences politiques de Keio University.

s'organiser. Soeya reconnaît certes que les pays où l'anglais est vernaculaire bénéficient d'un avantage historique dans la communication globale, mais il estime qu'il est vain de contester ce fait au nom d'une justice ou d'une équité abstraites. Le seul effet d'une telle protestation serait d'inciter une nation à se refermer sur elle-même, sur son identité culturelle et langagière particulière, et à se couper du monde en risquant l'impasse de la fossilisation culturelle. Sans suivre nécessairement Soeya dans ces considérations de réalisme politique, je pense que la distinction entre langage instrumental véhiculaire, plus ou moins universel, et langues ontologiques vernaculaires, régionales, est intéressante, à condition de ne pas la rendre trop tranchée et étanche. Il y a les idiomes où l'on demeure, et les langues avec lesquelles on opère. Heidegger a clairement évoqué cette différence, mais à partir d'une position absolument « enracinée » dans l'ontologie de la langue allemande et de la langue grecque [1]. Il a réagi au problème, il n'a pas conçu de solution viable, d'où peut-être son aveuglement politique. Mais je ne nie pas que la puissante synergie des trois opérateurs de change et d'échange globalisateurs – la technoscience, le capital et l'anglais – ne suscite de très graves et légitimes inquiétudes à travers les diverses ethnies culturelles de l'espèce polysymbolique à laquelle nous continuons tous, bien entendu, d'appartenir.

J.-N. M. — *Revenons, si vous le voulez bien, à Legendre. Vous disiez qu'il réagit contre le nihilisme contemporain qui vous apparaît, à vous, comme un processus positif ?*

G. H. — Il ne m'apparaît pas comme exclusivement négatif. Le problème est que, vue de la tradition, la pensée de la transcendance opératoire semble radicalement négatrice de l'homme. Une telle conviction repose sur une certaine conception – essentialiste – de celui-ci, sur une anthropologie générale. Une anthropologie qui confond l'esprit et le langage ou réduit celui-là à celui-ci. L'inanité advenue de cette réduction éclate dans le phénomène que j'ai décrit comme « l'inflation du langage dans la philosophie

1. Est particulièrement significative la conférence présentée en 1962 devant un public d'ingénieurs : « Überlieferte Sprache und technische Sprache » ; en trad. française par Michel Haar : *Langue de tradition et langue technique,* Bruxelles, Lebeer-Hossmann, 1990.

contemporaine ». Cela ne signifie nullement que l'identification de l'esprit au langage a toujours été vaine et stérile. Au contraire. Mais la psychanalyse a contribué à la redessiner suivant un style nouveau qui n'est pas étranger à l'inflation mentionnée. Lacan en offre l'illustration la plus théâtrale. Legendre répète la loi du symbolique en insistant sur la fonction essentielle du droit. Lui aussi définit explicitement l'homme comme « le vivant parlant ». Le sujet humain n'existe comme tel que dans la mesure où le langage vient l'instituer. Ce discours instituant est principalement le discours normatif juridique qui impose règles, limites, interdits. Les règles séparent, circonscrivent, identifient, structurent. Sans elles, le sujet ne pourrait advenir, c'est-à-dire se détacher du « magma originel », du sans-limites qui se confond avec le « tout est encore possible » et la toute-puissance imaginaire de la prime enfance. Si cette institution normative imposée par l'ordre symbolique échoue, l'individu est voué à la folie et la société à l'anarchie. Bref, la viabilité de l'espèce humaine la postule absolument. Parmi les institutions, les règles de la généalogie sont essentielles, car elles situent le sujet dans la diachronie des générations et la synchronie de la communauté. Elles canalisent aussi fondamentalement la transmission du pouvoir centré autour de l'image paradigmatique de l'autorité de la Loi du Père.

J.-N. M. — *Tout cela est relativement familier.*

G. H. — Certainement. C'est presque un catéchisme psychanalytique. Comme je le disais, l'intérêt de Legendre réside dans l'articulation qu'il opère entre cette anthropologie psychanalytico-structuraliste qui prolonge l'onto-théologie du Logos et du Verbe d'une part et la fonction du droit, d'autre part, étayé par l'État qui doit être fort. L'institution généalogique s'exprime, dans l'histoire occidentale, à travers le droit romain et le christianisme. Le droit – c'est toujours Legendre qui parle – joue un rôle essentiel dans l'institution de l'humanité. Et cette fonction sera d'autant mieux remplie qu'elle pourra prendre appui sur une normativité dogmatique. Or, la meilleure assurance pour le dogmatisme est qu'il puisse à son tour s'appuyer sur un fondamentalisme. Car seul celui-ci apporte la garantie d'une non-remise en question ou en discussion des dogmes imposés. On peut, certes, reconnaître une diversité limitée des règles de la parenté et de la filiation suivant les cultures et les traditions du fait de la liberté symbolique. Mais la symbolisation ou la mise en culture normative de la condition humaine doit impérativement respecter certaines données fondamentales relatives à la différenciation des sexes, la reproduction sexuée, la distinction des générations, les processus de maturation, etc. Ces données essentielles de la *nature humaine* ne peuvent être ni méconnues ni modifiées. Et ceci, au double sens du verbe « pouvoir » sur lequel porte la négation : ce n'est pas permis et ce n'est pas possible. Le fondamentalisme amalgame toujours l'axiologique ou le déontologique *et* l'ontologique ou le métaphysique. Cet amalgame est un aspect capital du théologique. En simplifiant, être fondamentaliste revient à affirmer que « ce n'est pas permis parce que c'est de toute façon impossible ». « Impossible » signifiant « non viable », « voué à l'échec », « entraînant des conséquences catastrophiques et inévitables », car contraire à l'ordre des choses.

J.-N. M. — *Comment critiquez-vous cette approche qui, vous le dites vous-même, remonte très loin dans l'histoire de l'humanité ?*

G. H. — Je ne veux considérer ici que la mouture récente psychanalytico-structuraliste qui est subtile, parce qu'elle reconnaît une certaine liberté, une certaine contingence des cultures, un certain arbitraire du signe. Ce discours fonctionne à deux niveaux. D'une part, il admet que la condition humaine puisse être symbolisée, mise en culture, diversement. Par exemple, les variations ethnologiques de la généalogie. En même temps, d'autre part, il réfère à une nature humaine inamovible, non modifiable, qui est le fondement diversement symbolisé. Mais ce que la théorie psychanalytico-structuraliste ne reconnaît pas, c'est que cette nature humaine est, elle-même, le fruit d'une longue évolution, scandée d'aléas et d'impasses. La reproduction sexuée, par exemple, avec la combinaison des gènes de deux partenaires a été sélectionnée à un certain moment de l'évolution de la vie. Elle est un donné factuel, donc contingent, dont la productivité évolutive a été immense. Ce que je refuse, c'est la sacralisation ontologique ou théologique de ce donné biologique factuel. Non pour le nier ni même contester l'importance énorme qui lui revient. Non pour en encourager la modification en profondeur et étendue, *hic et nunc*. Toute modification massive et hâtive risquerait en effet d'être non viable. J'estime seulement que la sacralisation est, désormais, une mauvaise manière de tenir compte de cette importance qui est réelle (entendez : empirique mais pas transcendantale), une manière inappropriée. La sacralisation du donné biologique ne peut qu'entraîner une crispation entre diverses tendances de la société et empêcher une évaluation sereine de l'importance physiologique et culturelle de notre condition biologique « naturelle ». Une telle évaluation ne peut évidemment pas ignorer qu'il existe des courants puissants en faveur de la sacralisation. Mais les reconnaître ne signifie pas les approuver. Pourquoi ne pourrait-on concevoir qu'au fil de l'évolution de l'espèce humaine développant ses capacités d'intervention technique dans le donné biologique, des modifications importantes des modalités de la procréation ne puissent être entreprises, pour diverses raisons et suivant divers désirs, avec une productivité évolutive nouvelle ? Le développement des familles monoparentales, homosexuelles ou encore communautaires opère déjà une déstructuration des canons familiaux et parentaux traditionnels, indépendamment de l'appoint de la procréatique.

J.-N. M. — *Ne faut-il pas distinguer la déconstruction symbolique-institutionnelle de la famille et de la généalogie, et leur déstructuration biotechnologique ?*

G. H. — La postmodernité techno-symbolique invite à les croiser diversement. Mais les résistances sont très fortes. Et ceux qui s'ouvrent à la postmodernité symbolique peuvent parfaitement refuser – même refuser de penser et pas seulement d'envisager de pratiquer – ses expressions opératoires. Souvenez-vous de notre discussion à l'issue de la récente conférence de Julia Kristeva sur « Le génie féminin » [1]. Cette leçon montrait parfaitement que la différence des genres ne se réduit pas à la différence biologique, qu'elle se conjugue culturellement, socialement, politiquement de multiples manières en d'innombrables versions symboliques. Ces versions sont toutes plus ou moins contingentes ; elles ne sont, en tous cas, pas univoquement déterminées par la différence biologique. Elles doivent seulement en tenir compte. Car ne pas

1. Il s'agit de la leçon inaugurale à la Chaire Perelman de l'Université Libre de Bruxelles prononcée en février 2001.

en tenir compte entrerait en conflit avec un principe de réalité minimal et serait contraire à la survie de l'espèce. L'arbitraire du signe a, si je puis dire, des limites. Des limites référentielles. Mais tenir compte de la réalité référée n'implique pas son ontologisation. Or, le discours de Kristeva comportait implicitement les deux postulats ou présupposés suivants : (1) l'être-humain fondamentalement est et doit être identifié à ces variations symboliques, c'est-à-dire aux ordres et aux lois symboliques, que l'humanité « en tant que telle » institue ; (2) l'ordre biologique, naturel – la fameuse différence sexuelle – est, d'une manière également fondamentale, insurmontable, intangible. La différence sexuelle apparaît comme un fait physique à portée métaphysique ou transcendantale, arché-différence des différenciations génériques symboliques. Kristeva estime, ainsi, que le clonage abolirait l'espace de liberté offert par l'ordre symbolique, et même que les techniques de PAM[1] vont, déjà, dans ce sens dangereux.

J.-N. M. — *N'y a-t-il pas ici une contradiction latente ?*

G. H. — Tout se passe comme si le symbolique était à la fois nécessaire (en sa forme, sa nature) et contingent (en ses contenus) : on peut le décliner diversement. Et comme si le biologique était la base non contingente, nécessaire – proprement ontologique – dans laquelle on ne peut pas intervenir sous peine d'anéantir les conditions de possibilité de l'ordre symbolique, donc de l'être-humain. Mais cette thèse s'énonce dans le cadre d'un certain discours, de type transcendantal, à travers lequel l'ordre symbolique s'efforce de préserver ses privilèges exclusifs dans l'économie évolutive de l'espèce humaine. D'autres discours, symboliquement plus modestes, que l'on qualifie d'empiriques, existent et insistent. Ils disent que le donné naturel est un produit non nécessaire de l'évolution. Ils demandent pourquoi l'homme ne pourrait pas intervenir dans ce donné ? Parce qu'on continue de le penser de manière plus ou moins onto-théologique ? Mais je viens de le dire, cette pensée elle-même n'est qu'*une* déclinaison, *un* contenu de l'ordre symbolique, une tradition, une anthropo-logie. Des symbolisations différentes sont légitimes, c'est-à-dire ni délirantes ni exclusivement destructrices comme veulent le faire accroire les

1. Procréation Assistée Médicalement ; on dit aussi : PMA.

partisans de l'ordre anthropo-onto-théo-logique traditionnel. Au contraire, elles procèdent, avec lucidité, de la liberté humaine et des responsabilités effectives qui lui incombent avec l'accroissement de son pouvoir opératoire. L'idéalisme classique ne reconnaît d'autre « outil essentiel » que le langage. La matérialisation opératoire maximale qu'il est capable de reconnaître est le langage et son histoire. La réflexivité attachée à l'idéalisme classique est exclusivement langagière ; elle est métalinguistique. La psychanalyse et la pensée structuralistes et post-structuralistes continuent de relever de cet idéalisme classique. La réflexivité de l'espèce humaine appelée par la symbolisation qui accompagne les technosciences est infiniment plus médiate, matérielle et opératoire. Elle est beaucoup plus radicale, plus profonde. Elle n'est pas une simple surenchère de la mise en abîme du discours. Elle met l'espèce humaine biotechnologiquement, technophysiquement, et pas seulement symboliquement en abîme. Cette mise en abîme est une auto-objectivation opératoire, « poïétique ». Processus empirique et expérimental lent, périlleux, mais que la conscience et la sensibilité peuvent et doivent accompagner. Car il s'agit aussi d'un processus de croissance de la liberté, de la raison et de l'esprit.

J.-N. M. — *Entre métaphysique ou ontologie de la nature humaine et absence totale d'identité, n'y a-t-il pas une position que vous ne prenez pas en compte, et qui est tant kantienne qu'heideggerienne, merleau-pontienne, arendtienne, ricœurienne, etc. : l'homme est l'être qui est sur le mode de n'être pas ce qu'il est, et d'être ce qu'il n'est pas : bref la liberté humaine, précisément ? N'est-ce pas elle, et non une quelconque "nature" substantielle qui risque d'être sacrifiée ? Ne peut-on vous faire observer qu'on en a déjà eu quelques anticipations avec les lobotomies ou même les simples électrochocs : en supprimant le problème physique, on a tout détruit et fabriqué non pas des humains transcendant leurs problèmes mais des zombies. Rien ne prouve qu'avec les nouvelles technosciences, on aille vers cela, en effet, mais rien ne prouve non plus qu'on ne va pas vers cela plutôt que vers une auto-transcendance de l'humain. Rien ne prouve que là où vous voyez une transcendance, il n'y aura pas une régréssion.*

G. H. — Rien ne le prouve, en effet, et il faut donc être extrêmement prudent. Il ne s'agit d'ailleurs pas d'affirmer et moins encore de démontrer quoi que ce soit : je sais l'extrême précarité de ces paris sur l'avenir. D'où l'importance de l'effort d'évaluation aussi éthique, et pas simplement, technoscientifique des protocoles d'expérimentation, même si cette évaluation est très inégale et problématique, et malgré le fait qu'elle comporte aussi le risque de freiner ou d'arrêter des possibles et des progrès effectifs. Mais notre discussion n'est pas de cet ordre, elle est beaucoup plus générale et concerne d'abord la philosophie et les philosophes. Ce que je dénonce et qui me fait probablement parfois aller trop loin, emporté par la polémique, c'est l'idéalisme symboliste technoscientophobe dominant. Dominant encore chez les penseurs les plus déconstructeurs de la métaphysique et de l'onto-théologie. Je ne pense donc pas ignorer, ainsi que vous le suggérez, la position philosophique de la liberté humaine comme (in)essence de l'homme, et que je verrais aussi chez Sartre, par exemple. Au contraire : cette position qui fait être l'homme sur le mode d'être ce qu'il n'est pas est, largement, la mienne. Mais ce mode ne doit pas restreindre son expression au plan symbolique. Et c'est là que je diverge de ces philosophes : le progrès de la liberté n'est pas qu'une affaire de discours.

J.-N. M. — *Vous évoquiez la procréation médicalement assistée, l'eugénisme, le clonage...*

G. H. — Ces nouvelles possibilités biotechnologiques ou anthropotechniques qui tournent autour de la reproduction frappent les esprits et, bien sûr, plus particulièrement les esprits férus de psychanalyse. Dans des discours comme ceux de Legendre, la condamnation sans appel de ces possibles techniques-là est recherchée. La perspective du clonage humain reproductif représenterait de ce point de vue le danger culminant. Sa pratique entraînerait évidemment des bouleversements majeurs dans l'ordre symbolique et juridique instituteur, selon Legendre, de toute humanité possible. Mais ne pourrait-on en dire autant de perspectives telles que la maîtrise de la sénescence ? Imaginez que certains individus accèdent à une longévité ne fût-ce que double de la longévité moyenne ? Ni l'ordre juridique, ni l'ordre politique – la démocratie, en particulier – ni l'ordre économique ou financier ne sont appropriés à la gestion régulatrice de semblable éventualité. Il faudrait donc cesser de tenter de prolonger la vie humaine. Mais de quel droit prétendre arrêter l'évolution sous prétexte que l'ordre juridique dont nous disposons deviendrait, à coup sûr, obsolète ? Legendre n'a aucune réponse convaincante à cette question. Sa critique du nihilisme est de l'ordre de la réaction bien plus que de l'argumentation. En fait, sa position paraît aussi – sinon davantage ! – nihiliste que le nihilisme de la technoscience qu'il critique. Il le dit d'ailleurs sans ambages : le dogmatisme fondamentaliste constitue une mise en scène, il est formel, rhétorique. Mais il serait nécessaire, car condition de viabilité de l'espèce humaine. Legendre ne semble, en dernière analyse, adhérer à aucune vérité religieuse ou métaphysique, à aucun sens articulable. Comment, sinon, pourrait-il écrire que « les savoirs dogmaticiens n'ont rien à dire, parce que l'humanité n'a rien à dire ; les savoirs dogmaticiens se bornent à répéter ». Cette répétition instituée et instituante permet, précise-t-il, de « conformer une société quelle qu'elle soit au but fondamental de l'humanité : survivre et se reproduire ». Ou encore : « il n'y a pas d'institution sans fiction, et la répétition est au cœur des systèmes juridiques » et « la fonction dogmatique est indissociable des montages d'illusion » [1]. Tout cela n'est guère convaincant pour plusieurs raisons. On doit se demander pourquoi privilégier non seulement un certain genre de fictions, à savoir les fictions symboliques (au détriment des fictions technophysiques) et, à l'intérieur de ce genre, les fictions dogmaticiennes fondamentalistes. Aussi : pourquoi privilégier les fictions judéo-chrétiennes et juridiques romaines ? Parce que ce sont celles dont nous avons hérité et qu'il faut les répéter et les reproduire sans quoi la société se désintégrerait ? *Notre* société *changerait*, telle est ma conviction, et le seul véritable problème est de négocier ces changements de manière à susciter le moins de souffrance en même temps que plus de possibilités d'épanouissement. Une société qui ne change pas ou n'est plus capable de changer est morte. Comment ne pas voir que la civilisation dans laquelle nous vivons est de plus en plus éloignée de se réduire à la culture judéo-chrétienne et romano-grecque vieille de plus de deux mille ans ? Notre civilisation est désormais multitraditionnelle et technoscientifique. La technoscience n'existait pas, il y a deux mille ans, ni même ou si peu il y a un siècle ou deux. L'humanité a toujours été multiculturelle en un

1. *L'inestimable objet de la transmission,* Paris, Fayard, 1985 ; p. 15,16.

buissonnement symbolique qui rappelle celui de l'évolution des espèces ; mais ces cultures communiquaient peu ou pas du tout, ou encore, le plus souvent, violemment. A mon sens, les approches fondamentalistes et dogmatiques sont totalement inappropriées à la gestion de notre type de civilisation en voie de mondialisation. Elles ne peuvent conduire qu'à des polarisations, des isolements, des conflits. Dans son ouvrage[1] si souvent mentionné – sinon lu avec attention – Hans Jonas adopte une position qui n'est pas sans analogie avec celle de Legendre, bien qu'il n'en partage pas l'arrière-plan nihiliste. Lui aussi opte, après avoir regretté que nous soyons dans une civilisation non religieuse et non dogmatique, pour une mise en scène métaphysique à l'appui de son « principe responsabilité ». Il élabore dans ce but toute une philosophie finaliste de la nature parfaitement contestable du point de vue des sciences contemporaines. Mais comme cet arrière-plan métaphysique n'est presque jamais considéré ni précisément critiqué dans les débats bioéthiques concrets, il fonctionne fort bien comme mise en scène fondatrice pour ceux qui défendent des valeurs « naturelles et traditionnelles » dans le cadre de discussions sur des enjeux politiques, économiques et sociaux particuliers. Notez que Jonas aussi privilégie, mais dans l'ignorance totale des attendus psychanalytiques, le paradigme de la responsabilité paternelle et parentale en association avec une politique d'État fort et éclairé, paternaliste.

J.-N. M. — *Revenons donc à la psychanalyse dont nous avions convenu de parler !*

G. H. — J'y reviens. Mais laissons Legendre et essayons de résumer les présupposés amplement partagés par l'idéologie psychanalytique et qui expliquent pourquoi celle-ci est devenue d'une manière prépondérante technoscientophobe, alliée davantage à la philosophie, au droit ou à la théologie qu'aux sciences et aux techniques. La philosophie de la psychanalyse est une philosophie d'acceptation de la finitude. Certes, il s'agit de développer l'autonomie du sujet, donc sa liberté. Ce renforcement se conçoit essentiellement par rapport aux contraintes intérieures du ça et du surmoi qui échappent à la conscience et au moi. Il encourage

1. Il s'agit du *Principe Responsabilité.*

aussi le respect du principe de réalité dans la mesure où le déploiement imaginaire des pulsions et le désir en général tendent dangereusement à l'ignorer. Mais une chose est, pour l'individu, de reconnaître les limites empiriques ou factuelles de son existence, autre chose est de les ontologiser et de les décrire universellement comme à tout jamais insurmontables, justifiant ainsi la posture morale traditionnelle : se changer plutôt que le monde. C'est l'ontologisation des limites comme construction théorique métaphysique ou mythologique au service d'une technique thérapeutique que je conteste. Je veux dire : les servitudes du souffrir, du vieillir et du mourir, entre autres, reconnues, pourquoi serait-il plus « normal » de les accepter, suivant le bon vieux précepte que « philosopher, c'est apprendre à mourir », plutôt que d'œuvrer à les surmonter ? Pourquoi interpréter le principe de réalité dans un sens essentiellement théorétique ou narratif ? Pourquoi le comprendre comme invitant à entériner symboliquement la réalité, et non à s'en saisir opératoirement afin de transformer indéfiniment la condition factuelle des humains ? L'interprétation courante du principe de réalité continue de voir dans cette dernière le corrélat de la science et non la cible de la technoscience. Il faut passer d'une compréhension logothéorique à une conception technique-opératoire de notre rapport ultime à la réalité, c'est-à-dire au donné auquel chaque génération est confrontée et qui évolue. Je ne conteste pas du tout le droit d'individus et de communautés de chercher dans l'acceptation et la sublimation des limites de la condition humaine l'apaisement du mal-être inhérent à cette condition. Cette démarche passe traditionnellement pour sage. Mais cette sagesse est une technique symbolique particulièrement appropriée aux cultures traditionnelles qui ne disposent que d'une très faible capacité de modification de la réalité physique. Les techniques sapientielles incluent des inventions symboliques propres aux magies, mythologies, religions et philosophies. Transformer le fait en droit, l'événement en fatalité, la contingence d'une condition en la nécessité d'une essence, a toujours été une opération symbolique subjectivement rentable. Elle revient à dire que de toutes façons vous n'y pouvez rien changer. Une telle conviction adoucit, voire supprime, la conscience douloureuse et épuisante de la responsabilité, de la faute, du remords, du regret, du souci, de l'effort à faire…

J.-N. M. — *Et selon vous, la psychanalyse va dans ce sens ?*

G. H. — J'ai déjà dit que la mythologie et l'anthropologie philosophique de la psychanalyse sont du côté de la perpétuation naturelle-culturelle de l'humanité, en attendant on ne sait trop quoi dans la mesure où la psychanalyse freudienne est athée. Mais Freud invente la psychanalyse parce que les sciences et les techniques matérielles de la médecine de son temps sont inefficaces pour le traitement de certaines souffrances. Freud, dont la formation est celle d'un biologiste expérimentaliste, ne renonce pas à l'espoir qu'un jour la médecine réussisse à guérir les troubles mentaux par des techniques physiques et non simplement symboliques. Ce sont les disciples de Freud et, notamment, certains excès des tendances psychanalytiques en France, qui ont fait basculer la démarche psychanalytique du côté de l'idéologie symboliste et linguisticiste. Je pense, d'une manière plus générale, à l'amalgame complexe de la psychanalyse avec le structuralisme, l'herméneutique, la phénoménologie et la rhétorique : bref, sa réduction sans reste à la chose langagière. Je souscris à l'assistance que le psychanalyste peut apporter en aidant l'individu à reconnaître ses limites et à renforcer son autonomie par la prise de conscience de ces limites liées à son histoire personnelle. Mais je conteste l'anthropologie philosophique symboliste générale qu'on voudrait alléguer ou présupposer à cette occasion. Une fois reconnue ma finitude, pourquoi ne pas me saisir de ma liberté ainsi factuellement située, afin de lutter objectivement et opératoirement, et repousser mes limites et celles de mes contemporains (s'ils le souhaitent). Ce choix-là d'un travail sur la condition humaine, aux limites de cette condition et du sein de cette condition reconnue dans sa facticité, c'est-à-dire aussi dans sa contingence, n'a rien à voir avec une négation imaginaire de la finitude et ne se réduit pas à un ratage de la phase œdipienne. En ce sens, une trop belle réussite de l'intégration œdipienne conduisant l'individu à ne rêver de rien d'autre que de survie, de reproduction, de répétition et de conservation de l'ordre biologique et culturel où il est né me paraît aussi peu souhaitable et, ai-je envie de dire, insensée que l'adhésion sans recul à la totipotence imaginaire de l'enfance. La psychanalyse freudienne a été, en France, la cible de deux critiques majeures qui l'une et l'autre disent que Freud se serait en quelque sorte aveuglé sur l'originalité radicale de ses découvertes. Ces critiques sont celle de Lacan et celle de Deleuze. C'est dès sa thèse de doctorat [1] que Lacan dénonce le biologisme de Freud. Lacan se sert alors de l'argumentaire typique des « sciences humaines », de la phénoménologie herméneutique ou des *Geisteswissenschaften,* centré autour du comprendre et du sens, contre les explications causales inopérantes et inappropriées selon lui. Plus tard, il abandonnera cette approche trop idéaliste en faveur d'un style remarquablement ambigu. Il s'agit toujours de critiquer l'impérialisme de la science moderne positiviste et expérimentale ou plus exactement de ses discours référentiels objectivants qui tendent à nier l'espace propre de la psychanalyse. Mais cela se fera suivant le style structuraliste qui connote lui-même l'objectivation et l'opérativité tout en s'y opposant. L'important, c'est que pour Lacan la grande découverte refusée de Freud est la nature langagière ou symbolique de l'existence et du sujet humains. En conséquence, la théorie et la pratique psychanalytiques doivent se tourner vers les multiples sciences et techniques du langage (rhétorique, grammaire, poétique, critique littéraire...) et non vers les sciences et techniques expérimentales [2]. Il y a là, bien sûr, des enjeux de pouvoir : Lacan en appelle à un nouvel ordre des sciences et à un retour à « la notion véritable de la science », plus proche du savoir discursif et dialectique traditionnel que de la technoscience. Mais la portée de certaines de mes remarques va bien au-delà de Lacan et de la psychanalyse. Les discours structuralistes accomplissent une opération symbolique particulièrement ambiguë. D'une part, en soulignant le signifiant, ils connotent l'opérativité, la matérialité et l'artificialité constitutives de l'être-humain. Mais en même temps, ils maintiennent le processus d'artificialisation sur le plan du langage, du symbolique, entérinant seulement le nihilisme de la perte de tout signifié ou sens et l'exclusion de toute référence au réel extra-symbolique. Les discours structuralistes culminent ainsi dans les enchaînements a-référentiels et auto-référenciels n'ayant plus

1. *De la psychose paranoïaque dans ses rapports avec la personnalité,* Paris, Le Seuil, 1975.
2. *Écrits I,* p. 159, 161-162,164, 169 et *passim.*

d'autre sens que leur perpétuation à l'infini. Ils miment la transcendance opératoire et la nient à la fois à travers une transcendance – une "différ*a*nce" – symbolique radicalement vide de sens et de référence, qui reste cependant dépendante du souvenir formel de l'être, du sens et de l'esprit. Telle est la portée idéaliste résiduelle du privilège du signifiant. Le déplacement sans fin des demandes du désir s'exprime uniquement par le déplacement artificieux des signifiants. La peur onto-théologique primitive du passage de l'artifice symbolique à l'artifice technique comme avenir pour l'espèce humaine est maintenue. "Species technica" certes, mais symboliquement. Deleuze, quant à lui, reproche à Freud d'avoir occulté avec l'aide d'Œdipe sa découverte de l'inconscient comme productivité créatrice sauvage, radicalement anarchique, du désir. Freud aurait eu peur du « tout est possible » propre à l'inconscient, peur, surtout, d'en jouir. D'où le rappel à l'ordre œdipien.

J.-N. M. — *Vous rejoignez ainsi la critique de l'œdipianisation opérée par Deleuze et Guattari ?*

G. H. — Oui et non. *L'Anti-Œdipe* va trop loin. C'est une réaction excessive qui ne débouche que sur une liberté imaginaire et verbale. Le schizo anœdipien n'est pas viable, pas plus qu'une société radicalement anarchique. Le principe de réalité est oublié et la liberté deleuzienne ne s'épanouit qu'au plan du discours. Du symbolique, encore ! Un présupposé commun court de Legendre à Lacan et à Deleuze : l'homme est l'animal symbolique, le vivant parlant. Jouissance de l'ordre ou du désordre symbolique, jouissance de la répétition ou de la destruction ou de l'invention des codes symboliques, procèdent d'une racine commune. Les effets du discours deleuzien pour les pratiques technoscientifiques peuvent être aussi délétères que les interdits d'un Legendre. Je me souviens avoir lu, peu après la parution de *L'Anti-Œdipe,* un ouvrage de Boris Eizykman[1] appliquant les catégories deleuziennes à la SF. Selon cette interprétation, la littérature de SF exprimerait la déliaison pulsionnelle typique du schizo, dans un style appelé par notre époque technoscientifique et malgré la machine répressive et recodante du capitalisme. Ce qui m'apparut

1. *Science-Fiction et capitalisme,* Paris, Mame, 1973.

et m'apparaît toujours comme le plus significativement criticable dans cette lecture est qu'elle dénonce la SF réaliste au profit de la SF délirante. La première extrapole avec un maximum de rigueur à partir des sciences et des techniques disponibles, allant dans le détail de la vie quotidienne d'un futur possible. Arthur C. Clarke illustre cette tendance. La seconde rompt avec toute préoccupation réaliste et entretient des liens très lâches, voire plus de liens du tout, avec les technosciences de l'époque. Telle est l'œuvre de Philip K. Dick pour lequel Eizykman a beaucoup d'admiration et qui sombra dans la folie ; tel est aussi *Le Fils de l'Homme* de Silverberg que nous avons déjà évoqué. Mais à suivre cette SF-là, on perd vite ce qui caractérise la SF, à savoir la référence à la technoscience et à un réalisme opératoire. La différence entre SF et littérature fantaisiste, magique, fantastique s'estompe. On laisse librement jouer l'imagination et cette liberté éloignée de toute contrainte réaliste et opératoire extra-discursive finit, très logiquement, par ne plus s'exprimer que comme jeu avec les mots, flux verbaux n'offrant, au mieux, qu'une sorte de délire poétique. Mais si la poésie est la fin de la SF, pourquoi passer par ce détour prosaïque ? Pourquoi ne pas s'abandonner directement à l'imagination langagière ? Pour moi, la grandeur de la SF – qu'il serait plus correct d'appeler « Technique-Fiction » ou « Technoscience-Fiction » – est dans sa capacité d'imaginer et de fabuler à partir de la réalité processuelle, à partir de notre être-opérativement-au-monde. Cette opérativité technophysique ouverte et illimitée est le postulat de la SF et cette dernière constitue une part très importante de l'accompagnement symbolique spontané, non ou faiblement institutionalisé, de la RDTS. Mais cette grandeur est aussi sa servitude. Rapportée à un réel processuel qui change et évolue très rapidement, une œuvre de SF est aisément dépassée, d'autant plus rapidement dépassée qu'elle s'est voulue techniquement réaliste. Elle devient alors une sorte de document sur quelques aspects de l'imaginaire d'une époque. Toutefois, la grande SF résiste plus longtemps dans la mesure où elle réussit à illustrer des questions fondamentales sur la base d'un repérage des orientations profondes, durables, de la civilisation technoscientifique à un moment donné.

J.-N. M. — *Estimez-vous que* Species Technica *soit de cette trempe ?*

G. H. — Il serait prétentieux de le dire. Je constate seulement que mon manuscrit n'a pas trop vieilli en vingt ans, en ce qui concerne les grandes orientations et les enjeux fondamentaux de la RDTS et de la société. J'avais bien repéré les deux axes moteurs des biotechnologies génétiques et de l'informatique cybernétique ainsi que leurs alliances créatrices. L'opposition entre les forces technophiles et technophobes de la société sont plus que jamais d'actualité. La mondialisation est là, polarisée entre le techno-capitalisme multinational tenté par l'anthropotechnique et l'écologisme de la préservation des traditions et de la nature tenté par l'écoterrorisme. Enfin, *ST* est porté par un questionnement philosophique permanent qui ne conclut pas vraiment. S'il en était allé autrement, je n'imaginerais pas aujourd'hui de le publier.

J.-N. M. — *En définitive, votre récit condamne les Technoscients et l'anthropotechnique. De plus, il y a cette dimension psychanalytique que vous avez repérée après coup et dont vous admettez qu'elle n'est pas sans « vérité ». Ne craignez-vous pas d'apporter, par cette publication, de l'eau au moulin des technophobes, alors que vous êtes, depuis plusieurs années, surtout connu pour des positions favorables à la RDTS et que votre nom même est associé au terme « technoscience ». N'y a-t-il pas dans ce désir de publier un besoin de vous justifier, un aveu ?*

G. H. — Il y a certainement le souci de manifester une complexité, une ambivalence peut-être. Mais on ne contrôle pas ce que les autres font de ce que vous publiez. Je ne puis empêcher le lecteur de *ST* de conclure, quant à lui, que la « vérité » du prométhéisme et de l'emballement technoscientifique est Œdipe. Je ne puis l'empêcher de n'y lire qu'un aveu et d'ignorer la mise en question radicale des présupposés mêmes d'une certaine théorisation psychanalytique moralisatrice et de l'anthropologie philosophique qu'elle postule. Qui dit que l'aveu n'est pas précisément là afin de fournir l'occasion de cette mise en question ? Mais je pense qu'il s'agit d'un mauvais débat. La psychanalyse et sa fécondité éventuelle au plan de la prise de conscience au sein d'une existence individuelle sont une chose. La RDTS en est une autre. Il existe des rapports, mais il ne faut pas systématiser. J'ai pas mal fréquenté au cours de cette dernière quinzaine d'années des acteurs importants de la RDTS : biologistes, ingénieurs, médecins, informaticiens, industriels, décideurs de la politique scientifique ou de la santé, … Je n'ai pas eu le sentiment que ces acteurs se distinguent par un délire prométhéen ou faustien, des complexes d'Œdipe mal liquidés ou une tendance à la déterritorialisation schizophrène. D'aucuns expliqueront qu'ils sont ordonnés par le surcodage du technocapitalisme qui les contraint au réalisme (un certain réalisme) et à la pensée unique du néo-libéralisme économiste, scientiste et techniciste. Cela n'est sans doute pas tout à fait inexact. *Mais* en matière de déliaison nihiliste *ou* de réaction dogmatique, les personnalités « intellectuelles » ou « symbolistes » voire « morales » me paraissent l'emporter souvent. Je songe aux théologiens, aux juristes, aux psychologues, aux écologistes… évidemment aux philosophes. Ici non plus, je ne veux pas généraliser, mais bien m'inscrire résolument en faux contre l'image du « savant fou ».

J.-N. M. — *Pourtant, dans* Species Technica, *tous les savants sont fous.*

G. H. — Dans *ST,* tout le monde – ou presque – est fou ou devient fou. Quant à Gillian lui-même, il semble que sa folie ait été artificiellement provoquée.

J.-N. M. — *Aucun compte à régler avec la psychanalyse, donc ?*

G. H. — Nul compte personnel en tous cas, mais le souci d'éviter la récupération facile des questions philosophiques que je pose et qui sont présentes dans *ST,* sous prétexte que *ST* exprime des fantasmes qui relèvent aussi de la psychanalyse. Une lecture psychanalytique de *ST* est possible et même assez évidente, mais elle n'épuise nullement le débat. Au contraire, elle comporte le risque de le rendre impossible, de le refouler. Pourquoi ? Parce qu'elle est, *a priori*, du côté de l'assomption symbolique de la condition humaine ; même athée, elle est, sous cet angle, conservatrice ou réactionnaire. L'antagonisme entre, d'une part, psychiatres et neurologues attentifs à tous les aspects physiques et à toutes les approches techniques de l'esprit, et les psychanalystes, d'autre part, qui ne reconnaissent qu'une seule technique et une seule physique, celles du langage, ou du symbolique si vous préférez, est symptomatique.

J.-N. M. — *Vous ne voyez plus la « solution » de la question de l'homme sous la forme d'un livre, d'un « discours-vérité », d'une réponse conquise au terme d'une longue recherche. Toutefois, vous continuez à interroger et à écrire.*

G. H. — J'écris attentif aux limites de l'écriture, et d'une manière qui se veut plus radicale que ce qui s'en dit dans la littérature. Je symbolise relativement à des faits, des processus et des possibles qui ébranlent ou défont l'ordre symbolique traditionnel et régnant, le plus fondamental, et qui, pour cette raison, paraissent « dia-boliques », c'est-à-dire « désymbolisateurs ». Mais cette désymbolisation n'est jamais que relative. Je pousse les signes là où ils touchent l'encore inassigné qui paraît inassignable. Mais il ne l'est pas ! Cette entreprise prend généralement la forme d'un travail d'analyse, d'explicitation, de critique et d'argumentation. Il est tantôt très général – comme mes réflexions sur les transcendances opératoires – tantôt très circonscrit : sur le clonage, sur la thérapie génique, la médecine du désir, le choix du sexe, et bien d'autres questions de bioéthique débattues aux frontières. J'ai aussi depuis longtemps la perception d'un « trou » que la totalité des signes, l'univers entier des symboles et des discours, la méta-bibliothèque de tous les livres publiés et à écrire, ne peuvent combler. L'expérience humaine, toute l'expérience humaine, laisse un reste, et ce reste est infini. Il n'est pas simplement aux limites du langage dans l'attente du Mot qui le dira. L'« assimilation » de ce reste infini par l'humanité ne postule pas une simple évolution culturelle de celle-ci mais des refontes, des métamorphoses aussi physiques, beaucoup plus radicales qu'un changement ou un élargissement de langage. C'est aussi de cela qu'il s'agit dans *ST*.

J.-N. M. — *Vous parlez d'un « trou » dans le symbolique, que l'ordre symbolique tout entier ne pourrait réparer. On songe à la psychose, à un accès manqué à l'ordre symbolique, raté à l'échelon le plus élémentaire. On songe aussi à une dissociation, une schizoïdie qui traverse votre pensée, écartelée entre le signe et la technique. Nous en revenons ainsi à l'Œdipe.*

G. H. — A supposer que j'eusse mieux liquidé mon complexe œdipien ou que je l'eusse renégocié avec l'aide d'un analyste, cela aurait-il changé quelque chose aux souffrances, aux monstruosités, au chaos de l'histoire et de l'évolution, et du présent, ou à l'opacité impénétrable du futur ? Le mal ne tient pas simplement aux défauts de l'acculturation, aux défaillances parentales et sociétales. Et lorsque vous aurez assimilé ce que j'appelle l'opacité et l'ouverture radicales du futur à mon expérience de l'inconscient, à ma relation au ça, vous n'aurez pas résolu la question.

J.-N. M. — *Sans doute. Mais si vous voulez pouvoir formuler quelque chose qui puisse, éventuellement, être d'une aide quelconque à l'humanité aux prises avec l'inconscient du temps (son futur et son passé), peut-être devriez-vous d'abord clarifier votre rapport à votre propre histoire, reconnaître les déterminations inconscientes de ce que vous dites ou avez écrit.*

G. H. — Je pense avoir, depuis *ST*, fait un certain chemin en ce sens. Et le dialogue que nous avons fait partie de ce chemin.

J.-N. M. — *Nous avons clarifié au moins un point : vous n'admettez pas que l'interprétation œdipenne, comme celle que Monette Vacquin opère du* Frankenstein *de Mary Shelley, épuise le sens et l'intérêt des questions soulevées par votre roman.*

G. H. — Certainement pas. Mais cela n'enlève rien à l'importance et à la pertinence de cette lecture. Une fois Œdipe reconnu, les questions philosophiques relatives à ce que je choisis de dire et de faire demeurent, de même que demeurent les questions relatives aux choix collectifs, politiques, concernant l'avenir de la société et de l'espèce humaine. La prise de conscience permet simplement de poser ces question avec plus de clarté et de lucidité quant à l'autonomie dont je jouis et quant aux limites de cette autonomie. La psychanalyse ne répond d'aucune manière à des questions relatives à l'avenir de l'espèce humaine, spécialement l'avenir lointain, ou aux décisions à prendre concernant ce que nous allons faire ou ne pas faire, décisions qui contribueront à la production de l'avenir. Elle ne frappe pas non plus ces questions d'inanité. Les psychanalystes sont une corporation complexe qui a ses intérêts, ses fantasmes de pouvoir, ses luttes intestines, ses ambivalences (notamment à l'égard des philosophes et des scientifiques « non symbolistes » !). Deux choses donc : je reconnais la pertinence d'une lecture psychanalytique de *ST et* je questionne et critique ici les prétentions et les présuppositions de la psychanalyse au nom même des interrogations que *ST* suscite. L'hybris symbolique du psychanalyste le conduit quelquefois à se prendre non seulement pour un philosophe, mais pour un philosophe qui a la réponse à la question « Qu'est-ce que l'homme ? ». Quelle prétention ! Le psychanalyste se prendrait-il pour Œdipe en personne ?

J.-N. M. — *Et vous, avez-vous cette réponse ?*

G. H. — Absolument pas. Au contraire, je m'efforce de montrer que cette question est ouverte non seulement au plan symbolique mais aussi au plan techno-physique. C'est évidemment cela qui dérange les consciences bien œdipianisées autant que celles qui se contentent de jouir symboliquement de leur non-œdipianisation. L'exploration de la question de l'homme doit être à la fois herméneutique et technoscientifique. L'homme, l'esprit si vous voulez un autre signe, n'est pas exclusivement au long ou au bout du parler, du discours ; il est encore au long et au bout de l'agir et du faire. La théorie ou la mythologie psychanalytique vient nous dire, comme la morale et la religion traditionnelles : Acceptez la finitude ontologique de l'homme ! Contentez-vous de vous reproduire, et de vous reproduire de telle sorte que votre progéniture perpétuera cette reproduction naturelle-culturelle qui coïncide avec l'humanité depuis toujours ! Je veux bien accorder à ce message une valeur pragmatique utile à des individus et à des communautés. Mais il est, à mon sens, de moins en moins adapté à notre civilisation, et il apparaîtra à certains comme plus nihiliste encore que la dynamique technoscientifique à laquelle il entend s'opposer. Toutefois, la mythologie, dont la psychanalyse reste imprégnée, a la vie dure et même des esprits éclairés peuvent être tentés par le refuge qu'elle offre. Ainsi, Dominique Lecourt à la recherche des affects et de l'imaginaire sous-jacents aux sciences et aux techniques conclut-il, lui aussi, dans *Prométhée, Faust, Frankenstein*[1], à l'existence de quelques grands invariants de la condition humaine symbolisés dans les mythes inspirateurs de l'éthique et du droit. S'arrêter à une telle analyse descriptive évite de prendre à bras le corps les questions soulevées par les technosciences qui entrent symboliquement en conflit avec les traditions et entreprennent d'opérer ces conditions présentées comme invariantes par les traditions en leur fond mythologique. Prétendre,

1. Ou les *Fondements imaginaires de l'éthique*, Le Plessis-Robinson, Synthélabo, 1996.

comme on le lit souvent, que la problématique du clonage humain est épuisée et depuis plusieurs millénaires résolue par le mythe de Narcisse est un peu court, même si cet éclairage n'est pas inintéressant.

J.-N. M. — *A propos de Narcisse, je songe à l'étonnant discours de l'exobiologiste Stefanski dénonçant comme narcissique* et *incestueuse la quête par l'homme de la descendance de l'homme. Inconsciemment, vous aviez donc saisi le lien existant entre Œdipe et Narcisse dont la clé commune serait le refus de l'altérité.*

G. H. — Peut-être. Mais admettez que les phantasmes de Stefanski qui attend l'avenir de l'humanité d'une rencontre avec des extraterrestres, *radicalement autres* sont tout autant suspects.

La question de l'humanisme et les tentations « transhumanistes »

J.-N. M. — *Parfaitement. Leur racine commune n'est-elle pas l'absence de reconnaissance du lien simplement humain ? Ni totalement autre ni totalement le même. L'autre homme est mon semblable et mon semblable est l'autre. J'ai été frappé par la fréquence de l'évocation d'un affect très particulier et bien connu, notamment, des psychanalystes : l'angoisse, plus exactement le sentiment de l'inquiétante étrangeté. Les Allemands disent l'« Unheimlichkeit ».*

G. H. — Vous avez sans doute observé que le terme fait l'objet d'une réflexion de Gillian alors qu'il visite l'Institut du Rio Grande où la transgenèse est omniprésente : l'« Unheimlichkeit » évoquerait « la tonalité affective et esthétique enveloppant les haut-lieux d'incarnation du génie techno-scientifique » ; en ces lieux, c'est « comme si la nature tout entière s'était faite métaphorique ». Si la métaphore règne dans l'inconscient et dans la poésie, sa concrétisation physique est non seulement inouïe, elle est aussi problématique. La question fondamentale n'est-elle pas celle du double déplacement de la science vers la technique opératoire et vers la créativité artistique ? Il faudra revenir sur cette dimension esthétique située, en quelque sorte, au-delà du bien et du mal humains. *Unheimlich* est un terme surdéterminé. Il est associé à un sentiment ambivalent d'angoisse et de fascination, de recul et d'attrait à l'égard de quelque chose d'indéfinissable qui met radicalement en question la familiarité du monde, quelque chose de surnaturel, de surhumain, ou encore d'extérieur à la nature et à l'homme, concentrant une énergie à la fois destructrice et créatrice. Comme l'indique l'étymologie du mot : est *unheimlich* cela qui ne relève d'aucune manière du foyer où l'on se sent chez soi, de la maison, du monde que l'on habite. C'est la dimension de la transcendance, du sacré. Jung parlait du « numineux ». Freud y voit la référence émotionnelle à quelque chose qui devrait demeurer caché et qui néanmoins réapparaît. Cette dernière interprétation s'applique parfaitement à la scène primitive de l'enfant-machine, anticipée par le cauchemar sans nom ni vision de la chose cachée. Mais elle ramène aussi la pulsion de transcendance à sa genèse œdipienne : l'angoisse du sacré n'est jamais que l'angoisse devant la transgression de la Loi. Et cette loi est ultimement celle de la finitude indépassable de la condition humaine, de l'*identité* humaine, dirais-je.

J.-N. M. — *Gillian est l'auteur d'un livre, intitulé* Species Technica, *« sur la mutation technologique de l'espèce humaine ». Or, il est brusquement précipité dans un univers – le réseau des Instituts – où ses spéculations deviennent réalité. Il est confronté à une entreprise diversement qualifiée de « transhumaine ou abhumaine », plus classiquement de « surhumaine » ou de « subhumaine », mais encore d'« inhumaine ».*

G. H. — Toutes ces qualifications montrent la complexité de l'émotion de Gillian, qui résume les sentiments humains accompagnant ce genre d'entreprise. Je dis bien « humains » : le désir de dépassement, de négation, d'altérité, de transcendance sont parfaitement humains. Ils n'apparaissent comme opposés à l'humain qu'en fonction de certaines conceptions de l'humain. Si, un jour, on pouvait doter les hommes de mémoires amovibles accordant en accès mémoriel immédiat – comme si c'était votre propre mémoire et compétence – la maîtrise de diverses langues ou des connaissances encyclopédiques, si on vous dotait d'organes sensoriels permettant de percevoir directement les ondes radios ou les *infrarouges*, si enfin ces extensions de l'expérience possible *étaient largement répandues*, pourquoi seraient-elles jugées « inhumaines » ? Je veux dire : on comprend que certains hommes, pour divers motifs, les jugeraient telles. Mais on conçoit aussi que d'autres les apprécieraient tout à fait positivement. Et l'on peut envisager des éventualités analogues dans le domaine de l'intervention procréatique et génétique. L'anthropotechnique a toujours fait partie intégrante d'anthropos. Anthropos change seulement de techniques et, bien entendu, ainsi se change. *ST* ne simplifie pas ces questions. Gillian est fasciné, attiré, enthousiasmé, autant que dérouté, angoissé, révulsé. Ainsi, sa répugnance à la rencontre des premiers cyborgs : l'homme-chenille et, davantage encore, Alcherson et ses prothèses cérébrales qui ne jouissent de nulle justification – j'ai envie de dire « rédemption » – thérapeutique. Gillian éprouve des sentiments très humains à l'égard de la chimère sacrifiée. Il mesure l'infinie solitude d'un être qui, étant seul de son espèce, n'a pas de semblable. Mais, mesurant cela et éprouvant une immense pitié en même temps qu'il voit la beauté de cet être atypique, Gillian devient d'une certaine manière son semblable, au-delà de toute anthropo-morpho-logie définie. Antérieurement à la loi, à l'ordre naturel et culturel qui viennent définir le bien et le mal, l'humain et l'inhumain, il y a certes le désir inconscient, chaotique, l'apeiron sans forme et sans nom, destructeur et créateur de toutes les figures évanescentes, de toutes les identités cosmiques précaires et éphémères, merveilleuses et monstrueuses, cette chose-énergie terrifiante capable d'effacer l'espèce humaine et son histoire avec indifférence ou jubilation. Mais il y a aussi, là en ce même lieu, une puissance d'amour et de relation infinie. Gillian est capable d'y puiser, mais il ne s'abandonne jamais à elle entièrement. Voilà pourquoi il demeure *humain.* Profondément humain, pas frileusement, à la manière des belles-âmes bien-pensantes, qui aiment et font comme il convient. Confronté au Cyborg mosaïque, il n'a qu'un désir : venger son fils. Aucune transcendance n'est assez prodigieuse pour justifier cette trahison de l'être humain. En somme, je dirais que ce qui me frappe, c'est que dans des situations profondément « unheimlich », Gillian éprouve aussi et intensément des émotions humaines : compassion, pitié, vengeance, colère, dégoût, révolte, ... Sa sensibilité n'est pas épuisée par un affect d'angoisse et de fascination devant les monstres et les merveilles de la transcendance opératoire. Il a la capacité affective et rationnelle de les apprivoiser.

J.-N. M. — *Et vous, Gilbert Hottois ?*

G. H. — L'un de mes plus vieux souvenirs – je devais avoir trois ou quatre ans (c'était donc au cours des années de l'immédiat après-guerre) – renvoie à l'angoisse panique qui me saisissait lorsque, le soir, en compagnie de mes parents, nous croisions dans les rues de Koekelberg[1] un malheureux cul-de-jatte dont les coups de pilons au bruit mécanique s'entendaient de loin. Ce son et cette vue m'étaient absolument insupportables et je me dissimulais derrière mes parents pour ne pas voir et ne pas être vu. Œdipe et castration ? Si vous voulez, mais pas seulement. Perception confuse de l'existence de forces terrifiantes capables de mettre en pièces l'homme et son image. Aujourd'hui, je pense que les ambivalences de Gillian et de *ST* en général sont toujours les miennes. A l'image de la vie. Mais j'ai aussi appris à apprivoiser, jusqu'à un certain point, en moi les monstres et les merveilles.

J.-N. M. — *Le « corps morcelé » : voilà encore un thème chargé de dimensions psychanalytiques.*

G. H. — Mais aussi technoscientifiques et économiques. Je veux dire : cessons de vouloir tout voir et expliquer à travers la mythologie réductrice de la psychanalyse ou les sacralisations ambiguës des religions. Jadis, c'était exclusivement la Nature qui recyclait les corps sur lesquels les religions avaient une sorte de monopole. Aujourd'hui, de plus en plus ce sont les technosciences en association avec l'industrie. Or, celles-ci font partie de la société ; ce sont les hommes qui recyclent les corps en fonction de finalités et d'utilités réfléchies, concertées, décidées. Le passage de la mise en bière à la mise en banque n'a rien de monstrueux. Il s'agit seulement de le gérer avec prudence et équité. Si vous songez aux greffes d'organes et de tissus ou de cellules, leur valeur humaine est évidente et immense. C'est une banalité de souligner que la biomédecine contemporaine décompose analytiquement et techniquement le corps humain. Il faut respecter le corps de l'individu et l'image qu'une personne se fait de son corps, de son rapport à son corps. Mais faut-il pour autant sacraliser « *le* corps humain », « l'image du corps humain » et déplorer, voire interdire, sa saisie opératoire par les technosciences avec le consentement des

1. Commune de l'agglomération bruxelloise où je vécus jusqu'à l'âge de sept ans.

individus concernés ou à la demande de ceux-ci ? Jusqu'où voulez-vous sacraliser « le corps humain » ? Dès le zygote et jusqu'après la mort ? Jusqu'aux protéines et aux gènes qui les codent, alors que l'humanité partage la quasi totalité de ceux-ci avec d'autres espèces vivantes ? De la conception à la vieillesse, le corps de l'individu ne cesse de changer ; quant au corps de l'espèce, il est le produit d'une évolution qui s'étend sur des centaines de millions d'années. Pourquoi voulez-vous l'ontologiser ? En outre, ce qui passe, du point de vue théologique ou philosophique, comme le propre de l'homme – la différence spécifique anthropologique – est le plus souvent décrit comme incorporel, spirituel, surnaturel, par ceux-là mêmes qui sacralisent le corps. Que l'image d'une prothèse totale telle que l'enfant-machine est monstrueuse, nul ne le conteste. Mais cela n'implique pas que l'idée d'une transformation progressive, réfléchie et volontaire, de certains aspects ou organes du corps, au cours des générations futures, à l'aide de techniques génétiques, électroniques, cybernétiques, ou en alliance avec des artefacts, soit a priori et massivement condamnable. Il faut aussi cesser de penser la technique et la RDTS sous l'angle de la machine et de la production mécanique aux antipodes de la vie et de la liberté humaine. Le développement des nanotechnosciences[1], la reconnaissance de processus d'auto-poïèse et d'auto-organisation, ainsi que d'apprentissage et d'auto-programmation, dans les structures et les procès physico-chimiques, atomiques et moléculaires, de l'ADN au neurone, indiquent dans le sens de coopérations entre les structures et les processus technophysiques d'une part et les humains d'autre part. Les relations coopératives sont, bien entendu, plus complexes à négocier que les rapports d'opposition. *ST* offre une image tragique de la technoscience parce que cette approche coopérative, co-évolutive, y demeure trop embryonnaire, pas assez élaborée. Mais elle est cependant aussi présente : de Biocyb au Cyborg mosaïque en passant par la Panmatrix, l'invention de l'avenir est placée sous le signe de la mixité et de la collaboration entre le vivant – du gène au cerveau – et les artefacts.

1. Rappelons que le nanomètre est un milliardième du mètre (ou un millionième de millimètre).

J.-N. M. — *A vous écouter, on n'a pas l'impression que vous projetez l'avenir de la « species technica » sous la forme de quelque « surhomme eugénique ».*

G. H. — Ce serait une incroyable naïveté, ce qui ne signifie pas que des pratiques eugéniques ne seront pas développées. Mais il est vrai que je ne crois pas – je souligne explicitement qu'il s'agit de croyance – que l'avenir de l'humanité soit dans la génomique. En fait, je ne projette pas l'avenir de l'espèce humaine ; ce genre de prophéties futurologiques est voué à l'échec. Le seul intérêt que je trouve au jeu de l'imagination du futur est critique et libérateur.

J.-N. M. — *Un exemple ?*

G. H. — Si vous voulez. Mais qu'il soit clair que ceci n'est qu'un jeu, même si la Panmatrix de *ST* n'est pas sans résonances dans certaines entreprises contemporaines tels le « projet du génome minimal » de Venter et Fraser, les essais de synthèses géniques ou de mixages géniques de Maxygen[1]. Durant des milliards d'années, l'ADN génomique a été, d'une certaine manière, immortel et en perpétuelle métamorphose, par accroissement et recombinaison, produisant toutes les espèces vivantes y compris l'espèce humaine. Je n'imagine pas à l'avenir le génome humain évoluant encore spontanément et suivant une ligne qu'il serait possible de décrire comme progressive. Je ne veux pas dire par là qu'il évoluera artificiellement sous la forme de l'un ou l'autre eugénisme. Celui-ci pourrait sans doute apporter quelques améliorations statistiques à l'espèce humaine, mais je ne vois pas dans les pratiques eugénistes un facteur crédible d'évolution. Les débats autour de l'eugénisme sont déjà d'un autre âge, l'âge biologique de l'esprit. Avec l'apparition de l'espèce humaine, un autre fil conducteur a pris le relais

1. Le projet du « génome minimal » vise à étudier – c'est-à-dire à produire expérimentalement – le vivant viable avec le minimum de gènes. Cette production se fait soit par suppression progressive de gènes au sein d'une espèce existante (il s'agit de bactéries), soit en combinant des gènes synthétiquement assemblés. Le génome minimal ne devrait guère excéder une centaine de gènes lui permettant de survivre et de se reproduire au sein d'un milieu approprié mais autrement que comme parasite d'un génome plus complexe (comme le font les virus). L'entreprise californienne (Redwood City) Maxygen découpe et recombine *in vitro* des gènes intéressants, insère le résultat génique dans une bactérie, étudie les propriétés et les productions de celle-ci, et, si ces propriétés offrent quelque intérêt, on recommence. Cette manière de procéder revient à mimer la reproduction sexuée (mélange de gènes) en accélérant la sélection et en l'orientant suivant des finalités déterminées (industrielles, médicales, écologiques, etc).

de la pérennité génomique : le cerveau ou plus exactement la tradition, la culture, le savoir. C'est par l'acculturation, par l'éducation, que le cerveau se reproduit, ou plus exactement que l'esprit passe d'un cerveau à l'autre, de génération en génération, et évolue. Mais ce type de continuité et de différenciation évolutives est encore très dépendant du mode d'évolution biologique génomique qui conditionne la reproduction matérielle des cerveaux. Beaucoup d'aspects peuvent changer. La reproduction des cerveaux peut devenir de plus en plus artificielle et moins dépendante des aléas naturels ; les modes de transmission de l'esprit pourront aussi profondément changer.

J.-N. M. — *Pouvez-vous préciser ?*

G. H. — Nous ne sommes pas en train d'affiner ici un protocole technoscientifique expérimental. Nous sommes dans l'imaginaire des technosciences qui arrache les concepts les plus fondamentaux à l'ordre naturel-culturel qui nous est familier. Imaginez et demandez-vous donc si un cerveau humain, le tissu neuronal, plastique et croissant, pourrait être cultivé autrement que langagièrement, symboliquement, tout en acquérant des propriétés rappelant et étendant celles des cerveaux humains éduqués par les techniques « naturelles » de l'acculturation symbolique. Demandons-nous si le potentiel plastique constitué par des tissus neuronaux en culture (biologique et non linguistique) pourrait être utilisé à autre chose qu'à la production d'un cerveau humain ? Horreur ! ? Mais l'imaginaire, sinon la réalité, des nanotechnosciences est plein de tels rêves de transgressions qui seraient en même temps des mariages féconds entre la micro-électronique, la génétique, les neurosciences. Enfin et surtout, la discontinuité liée au mode naturel de reproduction qui passe par la mortalité et la natalité – le génome et puis l'esprit allant d'individu en individu porteurs avec gains et pertes – ce mode de reproduction-transmission par génération successives pourrait devenir plus continu. On peut imaginer à la place du génome ou des génomes spécifiques, une ou des consciences amortelles, capables d'évoluer, de s'étendre, de se transformer, comme le génome le fit durant des milliards d'années. Il est clair que la contrepartie matérielle physique d'une telle conscience, ou de telles consciences, serait très différente des porteurs actuels de la conscience : les cerveaux individuels et leurs techniques symboliques et biologiques de transmission de l'esprit.

J.-N. M. — *Dans* La barbarie[1], *où il vous situe d'un côté plutôt technoscientophobe, Michel Henry décrit la science et la technique modernes et contemporaines comme négatrices de la vie. Elles seraient une tentative aussi désespérée que paradoxale de la vie cherchant à s'insenbiliser. A travers l'entreprise technoscientifique, la vie tenterait de fuir ou de neutraliser le jouir-souffrir qu'elle est intimement. La technoscience anaffective procéderait d'une angoisse de la vie à l'égard d'elle-même, à l'égard de sa condition pathique. Vues par des vivants capables d'assumer la vie, la science moderne et la technoscience apparaîtraient comme destructrices de la vie, monstrueuses, inhumaines.*

G. H. — L'erreur des philosophes, c'est la simplification systématique. C'est pourquoi la littérature a plus de chances de refléter toutes les richesses de la vie et de l'humain jusque dans leurs négations. Michel Henry ne peut l'ignorer. Sa description est unilatérale. Je ne dis pas fausse ; ce serait simplifier encore. Il est aisé d'énumérer une foule d'inventions et de procédures technoscientifiques qui vont dans le sens de la préservation et de l'augmentation de la vie. Simondon a parfaitement montré, dès les années 1960, que derrière les technoscientophobies (et aussi les technophilies excessives, d'ailleurs) gisent des problèmes de culture et d'acculturation. On craint, on condamne ce qu'on ne connaît pas ou très mal. Ou l'on s'enthousiasme en nourrissant des espérances irréalistes. Une large part des débats bioéthiques, surtout lorsqu'ils sont publics et médiatiques, se nourrit de fantasmes, de représentations fausses, d'exemples particuliers généralisés, bref de rhétorique et de logomachie. Mais je n'ignore pas que l'imaginaire et le discours constituent aussi l'étoffe de l'humanité. Et ici réapparaît le débat de fond, proprement philosophique ou même religieux, qui situe aussi la problématique de Michel Henry dans sa véritable perspective.

J.-N. M. — *Dans* Le signe et la technique, *vous sembliez craindre que la technoscience – du moins certains de ses possibles – ne détruise la sensibilité éthique en tant que telle. C'est l'« éthicité » elle-même qui serait menacée, la qualification ou compétence éthique de l'être humain,*

1. Paris, Grasset, 1987.

sa capacité de juger, de distinguer entre le bien et le mal, et pas seulement telle ou telle règle morale. Vous n'êtes plus de cet avis ?

G. H. — Je ne parlerais plus ainsi en tous cas, car cette formulation me paraît trop abstraite et simplificatrice ; elle oublie notamment que *la* technoscience – pas plus que *l'*éthicité d'ailleurs – n'existe pas en soi. Existent des hommes qui ont des activités diverses de recherche et d'utilisation dans des contextes multiples et changeants. *La* sensibilité éthique n'existe pas, ou plus exactement, elle existe seulement incarnée dans des individus, des collectifs, des communautés, avec leur tradition, leurs croyances, leur imaginaire, et les moyens techniques à leur disposition. Par conséquent, un possible technoscientifique apparaît immoral ou amoral en fonction d'une morale déterminée associée à un environnement naturel, culturel et technoscientifique également déterminé. Cette apparence n'est d'ailleurs pas à prendre à la légère, mais je me refuse à l'absolutiser. Ainsi, pour prendre un exemple particulièrement parlant, le clonage reproductif humain est une éventualité moralement très problématique pour de nombreuses raisons associées à notre biologie, notre culture, nos connaissances et capacités technoscientifiques actuelles. Mais je refuse d'en faire l'expression d'un mal radical. Les objections dirimantes avancées à l'appui de sa condamnation absolue ne résistent pas à l'analyse, et on peut concevoir des arguments et des situations susceptibles de justifier sa pratique sous certaines conditions. Nous avons eu l'occasion de développer cet argumentaire au Comité Consultatif de Bioéthique de Belgique, et une partie considérable du Comité nous a suivis [1]. Pour revenir à votre question, je dirais, aujourd'hui, que la RDTS entraîne des évolutions des mœurs, puisque de nouvelles possibilités d'agir apparaissent. Mais il s'agit bien d'évolution, non d'une suppression de la sensibilité morale. L'évolution suscitera de nouvelles normes éthiques, à traduire, le cas échéant, en normes juridiques. C'est toujours, je le répète, pour une morale donnée, pour un droit établi, qu'un nouveau comportement s'affiche comme immoral ou illégal.

1. Voir notre article « Is cloning the absolute evil ? », in *Human Reproduction Update*, 1998, vol. 4, n°6. Voir aussi Cassiers L., Englert Y. et alii (eds), *Les Avis du Comité Consultatif de Bioéthique de Belgique 1996-2000*, Bruxelles, De Boeck-Université, 2001.

J.-N. M. — *Il n'y a donc pas de règles morales universelles, pas d'impératif catégorique ?*

G. H. — Je ne pense pas que l'impératif catégorique permette de condamner absolument aucun moyen technique, aucune connaissance scientifique, précisément parce que, suivant les usages et les situations, moyens et connaissances peuvent venir au secours ou non de l'épanouissement de l'autonomie des personnes. En outre, je ne puis dissocier l'impératif catégorique de l'ensemble de la philosophie kantienne, qui n'est pas sans présupposés, sans postulats et croyances dites légitimes : l'existence de Dieu, l'immortalité de l'âme, la nature spirituelle de la personne humaine incarnée dans un corps matériel qui contrecarre cette spiritualité essentielle et détermine la finitude de la condition humaine. Les bases de la pensée kantiennes sont idéalistes et dualistes. Kant n'était certes pas opposé à la science moderne, mais il ne la comprend pas comme foncièrement opératoire, technoscience. Il n'imagine ni ne conçoit, par exemple, que la maîtrise opératoire de ce corps humain, qui inclut le cerveau, puisse un jour, par des interventions techniques, aider à dégager des conditions meilleures ou plus justes, ou plus égales, en vue de l'épanouissement de la liberté des personnes et de l'esprit en général. C'est que Kant relève évidemment de cette tradition suivant laquelle le vrai progrès humain et spirituel provient du travail réflexif et méditatif, du travail de la conscience sur elle-même avec comme instrument essentiel, le langage. Ce langage que Kant ne thématise même pas parce qu'il est déjà trop sensible ou matériel. Le langage n'est pas perçu par la tradition philosophique comme un outil – qui serait extérieur à l'homme en tant qu'être rationnel. Il se confond avec la rationalité, ainsi que les philosophies de Habermas et de Apel, qui se situent dans la tradition kantienne, se sont efforcées de l'établir expressément. Qu'on puisse envisager d'utiliser d'autres outils techniques que l'organe essentiel qu'est le langage-logos-raison afin de promouvoir l'esprit, en opérant ou en réinventant les corps et les cerveaux, apparaît pour cette tradition comme inconcevable et parfaitement contraire à toute morale. Pourtant, de nombreux aspects de notre civilisation contemporaine ne correspondent plus à l'horizon sur lequel l'impératif catégorique et les notions kantiennes se détachent : par exemple, la pensée de l'évolution et d'une temporalité biocosmique non seulement immensément ancienne, mais encore incommensurablement ouverte sur le futur. Ceci ne signifie pas que la référence à la morale kantienne ne puisse nous aider à nous repérer en vue d'un jugement éthique concernant des possibles actuels. Une telle référence suffirait, par exemple, à congédier toute entreprise de conditionnement eugéniste sans perspective autre qu'une gestion technocratique, déterministe et hédoniste, des hommes. Kant nous rappelle à l'exigence de la liberté et de l'esprit. Il ne nous dit pas, heureusement, en quoi consiste la liberté et l'esprit. Or, les expressions de cette exigence et les moyens pour y répondre peuvent changer d'un milieu et d'une époque à l'autre.

J.-N. M. — *Récemment, la question de l'humanisme a rebondi à propos de certains textes du philosophe Peter Sloterdijk dont on a dénoncé, en Allemagne comme en France, l'anti-humanisme fascisant. Comment vous situez-vous par rapport à ce débat ? Quelle est votre réponse à l'accusation d'anti-humanisme que toute idée d'anthropotechnique semble devoir susciter ?*

G. H. — Cette question va droit au cœur des discussions actuelles et elle mérite une réponse circonstanciée. Elle me touche plus directement encore, peut-être, que vous ne le pensez. Dans un article récent, le professeur Herman De Dijn de l'Université Catholique flamande de Louvain, note que les questions posées par Sloterdijk dans *Les règles pour le parc humain*, je les posais déjà dans des livres antérieurs qu'il critique dans son analyse [1]. Sa critique souligne notamment le nihilisme de ma pensée, nihilisme et anti-humanisme dissimulés, selon lui, sous une rhétorique favorable à l'humanisme laïque que je ne partagerais cependant pas, si ce n'est dans sa portée dénonciatrice de toute espèce de fondamentalisme métaphysique ou religieux. Même si De Dijn présente une version subtilement biaisée de ma pensée, ce qui lui permet de la critiquer plus aisément [2], je lui sais gré, au moins, de cette reconnaissance d'antériorité dont il méconnaît toutefois la portée réelle,

1. L'article de De Dijn s'intitule « De donkere transcendentie van Prometheus » (« La transcendance sombre de Prométhée »), in *Tijdschrift voor filosofie,* n°4, 2000 ; les ouvrages critiqués sont *Entre symboles et technosciences* et *Essais de philosophie bioéthique et biopolitique.*

2. J'ai publié une réponse à l'article de De Dijn dans *Van bioethiek naar biopolitiek,* VUB Press, Bruxelles, 2002.

puisqu'il ne parle que de livres relativement récents, alors que je me pose ces questions – si « actuelles » ! – depuis un quart de siècle très exactement. Face aux abîmes de la « General Anthropotechnics » et des « technontes » ou des « technogènes » de *ST,* l'anthropotechnique des *Règles*[1] et les « créatures technogènes » évoquées dans *L'heure du crime et le temps de l'œuvre d'art*[2] font plutôt pâles figures. Mais les analogies – y compris lexicales – sont nombreuses. Au début de *L'heure du crime,* Sloterdijk parle de « das Ungeheure » en soulignant que, depuis la Modernité et spécialement au XXe siècle, c'est l'homme qui est à son origine. « Das Ungeheure » signifie le monstrueux au double sens de la merveille étonnante et de l'horreur immorale. A ce propos, Sloterdijk parle aussi du sublime. Or, selon Bart Thurber, l'idée du sublime s'est métamorphosée au XIXe siècle pour réapparaître en liaison avec la science et la technologie. Ce serait d'abord le *Frankenstein* de Mary Shelley qui aurait opéré explicitement ce lien entre sublime et technoscience : « Le monstre est, écrit-il, le sublime personnifié ». Et il ajoute en une formule difficile à traduire : « *Science enables the sublime* » : la science donne au sublime la capacité, les moyens opératoires, de sa réalisation. « Il rend, dit-il encore, le surnaturel naturel »[3]. Aussi est-ce la littérature de Science-Fiction qui rendrait justice à la mutation moderne du sublime, du moins lorsqu'elle est de qualité, comme c'est le cas de l'œuvre de Clarke ou de Lem par exemple, ou encore, comme l'a illustré dans un registre artistique différent, *L'odyssée de l'espace* de Stanley Kubrick. Bien qu'il n'utilise pas, à ma connaissance, un terme équivalent à celui de « technoscience », Sloterdijk en voit parfaitement la portée moderne et contemporaine, lui qui fait « de l'échange de l'illusion contemplative contre le pouvoir opérationnel » « la transaction primaire de toute Aufklärung »[4]. Mais là où il rejoint le plus intimement mes propres analyses, c'est dans sa critique de la portée de l'humanisme langagier et littéraire traditionnel. Il souligne sa marginalisation dans la production présente et à venir des sociétés,

1. Nous nous référons à la version parue dans *Le Monde des débats,* octobre 1999.
2. Calmann-Lévy, 2000.
3. « Toward a technological sublime », *in* Myers R.E. (ed), *The intersection of Science-Fiction and Philosophy,* Westport (Connect.) et Londres, Greenwood Press, 1983.
4. *L'heure du crime et le temps de l'œuvre d'art, o.c.* ; p. 53.

dans l'éducation des individus et la gestion politique des collectivités. Et il entrevoit d'autres modalités proprement techniques – c'est l'anthropotechnique – de socialisation de l'animal humain. Il évoque principalement la génétique. Nos divergences sont cependant très considérables. Premièrement, Sloterdijk a une vision foncièrement pessimiste de cet avenir, que les ambiguïtés des *Règles* ne démentent pas. Les partisans exclusifs de la culture littéraire et humaniste traditionnelle devraient tout au plus lui reprocher un fatalisme, car il tend à présenter comme inexorable le développement de cette civilisation technoscientifique qu'il ne voit que sous l'angle du totalitarisme. Mais peut-être le péché contre l'esprit est-il, précisément et par excellence, dans le pessimisme fataliste, que je ne partage d'aucune manière. Ni le pessimisme, ni le fatalisme. Personnellement, je serais plutôt un optimiste de la volonté. Ce volontarisme n'ignore pas deux types de problèmes liés au fait que la volonté est loin d'être toujours bonne et au fait que la réalité résiste. Sloterdijk est, au fond, un grand nostalgique de la culture littéraire et il continue de penser l'homme essentiellement sous l'angle du langage. Son nihilisme nietzschéen demeure symbolique : « l'existence dans la torture et le dépassement de la torture dans les euphories de l'art et du langage » [1]. Il ne débouche jamais sur l'opératoire et il reste, pour cette raison, impuissant face au règne de l'opératoire. « Si les hommes sont des animaux fabricants de machines, note-t-il, ils sont plus encore des créatures produisant des métaphores » [2]. Tout est dit dans cette phrase tirée de *L'heure du crime:* c'est, une fois de plus, en tant que créature que l'homme est créateur et cela implique que sa créativité demeure métaphorique, c'est-à-dire langagière, symbolique ; l'homme ne serait technicien, opérateur, qu'en tant qu'animal ; et comme animal, il ne peut être *proprement* créateur, il est seulement mécanicien, fabricant de machines. Or, la machine est le négatif objectif externe de la liberté créatrice symbolique du sujet humain. Voilà pourquoi appliquée à l'homme, la technoscience, ainsi conçue comme activité machinique, ne peut que machiner l'homme, c'est-à-dire le nier. Produire au mieux un « brave new world », au pire Auschwitz. L'art

1. *O.c.,* p. 107.
2. *O.c.,* p. 80.

et la technique, l'art et la technoscience restent opposés. La RDTS ne peut conduire qu'à la technocratie, elle n'est jamais « techno-poïésie ». Un autre point sur lequel nous divergeons et qui explique le pessimisme fataliste de Sloterdijk – de même qu'il rend compte de la technoscientophobie de nombreux intellectuels – est sa culture technoscientifique déficiente. J'ai déjà évoqué ce problème en marge de Gilbert Simondon. Les connaissances en matière de génétique de la grande majorité des partisans de l'humanisme littéraire sont à ce point rudimentaires, inexactes ou fantaisistes, que leurs propos reflètent surtout l'ignorance et la naïveté. Une culture technoscientifique sérieuse est indispensable non seulement pour dépasser la logomachie ordinaire des débats, mais encore pour surmonter *et* l'angoisse face à ce que l'on ne connaît pas *et* le fatalisme, le sentiment d'impuissance à l'égard de la RDTS et de ceux qui la promeuvent. Ce constat a été répété depuis le diagnostic posé par Snow quant au gouffre qui sépare les « deux cultures », dès les années 1950[1]. Il n'a donc rien d'original, mais il permet d'expliquer de nombreux dysfonctionnements de notre civilisation technoscientifique et multiculturelle. Ajoutons que l'acquisition d'une telle culture technoscientifique et l'éducation à la complexité du monde contemporain, continuent bien de passer, en grande partie, par le langage.

J.-N. M. — *En somme, Sloterdijk n'est pas un penseur aussi dangereusement audacieux que le parfum de scandale qui l'environne désormais le suggère ?*

G. H. — Certainement pas. Il reste dans la tradition qui définit l'homme comme le vivant parlant. Son postmodernisme demeure aussi littéraire et symbolique que celui d'un Rorty qui, pourtant, est un optimiste. Il ne réussit pas à penser la postmodernité symbolico-*technique* d'une manière positive. Il critique volontiers, comme tant d'autres, Heidegger, ce « néo-théologien » « qui a grandi dans une culture tribale, catholique et agraire », étranger au technocosme de la ville. Mais il partage avec ce même Heidegger des présupposés très profondément enracinés concernant les rapports entre l'homme, le langage et l'être.

1. C. P. Snow, *The Two Cultures. A Second Look,* Cambridge University Press, 1963 (2e éd.).

J.-N. M. — *Vous rejetez l'accusation d'anti-humanisme ?*

G. H. — Présenter globalement la RDTS comme anti-humaniste est absurde et irresponsable. Prétentieux aussi dans la mesure où l'humaniste s'imagine posséder une réponse à la question « Qu'est-ce que l'homme ? », et entend l'imposer aux autres. L'humanisme antique s'accommodait de l'esclavage, l'humanisme chrétien de l'Inquisition et de la conquête colonisatrice du monde, l'humanisme soviétique entretenait le goulag. Copernic et Galilée, Darwin et Freud sont-ils anti-humanistes parce qu'ils ont infligé à l'humanisme traditionnel ce que Sloterdijk appelle, à son tour, des « vexations narcissiques » ? La génétique, les neurosciences seraient anti-humanistes parce qu'elles révèlent la solidarité de l'espèce humaine avec le reste du monde vivant et avec les multiples formes de la matière et de l'énergie, parce qu'elles détaillent aussi les dépendances de l'homme et de l'esprit par rapport à celles-ci. Mais n'offrent-elles pas, en même temps, la chance d'une émancipation progressive hors des innombrables conditionnements et opacités que ces dépendances comportent ? Je dis : la chance ; je ne parle pas de certitude. Rien n'est joué à l'avance et il ne s'agit pas seulement de coups de dés.

J.-N. M. — *Mais plus concrètement : le fait que Gillian soit plutôt favorable à la mutation technologique ne vient-il pas de sa haine ou de son mépris des humains : « J'en ai assez de ces estivants graisseux dedans et dehors », s'écrie-t-il ?*

G. H. — Je ne suis pas sûr que cette phrase soit tellement représentative. Gillian nourrit sans aucun doute des sentiments ambivalents à l'égard des hommes et de la condition humaine. Mais n'oubliez pas que lorsque Alcherson affiche son mépris envers « l'humain, trop humain » et la sensibilité morale qui entravent les progrès du cyborg, Gillian lui rappelle, qu'en dépit de toutes ses prothèses mélioratives, il est encore un homme et qu'il devrait donc être sensible à l'humanité. Ainsi que je l'ai déjà dit, il me semble évident que Gillian se situe à égale distance des extrêmes représentés par les Technoscients et les Anarchecs. Il se sent clairement étranger aux deux camps en présence qu'il perçoit comme deux folies. Cette neutralité est reflétée aussi dans l'évolution du récit : au départ, il est, au plan théorique, plus proche des Technoscients ; à la fin de l'histoire, il a basculé vers l'autre tendance. Permettez-moi de citer à mon tour : « De toutes façons, son camp n'était pas celui des Technoscients, même s'il ne se sentait pas plus proche de celui des Anarchecs ». Et lorsqu'il répond à John White qui a pour vocation d'être toujours là où la technoscience la plus pointue s'invente : « Je pense, John, que des millions d'individus n'ont pas même la possibilité de vivre simplement une vie d'homme. Alors, pourquoi et comment voulez-vous qu'ils pensent et désirent au-delà ? » Enfin, il n'y a pas seulement l'ambivalence de Gillian : il y a l'équilibre général de *ST.* Et au sein de cet ensemble, il ne faut pas négliger le personnage de Jauret. Or, celui-ci est le porte-parole fidèle d'une sagesse humaine éclairée et mesurée. Jauret, le vieux maître de Gillian, qui travaille à un dernier livre, « une histoire simple », qui rappelle que l'homme a de la valeur et que seule l'aide, la sollicitude, de l'individu auprès de l'autre individu accorde un sens à l'existence. Comment dire plus clairement que seul l'homme est le secours de l'homme, et pas la technique, identifiée par Jauret à la Machine, dont il refuse « la monstrueuse sollicitude ». Personnellement, je pense que l'aide humaine et l'assistance technique sont également indispensables, à condition que leurs interventions ne se fassent pas à contretemps.

J.-N. M. — *Aux États-Unis s'est développé un mouvement très structuré, le « transhumanisme ». Connaissez-vous ce mouvement et vous en sentez-vous proche ? Le transhumanisme défend une philosophie qui estime que l'humanité peut et devrait travailler à atteindre des niveaux plus élevés, à la fois physiquement, mentalement et socialement. A cette fin, il encourage les recherches dans des domaines tels que l'extension de la vie, la cryonique, les nanotechnologies... Un transhumaniste, Robert Hanson, propose la définition suivante : « Le transhumanisme est l'idée que les nouvelles technologies vont vraisemblablement changer le monde au cours des siècles à venir et qu'à de nombreux égards, nos descendants ne pourront plus être considérés comme humains ». Les transhumains respectent le multiculturalisme : « Bien sûr, tout le monde ne veut pas aller aussi loin. Certains veulent s'améliorer d'une certaine façon tout en restant essentiellement comme avant. D'autres peuvent rejeter toute tentative d'amélioration pour diverses raisons. Du point de vue de la philosophie transhumaine, cela ne pose pas de problème. S'ils ne veulent pas aller dans cette direction, il leur est loisible de rester humain. Ce que nous ne pouvons pas accepter, c'est que des personnes mettent des restrictions à notre quête de transhumanité. Mais en aucun cas, nous ne voulons forcer quelqu'un à faire quelque chose qu'il ne souhaite pas ». Les transhumanistes disent accepter les valeurs humanistes. Ils ont pour particularité de développer, parfois avec naïveté et un certain simplisme, un virulent enthousiasme technophile. Dans son article « On Becoming Posthuman », le transhumaniste Max More répond à deux questions : (1) La condition post-humaine est-elle possible ? (2) Devons-nous chercher à devenir posthumains ? Est-ce désirable ? Max More répond affirmativement à la première question. « La transition de l'humain au posthumain peut être définie physiquement. Nous deviendrons posthumains lorsque nous aurons réalisé des modifications de notre héritage génétique, physiologique et neurophysiologique qui sont tellement fondamentales que nous ne pourrons plus être qualifiés d'homo sapiens ». Pour More, nous avons déjà fait nos premiers pas sur la route qui mène au transhumain, notamment grâce à la maîtrise acquise dans les domaines de la recombinaison génétique, de la psychopharmacologie, de l'intelligence artificielle et des prothèses. « How long before our computers are implanted in our brains, and seamlessly integrated into our cognition as an extra hemisphere ? Maybe 10 years, maybe 50 or 60, but it's coming ». Et citant Nietzsche – « L'homme est celui qui doit toujours se dépasser lui-même » – Max More répond affirmativement à la seconde question. « Pourquoi aller au-delà de nous-mêmes et de notre humanité ? Pourquoi chercher à devenir posthumain ? Pourquoi ne pas accepter nos limites humaines et renoncer à la transcendance ? Poser ces questions, c'est presque y répondre. La perspective humaniste des Lumières nous assure que le progrès est possible, que la vie est une grande aventure, que la raison, la science et la bonne volonté peuvent nous libérer des limites du passé. Nous pouvons évidemment accomplir encore beaucoup de choses en restant humains. Mais nous n'atteindrons des sommets encore plus élevés qu'en appliquant notre intelligence, notre détermination et notre optimisme à briser la chrysalide humaine pour en sortir. L'évolution, malgré nos efforts, a canalisé notre comportement dans des directions particulières déterminées par notre neurologie. Notre créativité se débat dans les limites de l'intelligence et de l'imagination humaines ». Il s'agit aussi de dépasser le paradigme médical contemporain qui entérine la distinction entre activité thérapeutique et modification non-thérapeutique du corps humain. « The contemporary medical paradigm embodies a distinction common to our culture : The sharp distinction between curing disease and enhancing functions to extraordinary levels. Doctors see their job as remedying disease and defect, not as augmentation of already-healthy function ». Que pensez-vous de ces positions tranhumanistes ?* [1]

G. H. — Je vais essayer de vous répondre point par point. D'abord, non je ne connaissais pas ce mouvement, pas même son existence. De ce que j'entends de vous, je constate qu'il soulève toute une série de questions très importantes qui recoupent clairement celles qui se posent à travers *ST* et que je m'efforce d'approfondir philosophiquement depuis la moitié des années 1970. Je pense, tout spécialement, au rapport avec l'humanisme des Lumières et à la mise en question du paradigme thérapeutique. Vous parlez vous-même d'un certain simplisme et d'un optimisme naïf. Je partage tout à fait cette impression. Personnellement, je suis plus prudent, non par crainte, mais parce que je pense que toute cette problématique, toutes ces perspectives sont infiniment plus complexes, ambivalentes, lointaines et lentes aussi, qu'il ne semble à écouter ces candidats à la transhumanité. Mais il ne faut pas non plus condamner la candeur, l'enthousiasme et l'optimisme en bloc. Ces transhumanistes sont peut-être les vrais idéalistes de demain. Ce qui me frappe, c'est qu'ils se présentent comme tout à fait respectueux de la liberté d'autrui et de la diversité de la vie. Simplement, ils n'acceptent pas qu'on leur impose des limitations au nom d'une certaine anthropologie qui est toujours la conception normative de quelqu'un ou de quelques-uns. Un individu n'a pas besoin de justifier ce qu'il a envie de faire aussi longtemps qu'il est celui qui supporte seul l'essentiel des conséquences de son action. Mais pour lui interdire de suivre son désir, les autres – la société – doivent pouvoir alléguer des justifications rationnelles très fortes. L'accomplissement du désir est justifié par le plaisir et l'épanouissement qu'il procure. Il n'en va pas de même de l'interdiction qui ne peut pas s'appuyer sur des objections émanant simplement d'une autre opinion, même très répandue et ancrée dans les mœurs. En tous cas, le philosophe que je suis ne peut admettre cette sorte d'interdits. Cela ne l'empêche pas, au plan pragmatique, de s'associer à la prudence et de recommander des moratoires, des règles et des interdictions revisables, compte tenu aussi de la perception sociale et de la sensibilité morale existantes.

1. Informations et citations proviennent de sites web consultés par Jean-Noël Missa.

Il faut tenir compte de ce que j'appelle les « risques symboliques » et pas seulement des risques techno-physiques associés à certains possibles. Les risques symboliques sont eux aussi une source potentielle de chaos, de violence et de souffrance. Le remède ? La culture. Mais une culture ouverte et évolutive. J'ai l'habitude, comme vous le savez, d'associer comme indispensables le développement de la culture scientifico-technique *et* celui de la culture du pluralisme ou du multiculturalisme. Mais revenons à votre question. Ce qui me trouble davantage que les idées transhumanistes, c'est la nature réelle de ce mouvement. Peut-il être davantage qu'une sorte de secte, à la manière des Raëliens ? Et s'il en est ainsi, n'est-il pas exclusivement capable d'opérer des transgressions symboliques, tout en donnant l'impression de pouvoir faire plus. Ce genre de confusion n'est pas admissible, car périlleuse pour les personnes qui s'y laissent prendre. Ces transhumanistes illustrent en tous cas ce que j'appelle la postmodernité techno-symbolique, ses interrogations, ses fantasmes. Il n'est pas à exclure non plus qu'un jour un semblable mouvement devienne assez organisé et nanti de moyens économiques et techno-scientifiques pour réaliser opératoirement et effectivement l'un ou l'autre point du programme transhumaniste. Les Raëliens s'y essayent avec le clonage. Ce que je crains, c'est que de telles aventures n'entraînent des souffrances inutiles et évitables à cause du manque de sérieux des hommes et des moyens qui s'y emploient. Ce risque est d'autant plus grand que ces entreprises manquent de transparence. Il n'est évidemment pas absent de la RDTS dans le secret des États et des Multinationales. Mais dans les sociétés démocratiques développées, les institutions – même celles qui sont partiellement soustraites au contrôle public – qui pratiquent la recherche technoscientifiques tentent de respecter au moins le fameux principe : « ce qui n'est pas scientifique n'est pas éthique ». Pas nécessairement par souci éthique, mais au moins par souci de cohérence, d'efficacité et d'économie.

J.-N. M. — *Vous ne vous feriez pas membre de ce mouvement ?*

G. H. — Je suis trop vieux pour être candidat à la posthumanité ou à la transhumanité. D'une manière générale, ce qui me mobilise, c'est moins un désir transhumaniste ou posthumaniste que l'impatience devant les humanistes *et* les anti-humanistes de toutes espèces qui craignent, refusent ou simplement sont incapables de penser librement, d'une manière critique et créative, particulièrement à propos de leurs propres conceptions et présuppositions. Cela vaut aussi pour les transhumanistes, qui manquent souvent d'imagination, d'où le simplisme naïf, daté, de leurs idées et fantasmes. Un exemple. Aujourd'hui, la génétique est à la mode. Dès lors, l'imagination évolutionniste s'enflamme dans le prolongement du génie génétique et de la modification biologique du corps-cerveau humain. Voici quelques dizaines d'années, le surhumain se cherchait surtout du côté des robots. Cette tendance n'a d'ailleurs pas entièrement disparu. Elle est en train de se redéployer sous l'influence de la R&D en intelligence artificielle et robotique particulièrement au Japon, peut-être aussi pour des raisons culturelles. Je me souviens d'un article dans *Le Monde*[1] sur l'ingéniérie évolutive où était développée la question de la construction d'« artelects ». Le terme contracte « artificial intellect » et désigne des cerveaux artificiels autonomes infiniment supérieurs aux capacités intellectuelles des humains et appelés à prendre le relais de ceux-ci. L'article imaginait un conflit entre les « cosmistes » – ce sont vos transhumanistes – et les « terrans », conservateurs protecteurs de l'espèce humaine naturelle-culturelle, prêts à tout au nom de ce devoir sacré, y compris l'assassinat de cosmistes. Remarquez pourtant que dans l'hypothèse « artelect », le posthumain est une réalité extérieure à l'espèce humaine qui demeure biologiquement non affectée. Le cosmiste n'envisage pas de toucher au corps humain qui, pour beaucoup, incarne l'image sacrée de l'humanité. D'autres considèrent que les mutations de l'espèce humaine viendront de sa lente dissémination à travers l'espace, vers les planètes et les étoiles. Je me souviens avoir participé à un ouvrage collectif sur ce sujet en compagnie de spécialistes français de l'astrophysique et de l'astronautique principalement. L'ouvrage portait un curieux titre hybride : *Le spatiopithèque*[2].

1. Du 9 novembre 1999.

2. Aybaury H. et Schneider J. (éds.) (1987), *Le spatiopithique. Vers une mutation de l'homme dans l'espace*, Paris, Éditions Le Mail et Radio France.

J.-N. M. — *N'y a-t-il pas un devoir de maintenir l'espèce humaine telle qu'elle est ? Un éthicien peut-il accepter que l'être humain soit progressivement remplacé par le transhumain ?*

G. H. — Si une telle déontologie de l'éthicien ou de l'éthiciste existe, comme des aspects de l'institutionnalisation de la bioéthique en biodroit inviteraient, peut-être, à le penser, cette déontologie n'est jamais que le reflet d'*une* morale. Je ne suis pas un « éthicien », terme que je n'aime guère parce qu'il véhicule une spécialisation ou une professionnalisation dans le domaine de l'éthique appliquée. Celle-ci tend à imposer des standards, des « bonnes pratiques éthiques », c'est-à-dire une sorte de code dont il y a lieu de craindre qu'il ne sera pas régulièrement réévalué, comme le sont les standards professionnels et techniques. Nous sommes évidemment sur cette voie avec les interdits déjà amplement diffusés – clonage, thérapie germinale, chimérisme, eugénique... – dont le vague permet de balayer très large, et avec la publication de Conventions et de Déclarations bioéthiques internationales ayant plus ou moins force de loi. Nombreux sont ceux qui voudraient aller beaucoup plus loin en interdisant toute expérimentation sur l'embryon, la procréation médicalement assistée, le diagnostic génétique, ou encore toute forme d'avortement. D'où vient cette conception selon laquelle la réflexion éthique devrait être essentiellement conservatrice et naturaliste, voire franchement réactionnaire, si ce n'est de morales traditionnelles ? Or, celles-ci n'ont pas le monopole du bien, ni de la bonne volonté, ni de la lucidité. Elles sont solidaires de cosmologies et d'anthropologies anciennes, associées à des expériences, des savoirs, des techniques, trop éloignés des sciences et des technologies contemporaines.

J.-N. M. — *Du « transhumain » ou du « post-humain », au « suprahumain » ou à « l'inhumain », la transition est-elle bien perceptible ?*

G. H. — Beaucoup ne veulent pas voir de différence, par paresse et parce que cela les arrange. Or, c'est précisément ici qu'il est indispensable de distinguer et de juger, c'est-à-dire de faire preuve de cette fameuse « capacité éthique ». J'ai assisté à des agressions, heureusement seulement verbales, où des médecins pratiquant la procréation assistée ou le diagnostic prénatal et l'avortement thérapeutique se faisaient traiter de nazis. J'aimerais vous lire un extrait de dialogue emprunté à un roman, intitulé en français

L'énigme de l'univers, dont Gérard Klein assure qu'il est dû à « l'écrivain le plus intelligent de la SF contemporaine » [1] et qu'il est « l'un des plus nouveaux de la fin du xxe siècle ». C'est, en effet, une fresque étonnante de cette postmodernité technosymbolique que nous avons évoquée à propos des transhumanistes. Voici : « – Quelle est l'attitude la plus paresseuse – intellectuellement parlant – à laquelle vous puissiez songer pour avoir raison dans une discussion ? (....) Dire que votre adversaire manque d'*humanité.* (...) C'est la plus ancienne arme sémantique qui soit. Songez à toutes les catégories de gens qui ont été classés comme *non humains* dans diverses cultures à diverses époques. Des gens d'autres tribus. Des gens avec une autre couleur de peau. Les esclaves. Les femmes. Les malades mentaux. Les sourds. Les homosexuels. Les Juifs. Les Bosniaques, les Croates, les Serbes, les Arméniens, les Kurdes...(...) – Vous ne croyez pas qu'il y a une légère différence entre envoyer quelqu'un à la chambre à gaz et employer l'expression au figuré ? – Bien sûr. Mais supposons que vous m'accusiez de "manquer d'humanité". Qu'est-ce que ça veut dire en réalité ? Qu'est-ce que je suis censé avoir fait ? Tué quelqu'un de sang froid ? Noyé un petit chien ? Mangé de la viande ? Être resté insensible à la *Cinquième Symphonie* de Beethoven ? Ou simplement ne pas avoir – ou ne pas chercher à avoir – une vie affective en tous points identiques à la vôtre ? N'avoir pu partager toutes vos valeurs et aspirations ? (...) La réponse est : N'importe laquelle des raisons ci-dessus. Voilà pourquoi c'est foutrement paresseux. Mettre en question "l'humanité" de quelqu'un, c'est le mettre dans le même sac que les tueurs en série, ce qui vous économise la peine d'avoir à dire quoi que ce soit d'intelligent sur son opinion. Et vous permet d'annexer un vaste consensus imaginaire, une majorité scandalisée massée derrière vous, prête à vous soutenir jusqu'au bout. (...) Non seulement vous définissez le mot "humanité" comme si vous aviez quelque droit divin de le faire... mais vous sous-entendez que tous les autres habitants de la planète – excepté les réincarnations d'Adolf Hitler et de Pol Pot – sont d'accord avec vous jusqu'au moindre détail. » [2]. On assiste ces temps-ci à une

1. Greg Egan, *Distress,* 1995. En français, dans le Livre de Poche.
2. *O.c.*, p. 105-106.

multiplication des publications autour de "l'humain". Dès les années 1970, j'avais anticipé ce phénomène en décrivant ce que j'appelais alors "l'émergence" de l'humain [1] : la thématisation défensive ou offensive de l'horizon de finitude se profilant sur l'absence d'horizon du rapport opératoire à l'espace et au temps.

J.-N. M. — Le Principe d'Humanité [2] *de Jean-Claude Guillebaud, qui vous critique durement, relève de cette tendance ?*

G.H. — Très clairement. Il rassemble une foule d'alliés à l'aide d'une compilation de citations et il se trouve quelques boucs émissaires. La définition du principe d'humanité qu'il donne au début de son livre vaut la peine d'être citée : « Ce qui est en cause aujourd'hui, ce n'est pas seulement la "survie de l'humanité", définie comme communauté habitant la planète Terre, mais bien, en chacun de nous, *la persistance de l'humanité de l'homme ;* cette qualité universelle que Kant appelle *Menschheit* et qui fait véritablement de la personne un être humain » [3]. Dans la phrase suivante, il est question de « l'humain de l'humain ». Ce qui frappe d'abord, c'est le caractère tautologique, totalement vide de cette définition. Mais *à bon entendeur salut*... Le commentaire philosophique critique le plus profond que je puisse faire de ces variations tautologiques autour du mot « humain » est qu'elles attestent, involontairement sans doute, de l'essence symbolique, verbale, et quelquefois verbeuse, de l'« *être-humain* ».

J.-N. M. — *Cela vous inquiète-t-il ? Vous défendez des positions favorables à la RDTS. Vous voyagez beaucoup. Nous vivons une époque où le (bio)terrorisme est omniprésent ? Vous est-il arrivé d'avoir peur pour vous-même, pour vos proches, pour vos collègues ? Hésitez-vous parfois à exprimer vos positions véritables ? La fiction n'est-elle pas un moyen détourné pour dire ce que vous pensez vraiment ?*

G. H. — Voilà encore une avalanche de questions. Ce que je pense vraiment n'est pas simple, ni absolument univoque, comme, je l'espère, la plupart de mes publications l'indiquent à qui veut bien les lire sans partialité excessive. Certaines sont plus polémiques que d'autres en raison des circonstances de leur rédaction.

1. Voir *L'inflation du langage dans la philosophie contemporaine*, O.C., p. 283 *sq.*
2. Seuil, 2001.
3. *O.c.,* p. 17.

Ceci est inévitable dans des domaines qui touchent à la bioéthique de plus en plus biopolitisée. Je souhaite que le dialogue que nous avons puisse contribuer à clarifier quelques points. Suis-je inquiet ? Je n'écarte pas, à moyen terme, des risques d'affrontements, éventuellement violents, entre deux nébuleuses, dont *ST* offre une description caricaturale, sous le nom d'Anarchecs et de Technoscients. Le risque d'une sorte de guerre civile interne à l'espèce humaine chaotiquement globalisée, qui aurait des allures de guerre des religions. Une guérilla multi-locale, plutôt que massive. Le fossé, je le crains, risque de se creuser entre deux sensibilités complexes, mais qui se caricaturent mutuellement, et que l'on peut appeler les « transhumanistes » se prenant pour des progressistes et les « humanistes humains » refusant de se voir comme des conservateurs ou des réactionnaires et se disant gardiens des vraies valeurs. Ce fossé pourrait apparaître aux deux camps comme de plus en plus absolu et infranchissable. Il n'est pas indispensable de se porter à la pointe de la recherche technoscientifique pour l'illustrer. Prenez, par exemple, l'opposition entre ceux qui estiment que le recours en routine au diagnostic prénatal suivi d'une IVG en cas de résultat positif constitue une démarche raisonnable, éclairée et bonne, et ceux qui jugent ce comportement abominable, contraire à toute morale, absolument irrespectueux de la vie humaine. Le fossé qui sépare les individus et les groupes qui s'excommunient ainsi réciproquement n'est, en réalité, pas si profond : on ne saute pas aussi simplement hors de l'espèce et de la condition humaines. Mais on le rend tel. Des forces intégristes, naturalistes ou tout simplement traditionalistes et réactionnaires, y travaillent. Leur extrême myopie les égare. Et ce n'est pas sans inquiétude que j'entends, par exemple, Léon Kass, récemment nommé Président du Conseil de Bioéthique auprès du Président des États-Unis, se fonder sur une « sagesse de la répugnance » comme source d'inspiration pour les décisions éthiques. Cette sagesse, qui n'est rien de plus que la sensibilité morale conservatrice, rejette spontanément tout ce qui est « anti-naturel ». Ou plus exactement : non-conforme à la nature telle que la culture traditionnelle la représente. L'appel à l'émotion, surtout à ce niveau viscéral, est d'autant plus dangereux qu'il inspire une politique. Malheureusement, trop de responsables politiques ont peur de rompre avec les facilités démagogiques lorsqu'il s'agit d'éclairer et d'éduquer l'opinion. Et trop d'intellectuels et de philosophes ne font pas leur travail critique sérieusement. Un exemple banal, mais parlant. Que n'a-t-on pas déjà dit, écrit, contre le clonage reproductif humain ? Massivement – beaucoup d'intellectuels et de politiques en tête – le clonage est condamné, mis au ban de l'être-humain. La condamnation se donne pour universelle et elle est, en effet, très largement répétée. Voilà, enfin, un point de ralliement pour l'humanité, et pour l'Union Européenne en particulier, qui a inséré l'anathème dans sa Charte des Droits Fondamentaux du Citoyen Européen en attendant de pouvoir l'introduire dans sa future Constitution. Concevez maintenant qu'un clone humain naisse. Que va-t-on faire ? Tout appelle au fond à la destruction de ce monstre qui aurait contre lui toute l'humanité. Dès 1982, Hans Jonas soulignait à ce propos qu'« un seul essai serait déjà impie » [1]. Lorsque l'on a discuté du clonage humain reproductif au Comité Consultatif de Bioéthique de Belgique, j'ai insisté pour que figure dans l'Avis la mention selon laquelle si un clone venait à naître, il devrait être respecté au même titre que n'importe quel autre enfant. Ce point a été adopté à l'unanimité du Comité qui a ainsi fait preuve d'une grande intelligence et d'une profonde sensibilité éthiques. Il rend manifeste les contradictions dans lesquelles s'enfoncent les intégristes de l'humain : « Tous les membres du Comité s'accordent aussi pour préciser que si un clone humain devait naître – fût-ce suite à des actes illicites – il serait un être humain à part entière et aucune des argumentations proposées ne pourrait servir à contester sa dignité d'être humain » [2]. Lorsque l'on sait que plusieurs de ces arguments utilisent des concepts onto-théologiques relatifs à l'essence ou à l'image de l'homme, on prend la mesure de leur dangereuse inadéquation. C'est ce danger que le Comité lui-même a su très heureusement désamorcer.

1. Repris dans *Technik, Medizin und Ethik. Praxis des Prinzips Verantwortung*, Frankfurt-am-Main, Insel, 1985.

2. Cassiers L., Englert Y. *et alii* (eds), *Les Avis du Comité Consultatif de Bioéthique de Belgique 1996-2000*, *o.c.*, p. 158.

J.-N. M. — *Il me semble néanmoins que* Species Technica *exprime et alimente ce symbolisme antagoniste profondément émotionnel qui oppose la technoscience inhumaine à l'humanité.*

G. H. — On peut le lire ainsi, et je ne doute pas que cette fiction puisse alimenter l'irrationalisme technoscientophobe. D'où l'importance d'une mise au point. Notez qu'en réalité, *ST* oppose deux barbaries. Les intégristes de l'humain et de la nature *et* les Technoscients sont également barbares.

Une religion de la recherche technoscientifique ?

J.-N. M. — *A plusieurs reprises, le mot « religion » a été prononcé, dans des contextes divers et avec des connotations contradictoires. Les références ou allusions religieuses sont fréquentes dans* Species Technica. *Ainsi, par exemple, Mary-Ann comprend que Gillian n'adopte pas « sans réserves la religion des partisans de la mutation technologique ». Vous avez aussi, très brièvement, évoqué votre engagement laïque critique à l'égard de la religion, engagement qui ne va cependant pas sans ambiguïtés. Pouvez-vous clarifier les rapports que vous voyez entre religion et technoscience ?*

G. H. — C'est une question immense. Commençons, si vous le voulez bien, par les références au religieux dans *ST.* Elles sont très nombreuses. Il y a d'abord, formant le fil même du récit, le thème de la quête. « J'itinère, dit Gillian, comme un pèlerin de l'avenir, d'Institut en Institut, en quête des signes et des figures de l'évolution ». Il s'agit d'une sorte de mystique de la recherche technoscientifique dans ce qu'elle comporte de plus radical : la recherche du successeur d'homo. Cette quête se situe dans le prolongement de la quête classique de la vérité (ou de dieu), mais à une époque où la science est devenue technoscience de telle sorte qu'elle n'a plus pour visée de découvrir un absolu toujours déjà là : elle a pour vocation ultime de le produire, de l'inventer, au fil d'un avenir que l'humanité elle-même tisse. Dans *ST,* cette temporalité paraît univoque, dans le sillage d'une philosophie évolutionniste qui invite l'homme à prendre le relais technoscientifique d'une évolution bio-cosmique dont il serait le grandœuvre actuel, mais non la fin ultime. Cette poursuite de l'œuvre cosmique est toutefois tâtonnante : l'invention de l'avenir est radicalement empirique, inanticipable, c'est-à-dire qu'on ne peut faire l'économie de la durée expérimentale, avec ses errances, ses erreurs, ses impasses, ses surprises. C'est pourquoi la transcendance opératoire est dite « noire » ou « aveugle ». Et elle apparaît d'autant plus symboliquement et spéculativement impénétrable que le futur considéré est lointain. Pourtant, le spéculatif ou le symbolique ou le mystique – entendez : la référence à l'absolu, à l'infini – constituent un ingrédient essentiel de l'évolution relayée par la recherche technoscientifique. Ils en sont, souligne Spinrad, « le levain ». Sans ce moteur évolutif qui, dans la phase anthropologique de l'évolution prend la forme spéculative ou symbolique du désir d'infini ou d'absolu, l'utilitarisme, le pragmatisme, l'hédonisme, la technocratie, le totalitarisme scientiste, conduiraient à clore la quête, en lui substituant l'utopie immobile d'un « brave new world ». Voilà pour la mystique du Réseau des Instituts. Mais l'histoire que raconte *ST* – qui est celle de Gillian – dénonce cette mystique : elle est l'histoire de la transformation d'une quête surhumaine en une enquête humaine. Au départ, Gillian est d'esprit avec les Technoscients. A la fin, ceux-ci ne sont plus que ses ennemis dans un sens simplement humain, des ennemis à combattre et à détruire.

J.-N. M. — *Nous avons déjà évoqué l'importance que vous accordez à l'expression « Fils de l'Homme ». Pouvez-vous en dire un peu plus dans le cadre de cette dimension religieuse ?*

G. H. — Ce qui me frappe rétrospectivement, c'est moins la symbolique christologique irrévérencieuse transparente que la grande prudence avec laquelle la thématique de la transcendance opératoire est ainsi traitée. C'est encore Spinrad, le chef des Technoscients, qui le souligne : « le successeur de l'homme n'est pas à la portée de l'homme ». – « L'homme n'a pas la capacité d'imaginer ni d'anticiper conceptuellement sa propre transcendance ». Dans *ST,* il y a un redoublement de la médiation : le Fils de l'Homme à créer n'est, suivant la tradition christologique, qu'un médiateur entre l'humanité et l'absolu ou Dieu. Mais le « Projet Fils de l'Homme » ne crée lui-même qu'une médiation encore antérieure : le Cyborg mosaïque. Tout cela est aussi très *technique :* un médiateur est un moyen, un instrument : le Cyborg, dit Spinrad, est « l'instrument de l'évolution », « un instrument du Temps ».

J.-N. M. — *Un instrument inopérant. Le Projet échoue.*

G. H. — Peut-être. *ST* s'achève avec la destruction du Cyborg. Le Projet était en cours. Il n'est pas dit que le Cyborg constituait un raté évolutionniste. Seulement, une abomination humaine. En la détruisant, Gillian tente de régler son problème. Il ne règle pas le problème de l'espèce humaine, même si c'est au nom de l'humanité qu'il prétend régler son problème. Le redoublement de la médiation n'est-il pas l'indication et l'amorce d'une cascade de médiations ou d'essais très longue, indéfiniment longue. Comme le Messie que l'on espère indéfiniment. Ou la Différ*a*nce qui remet sans fin. Cela n'est pas très clair dans *ST*, qui participe encore trop de la temporalité apocalyptique. D'où l'impossibilité de nouer à la recherche technoscientifique un rapport « décontracté », un rapport qui ne connote pas excessivement le messianisme et le millénarisme en provenance de la tradition chrétienne. Pour accéder à cette décontraction, il faut avoir assimilé plus profondément, affectivement aussi, l'immensité du temps.

J.-N. M. — *La médiation christologique est d'amour; elle n'est pas technique.*

G. H. — C'est évidemment là aussi que le bât blesse, et il faudra aborder la question de l'amour dans *ST*. Mais nous avons seulement effleuré la problématique des rapports entre religion et technoscience.

J.-N. M. — *Vous venez d'évoquer la fin du récit. Elle est, pour le moins, sibylline. Gillian est-il fou ? Sa folie est-elle la conclusion de son histoire personnelle, du drame existentiel qu'il a vécu ? Ou bien a-t-elle été induite artificiellement par une manipulation neurologique des Technoscients ?*

G. H. — Vous soulevez une question qui est aussi très générale. Un jour peut-être pourra-t-on produire techniquement l'expérience mystique de la coïncidence des contraires, c'est-à-dire l'expérience de l'absolu. Mais même si cette expérience peut combler la conscience individuelle, elle ne résout pas l'univers; elle ne dissout pas toute la souffrance du monde. Elle peut seulement passer pour le but ultime de certains individus et de certaines collectivités: *brave new world* mystique. D'aucuns semblent s'imaginer, en effet, que la finalité de l'espèce humaine est de produire des mystiques, des contemplatifs, et puis de s'éteindre. Une neurotechnoscience sophistiquée, mise au service de certaines croyances, pourrait alimenter ce scénario de SF mystique. Ce qui fait vraiment peur dans la technoscience, c'est son efficacité. Comment pourrait-on faire la différence entre une expérience mystique obtenue par des « moyens naturels » ou produite techniquement et n'entraînant pas d'effets marginaux négatifs ? Et pourquoi condamnerait-on cette dernière ? Pourquoi s'astreindre à de longues, difficiles et aléatoires méditations et ascèses si l'on peut obtenir le même résultat avec quelques molécules ou impulsions électriques ? Ce qui importe, c'est de ne pas s'y arrêter. Là est la racine d'une crainte légitime : qu'à produire de l'absolu technique aisément, la conscience ne s'en satisfasse. Mais une telle conscience serait une conscience limitée, très inconsciente alors même qu'elle ferait l'expérience de l'absolu. La bonne réponse n'est pas : refusons la technique de peur de nous en satisfaire. Non : saisissons la technique et jouissons-en, en entretenant la conscience de ses limites et la volonté d'aller au-delà, de poursuivre. L'important est le sens de la transcendance, du méta. Mais les techniques de la transcendance et les expériences de la transcendance évoluent. Pour en revenir à *ST*, il n'y a aucune raison de privilégier une interprétation. La fin de *ST* me demeure encore aujourd'hui assez mystérieuse. Elle est symboliquement surdéterminée. Gillian est-il vraiment fou, ou comme il le dit : « initié » ? Une lecture est possible qui s'inspire moins directement des religions judéo-chrétiennes que de la tradition ésotérique. Au sein du volcan, Gillian a franchi les épreuves de la terre et du feu ; initié, il est au bord de l'océan Pacifique, sous le signe de l'air et, surtout, de l'eau. L'océan est une figure familière de l'inconscient, du chaos créateur, dans la contemplation duquel Gillian se perd. Mais il y a aussi la fontaine et le dialogue sans mots qu'il noue avec Monique et Pierre à travers les formes mobiles de l'eau.

J.-N. M. — *La terre, le feu, l'air, l'eau. Les quatre éléments de la tradition. Y a-t-il une clé symboliste de* Species Technica ?

G. H. — Il y a de la place pour diverses lectures. Des interprétations inspirées par des traditions gnostiques, par exemple. Sous l'influence des ouvrages de Hans Jonas, les tentatives d'éclairage de la modernité scientifique et de la contemporanéité technoscientifique à partir de ces traditions se sont multipliées, et nous avons, comme vous le savez, en Belgique des chercheurs qui travaillent sur ces sujets[1]. L'année même où j'écrivais *ST,* Jean Brun publiait *Les masques du désir*[2], qui contient bien des passages susceptibles d'entrer en résonance avec *ST,* mais que je n'ai lu que quelques années plus tard. *ST* n'est, de toutes manières, pas un roman « à clé ».

J.-N. M. — *Il n'est donc pas sûr que Gillian soit fou ? Je lis : « Par un paradoxe inouï, le sabotage chimique d'un cerveau avait engendré un esprit mystique ».*

G. H. — Cette phrase ne lève pas l'ambiguïté. Un chaman, un sorcier homme-médecine sont-ils fous ? Peut-être aurez-vous noté qu'il y a deux acteurs positifs dans *ST :* Mary-Ann qui représente la voie de l'amour humain au sein de la société telle qu'elle existe, et Walni, l'Indien Hopi qui d'abord sauve, puis aide Gillian. Il veille la nuit alors que Gillian descend dans l'abîme afin de délivrer non seulement l'âme de son fils et la sienne, mais aussi, indirectement, l'âme du peuple Hopi. A la fin, au bord de l'Océan, Gillian lit un livre sur le langage des Indiens d'Amérique. Ce qui le séduit, c'est une forme de vie où l'harmonie règne entre la symbolisation, les techniques, les êtres et les choses de la nature. Une forme de vie bien antérieure ou étrangère aux religions occidentales. Une forme de vie qui relève du temps du mythe et du monde de la magie. Avant les dissociations entre nature et surnature, chose et langage, corps et esprit…

J.-N. M. — *Ce qui veut dire...*

G. H. — …que le judéo-christianisme a un rapport généalogique ambivalent à la technoscience et aux fantasmes qui l'accompagnent. Il n'offre aucune issue viable ; en tous cas, aucune issue régressive.

J.-N. M. — Species Technica *a pour toile de fond la lutte mondialisée entre deux ensembles : le Réseau des Technoscients et l'Anarchécologie Internationale. S'agit-il de religion ou de politique ?*

G. H. — Des deux. Mais l'ambition universaliste de la science et de la religion, associée à l'affirmation de l'origine et de la validité

1. Telles Nathalie Frogneux à l'Université Catholique de Louvain : *Hans Jonas ou la vie dans le monde,* Bruxelles, De Boeck Université, 2001, et Marie-Geneviève Pinsart à l'Université Libre de Bruxelles : *Hans Jonas et la liberté,* Paris, Vrin, 2002.

2. Paris, Buchet-Chastel, 1981.

non simplement humaines et subjectives de cette universalité, fait qu'elles se définissent comme apolitiques. La vérité religieuse se dit surhumaine, divine. La vérité scientifique se dit non subjective, objective. On peut comprendre la prétention à l'apolitisme si l'on considère que la lutte politique chercherait seulement le triomphe d'un groupe humain particulier, tandis que la religion ou la science combattent au nom de la Vérité universelle. A l'aube de la science moderne, Francis Bacon avait parfaitement compris l'argument qu'il détaille dans une page célèbre du *Novum Organon* où il distingue « trois genres et comme trois degrés d'ambition : le premier comprend ces hommes qui sont avides d'accroître leur propre puissance au sein de leur pays ; c'est le genre le plus commun et le plus vil. Le second comprend ceux qui s'efforcent d'accroître la puissance et l'empire de leur patrie au sein du genre humain ; ce genre montre plus de dignité, mais non moins d'avidité. Mais qu'un homme travaille à restaurer et à accroître la puissance et l'empire du genre humain lui-même sur l'univers, cette ambition-là sans doute (s'il faut encore la nommer ainsi) est plus sage et plus noble que les autres. Or l'empire de l'homme sur les choses repose tout entier sur les arts et les sciences »[1]. Il s'agit donc de l'ambition technoscientifique. Bacon ne dit pas que cette ambition n'est pas du tout politique et encore moins qu'elle est étrangère à la religion. Il la distingue cependant nettement. Nous reviendrons, si vous le voulez plus tard, sur la question du politique dans *ST*. Les Technoscients et les Anarchecs sont très différents à maints égards. Les premiers sont fortement organisés en un réseau hiérarchisé et fermé au monde profane. Les Instituts sont comparés à des « sanctuaires de la recherche » où « le futur s'engendre ». Ce sont comme les cathédrales de la technoscience. Mais le Réseau des Instituts et des Technoscients n'est pas sans relations avec le monde extérieur, spécialement avec le monde économique. L'Institut de Spinrad est associé à une multinationale qui commercialise les produits de la recherche, la « General Anthropotechnics ». Or, ceci est tout à fait intéressant, et pas simplement en raison de sa grande actualité pour la RDTS contemporaine. Que produit et vend cette multinationale ? Des

1. Aphorisme 129, Livre I. Nous citons d'après la traduction de M. Malherbe et J-M. Pousseur, parue aux P.U.F.

prothèses. C'est-à-dire des artefacts destinés à pallier des déficiences humaines fonctionnelles. Son apparence publique est donc très traditionnellement morale : elle œuvre au service de la médecine thérapeutique qui lutte contre les souffrances. Mais sa face cachée est l'aide à la production du Cyborg, la prothétique non palliative, mais méliorative, évolutionniste. La recherche technoscientifique publiquement justifiée par le soulagement des souffrances associées à la condition humaine débouche en réalité secrètement sur le dépassement de celle-ci. Et l'ambiguïté peut être généralisée. Les innovations, gadgets et autres artefacts dont la civilisation technoscientifique inonde les masses constituent les leurres qui permettent de maintenir ces masses au travail et de les utiliser. Cette exploitation produit un surplus proprement créatif qui va dans le sens du dépassement. La mise au point d'un œil de palliation est le tremplin d'organes qui permettront de percevoir plus que la lumière du spectre. La compétition sportive qui enflamme les masses téléspectatrices est l'occasion d'une compétition entre laboratoires remodelant le corps humain au-delà de ses limites naturelles. La thérapie génique est l'antichambre de l'eugénique, etc.

J.-N. M. — *Vous me faites songer parfois à* L'Avenir de la science. *Renan, autre contempteur du politique, y écrit : « Pour nous autres idéalistes, une seule doctrine est vraie, la doctrine transcendante selon laquelle le but de l'humanité est la constitution d'une conscience supérieure ou, comme on disait autrefois, "la plus grande gloire de Dieu" ; mais cette doctrine ne saurait servir de base à une politique applicable. Un tel objectif doit, au contraire, être soigneusement dissimulé. Les hommes se révolteraient s'ils savaient qu'ils sont ainsi exploités »* [1].

G. H. — Je ne suis pas sûr que les hommes se révolteraient. Pour beaucoup, cette révélation apporterait un plus, sans doute difficilement intelligible, mais susceptible d'accorder un sens supplémentaire à leurs souffrances et à leurs jouissances. Car cette exploitation n'est pas un simple esclavage : elle contente une foule de besoins et d'envies limités. La religion a toujours été biface. Elan mystique, théologie exigeante pour quelques-uns *et* superstition sensible pour la plupart. Dans notre civilisation

1. Extrait de la Préface (rédigée en 1890) à *L'Avenir de la science*, qui date de 1848.

technoscientifique et économiste, le désir (d')infini pulvérisé à travers la foule des individus se dissout et se déplace dans la demande d'un accroissement continu du pouvoir d'achat et de consommation gadgétophile. Mais votre rapprochement avec Renan me frappe et mérite un commentaire. Il n'y a pas très longtemps, à la suite d'une conférence, un collègue m'a fait une remarque similaire. Cela m'a intrigué et j'ai donc parcouru *L'Avenir de la science.* Ce fut comme si je découvrais là une image déformée. Dans le contexte de la publication de *ST* vingt ans après sa rédaction, il est piquant de constater que Renan a rédigé son manuscrit en 1848 et s'est décidé à le publier en 1890. Ce qui fait défaut, à mon sens, à Renan, c'est la perception de la recherche et de la science comme opératoires, techniciennes, intrinsèquement. Ses sciences de référence sont la philologie et l'histoire. Renan appartient bien au XIXe siècle. Il transfère très clairement de la religion traditionnelle au progrès scientifique l'aspiration vers l'infini, le désir de transcendance ; il professe expressément une religion de la recherche qui doit rester indépendante du politique, mais facilitée et protégée par l'État. Il n'ignore pas les sciences physiques ; toutefois, ce sont les sciences de l'homme, c'est-à-dire les sciences des produits de l'esprit, spécialement l'histoire, qui dominent. Il est assez éclairant de rappeler que son premier texte publié s'intitule *De l'origine du langage* et qu'il a l'ambition d'y étudier « l'embryogenèse de l'esprit humain ». Sa conception de la science et de l'idéal humain demeure profondément logothéorique. Son homme et l'avenir de l'homme sont « spéculaires » et « symboliques ». Ainsi compare-t-il, au début de *L'Avenir,* l'âme à « un miroir où se reflète l'univers », ajoutant que « c'est par la science qu'elle peut réfléchir une portion plus ou moins grande de ce qui est et approcher de sa fin, qui serait d'être en parfaite harmonie avec l'universalité des choses »[1]. Il s'agit « d'organiser scientifiquement l'humanité », et, ensuite – ce qui est plus énigmatique – « d'organiser Dieu ». Mais tout cela demeure étranger aux questions aujourd'hui suscitées par l'anthropotechnique et la RDTS. Pour preuve : « Je ne connais, écrit-il, qu'un seul résultat à la science, c'est résoudre

1. Dans l'édition Garnier-Flammarion, 1995, p. 89.

l'énigme, c'est de dire définitivement à l'homme le mot des choses »[1]. Peut-on rêver d'une expression plus directe du caractère exclusivement langagier des fins dernières de l'homme et de la science ? La critique de la métaphysique par James, que j'aime rappeler, s'applique parfaitement à ce propos. Je trouve donc chez Renan à la fois la représentation d'une conception que je n'ai cessé de mettre en question, et des indications fortes dans lesquelles je pourrais, moyennant des aménagements importants, me reconnaître.

J.-N. M. — *Et l'Anarchécologie internationale ?*

G. H. — C'est l'autre force religieuse et politique qui se dispute le monde et l'avenir de l'humanité. Mais il s'agit d'une nébuleuse dont le seul ciment est le refus de la technoscience et de la transcendance opératoire de la nature et de l'homme. Sertigo, le médecin déchu, devenu prêtre fanatique, en exprime le catéchisme violent. Cette polarisation de l'imaginaire entre la RDTS planétaire et l'ensemble flou traditionaliste et naturaliste qui s'y oppose était embryonnaire voici vingt ans. Elle tend à dominer le début du XXIe siècle, mais en s'exprimant principalement à travers le langage de l'économie qui masque des enjeux fondamentaux. Elle est devenue, depuis quelques années, une source d'inspiration pour la SF. Dans *Le marteau de Dieu*[2], A.C. Clarke l'illustre à propos de la menace d'un astéroïde se dirigeant vers la Terre. Nous sommes à l'aube du XXIIe siècle et de nouvelles religions ont fleuri, notamment le « Chrislamisme », une synthèse du Christianisme et de l'Islam. Le Chrislamisme ainsi qu'une série de sectes interprètent la menace comme voulue par Dieu. Pour ces religions, il faut laisser venir l'apocalypse. Aussi s'efforcent-elles de saboter les entreprises techniques visant à détourner le danger. La croyance en l'apocalypse comprend la conviction que Dieu doit tuer l'humanité physiquement afin de la sauver symboliquement, de la métamorphoser pour la vie éternelle. Or, si cette croyance a été, durant des siècles, substantielle, elle ne l'est plus guère de nos jours. Je veux dire : les hommes ont cru dans l'im-

1. *O.c.,* p. 94.
2. La version anglaise de l'ouvrage date de 1993 ; traduction française : Paris, Éditions J'ai lu, 1995.

mortalité de l'âme, dans la résurrection effective à la fin des temps. Aujourd'hui, on croit de moins en moins à ces fables qu'il ne s'agit plus de prendre à la lettre. Pourtant, la structure eschatologique, millénariste et apocalyptique de la temporalité est, consciemment ou inconsciemment, largement conservée : l'humanité est en vue de sa fin. Toutefois, si l'on ne croit plus que cette fin sensible constitue le début de la vie spirituelle éternelle et si, en même temps, on songe sérieusement à l'immensité cosmique du temps à venir – des milliards d'années – à quoi aboutit-on ? On est confronté brutalement à la fin physique, totale et sans rédemption d'aucune sorte, de l'humanité, comme seule perspective sur le futur à moyen ou à long terme. A moins de considérer qu'il revient à l'homme, prenant opérativement la place symbolique de Dieu, d'assumer lui-même désormais l'apocalypse, c'est-à-dire de « tuer » progressivement l'humanité en la transformant. C'est une exégèse possible de la transcendance opératoire.

J.-N. M. — *Ne vous inquiète-t-elle pas ?*

G. H. — Ma formulation force le trait, elle prolonge la métaphore religieuse. « Tuer » n'est pas à prendre au sens propre, quoique, dans *ST,* la transcendance opératoire s'exprime à travers l'horreur du cyborg mosaïque.

J.-N. M. — *N'est-ce pas cette transcendance opératoire que les Anarchecs entendent exorciser par le « sacrifice technologique » ? Cette caricature épouvantable de l'expérimentation humaine n'est pas sans rappeler les fameuses « expériences pseudo-scientifiques » des médecins nazis condamnés à Nuremberg.*

G. H. — Le sacrifice technologique ressemble à une démarche expiatoire. Les victimes sont des Technoscients dont le sacrifice barbare rachète en quelque sorte les crimes ou péchés contre l'humanité et la nature. Plus intéressante est la démarche du biocybernéticien Vitovski qui, se sachant en phase terminale d'un mal incurable, découvre la rédemption dans une première expérimentale consistant dans la jonction directe de son cerveau au super-ordinateur Biocyb. L'expérience l'emportera rapidement, mais il meurt avec la conviction de rendre le plus grand service évolutif qui soit encore à sa portée. Il offre en quelque sorte sa mort à la transcendance opératoire de l'espèce. Notez que cette transcendance opératoire ne va pas sans conviction, c'est-à-dire sans une puissante symbolisation concernant la vie, la mort, l'individu, l'espèce et le sens possible de tout cela.

J.-N. M. — *J'ai envie de vous demander comment vous, Gilbert Hottois, voyez aujourd'hui ces questions qui sont ultimes, puisqu'elles concernent – comme vous venez vous-même de le rappeler – « la vie, la mort, l'individu, l'espèce et le sens de tout cela » ?*

G.H. — Ainsi que je l'ai déjà dit, je suis devenu plus attentif aux nuances, à la complexité concrète, sans renoncer cependant à ces grandes interrogations qui restent, pour moi, et doivent rester, des questions directrices. J'ai également vingt ans de plus et ce fait modifie mon regard, mon rapport au temps et à la vie. *ST* accentue caricaturalement les antagonismes. Les rapports historiques entre les religions judéo-chrétiennes et l'essor ainsi que le développement des sciences et des techniques modernes sont beaucoup plus compliqués et ambivalents que ne le suggère l'opposition incarnée par Sertigo. Les témoignages historiques de cette complexité sont innombrables. Copernic et Mendel étaient des moines. Les fondateurs de la physique et de l'astronomie, tels Kepler ou Newton, entretenaient des croyances théologiques, astrologiques et alchimiques, extrêmement répandues de la fin du Moyen Âge à l'époque classique. Darwin – comme Renan, d'ailleurs – se destinait à une carrière ecclésiastique au terme d'études de théologie, et ses scrupules religieux et moraux ont contribué à retarder de plusieurs dizaines d'années la publication de *L'origine des espèces.* Des historiens du XXe siècle, tels Harvey Cox et, surtout, Lynn White Jr[1]. ont tenté de montrer à quel point les mythes et récits bibliques ainsi que l'histoire des religions occidentales auraient conditionné la possibilité même de la science et de la technique modernes. Ces religions ont contribué à préparer la place symbolique pour l'avènement de la transcendance opératoire, en modifiant la représentation du rapport de l'homme à la nature et au temps. White rend le mythe biblique judéo-chrétien de « l'homme maître et possesseur de la nature » – dont on retrouve le concept chez Descartes et Francis Bacon –

1. De Cox : *The Secular City : Secularization and Urbanization in Theological Perspective* (1965) ; de White : *Medieval Technology and Social Change* (1962).

responsable originel de la crise écologique contemporaine. Mais il serait tout à fait excessif de renverser simplement la lecture technophobe dominante du christianisme. Et du meurtre de Caïn à la Tour de Babel, on trouve une foule d'indications mythiques pouvant alimenter la technoscientophobie, à commencer par l'interprétation du péché originel lui-même comme une transgression en vue de l'acquisition d'un savoir-pouvoir divin, interdit à l'homme. Jacques Ellul [1] distingue ainsi entre la maîtrise originelle, édénique, de la nature, qui était une maîtrise des noms, une domination symbolique conforme à la nature symbolique de l'homme, et la maîtrise d'après la Chute qui débouche sur le désir de domination et de (re)création technophysique du cosmos. La Création divine est *par-faite,* – au sens aussi d'achevée, il n'y a pas lieu de la modifier ou de la poursuivre. Or, dans une perpective théologique, tel est bien le projet technoscientifique. Mais même la liberté symbolique peut être dangereuse, car elle débouche sur les transgressions effectives. D'où le souci traditionnel des religions et des idéologies de contrôler l'ordre du discours. Au-delà des interdits éthico-juridiques du biodroit portant sur des *pratiques* condamnées, ce qui est en jeu, c'est la liberté de pensée. C'est elle que les comités d'éthique, tentés de se transformer subrepticement en comités de morale ou en tribunaux, atteignent, lorsque leurs conclusions sont présentées comme l'expression même du Bien, du Devoir, de la Vérité, que seuls quelques « fous », éventuellement « dangereux », osent encore discuter.

J.-N. M. — *Ambiguïté et ambivalence des religions font que vous vous décririez autant comme laïque que comme croyant ?*

G. H. — Ma religion, si j'en ai une, est celle de la recherche, de l'exploration, de l'interrogation symbolique et technophysique de l'homme et de l'univers. Cette tradition-là n'a, et pour cause, aucune identité bien définie. La recherche opératoire est autant une prière que la méditation est une technique. Mais il faut aussi garder les pieds sur terre, spécialement lorsque l'on aborde – ce qui n'est pas le cas ici – des questions et des débats concrets. La

1. Voir notamment « Technique and the opening chapters of Genesis », *in* Mitcham C. et Grote J. (eds), *Theology and Technology : Essays in Christian Analysis and Exegesis,* Lanham MD, University Press of America, 1984.

dimension religieuse n'a quasiment aucun rapport avec le travail quotidien des chercheurs, entrepreneurs, décideurs, engagés dans la RDTS telle qu'elle est effectivement pratiquée et perçue par ces acteurs mêmes. Il ne faut pas oublier cette réalité, surtout lorsqu'on est pris dans des discussions qui ne peuvent faire l'économie des interrogations philosophiques, telles celles que devraient mener les comités d'éthique. Il y a un « politiquement correct » en matière de religion que je dénonce. Il tient dans le présupposé suivant lequel les croyances religieuses seraient affaire exclusivement privée et qu'il est donc malséant d'interpeller quelqu'un à ce sujet. Certes, chacun est libre de penser et de croire. Mais lorsque des croyances jouent un rôle tout à fait déterminant dans des discussions qui aboutissent à des décisions d'intérêt public – comme c'est le cas au sein de comités de bioéthique ou d'éthique – ces croyances ne devraient pas rester sous le couvert de « ce dont on ne parle pas » ou de « ce qu'on ne critique pas par respect de la liberté individuelle de croire ». Le minimum est de les assumer explicitement, quitte à refuser d'entrer dans un long débat à leur sujet puisqu'elles sont ultimement de l'ordre de la foi. Cette simple reconnaissance mettra en évidence leur irrationalité et leur particularité : elles ne sont pas partagées par tous les interlocuteurs et elles ne constituent donc pas une base suffisante pour asseoir une politique publique. Beaucoup de croyances, de représentations et d'histoires sont à ce point bizarres, déconnectées de l'esprit du temps, qu'elles résistent mal ou pas du tout à l'aveu.

J.-N. M. — *Donc, pour vous, il y a bien une dimension religieuse à la technoscience ?*

G. H. — Lorsque je l'aborde sous l'angle du questionnement philosophique, je ne vois pas comment faire l'économie de cette perspective. La RDTS comporte d'énormes enjeux de reliance et de solidarité, de dépassement et de transcendance, pour l'ensemble de l'humanité. Mais je pense que la portée des questions suscitées est, presque toujours, insuffisamment appréciée. La relecture de *ST* ne m'a pas, de ce point de vue, toujours convaincu.

J.-N. M. — *Par exemple ?*

G. H. — Même si le récit insiste sur l'importance de l'imaginaire et de la symbolisation au sein et autour de la RDTS, il ne rend pas suffisamment justice aux possibles polytechniques et polysymboliques de l'avenir de l'humanité et, surtout, à leurs mélanges. Je songe à l'image du buissonnement évolutionnaire, un buissonnement décidément techno-symbolique dans le cas de l'humanité. Sans ignorer les forces de l'universalisation et de la mondialisation unifiante, je suis plus sensible aujourd'hui qu'il y a vingt ans à ce que j'appelle la « postmodernité techno-symbolique ». Je ne dis pas que sur le long terme une orientation ne finira pas par s'imposer. Mais qu'est-ce que le long terme ? Des formes de vie vieilles de dizaines de millions d'années ont survécu, inchangées, jusqu'à nous. Je puis imaginer le Vatican entretenant toujours la foi chrétienne dans un million d'années, peut-être sur une planète terraformée, une planète ecclésiastique. Je ne trouve pas cette éventualité ou ce fantasme, si vous préférez, ridicule ou regrettable. Et je sais que des théologiens aussi songent à semblables perspectives. Je n'en veux comme témoignage que le recueil intitulé *Dieu, l'Eglise et les Extraterrestres* [1] qui m'a été envoyé un peu comme une réponse à la publication de *Philosophie et Science-Fiction* [2]. Les religions, bien plus que d'autres institutions ou entreprises humaines, ont le temps. Une conception trop univoque de l'évolution et de la transcendance de l'humanité domine excessivement dans *ST* qui est centré sur le Projet Fils de l'Homme. En ce début du troisième millénaire, la question dominante est bien celle de l'intégration planétaire (avec déjà de petites extensions dans l'espace) d'une civilisation non seulement technoscientifique mais *multiculturelle*. Or, les cultures, les traditions, les morales, les religions se rapportent à la dynamique de la RDTS d'une manière très inégale et diverse, souvent conflictuelle. Le fond des religions proprement orientales, l'hindouisme ou le bouddhisme, est étranger à cette dynamique qui se développe, selon elles, dans les jeux de l'apparence, agitation temporelle à la surface de l'être ou du néant. Cette croyance est légitime au plan

1. Sous la direction d'Alexandre Vigne, Éditions Questions de, 2000.
2. Collectif coordonné par mes soins aux éditions Vrin.

des individus et des communautés. Je n'y vois nul avenir pour l'espèce humaine à long terme. Mais quelle importance pour les partisans de la dissolution du vouloir vivre ? Demandons-nous cependant si la tentation du nirvana ne procède pas d'une expérience excessivement douloureuse et impuissante de la condition humaine, expérience que le développement des techniques modernes est capable d'alléger et de modifier en profondeur. En l'occurrence, et aux antipodes de la thèse de Michel Henry, c'est le développement technoscientifique qui vient au secours du vouloir vivre déficient. Mais la conscience religieuse ou métaphysique peut se moquer de ce secours en se mettant à l'écoute même des recherches en physique quantique et des hypothèses cosmologiques contemporaines.

J.-N. M. — *Que voulez-vous dire ?*

G. H. — Je veux parler du temps, de l'immensité du temps ; et, aussi, d'autre chose, qui n'est pas le temps, mais d'où notre espace-temps provient peut-être. *ST* souligne insuffisamment l'immensité ouverte et opaque du futur. Or, elle est capitale pour plusieurs raisons. D'abord, pour ses effets anti-utopiques. Face aux milliards d'années du futur, toute projection d'une société ou d'une forme de vie idéalement stable, toute homéostase sociétale paraît dérisoire. L'espèce humaine doit donc apprendre à vivre avec son devenir, avec ses devenirs, et renoncer aux fantasmes de la fin des temps ou de l'histoire projetée dans un avenir pas trop lointain. Des croyances millénaristes imaginairement transférées sur la RDTS sont nocives, car elles invitent à se hâter, à précipiter le mouvement dans l'espoir absurde que demain ou après-demain, nos enfants, ou peut-être nous-mêmes, serons encore « comme des dieux ». La hâte et le mirage utopistes sont sources de beaucoup de problèmes et de malheurs dans notre civilisation technoscientifique. Cette civilisation est encore à la recherche de son pas. La notion de « développement durable ou soutenable » est, en ce sens, intéressante. Accueillir symboliquement l'immensité de l'avenir conduit à dire que l'humanité a, sauf accidents cosmiques contre lesquels il faut se prémunir en développant des technologies de survie, *tout le temps*. Un des effets de cette pensée en rupture d'utopisme est de réduire aussi les risques d'auto-destruction de l'espèce humaine. Les utopies sont non seulement vouées à l'échec, elles sont aussi sources de conflits, d'asservissement et de massacres. Le XXe siècle est un cimetière des utopies. Mais prendre son temps n'implique pas l'indolence. C'est pourquoi la technoscience doit multiplier les possibilités effectives de survie de l'espèce ou de fractions de l'espèce dans des contextes et à des événements biophysiques les plus extrêmes, c'est-à-dire les plus totalement incompatibles avec la survie d'organismes biologiques.

J.-N. M. — *Voilà une réflexion très darwinienne !*

G. H. — Je pense, en effet, qu'un critère de la supériorité d'un point de vue évolutionniste tient dans cette capacité de survie, d'adaptation si vous voulez, à condition d'entendre ce terme dans un sens très étendu et actif. L'espèce humaine développe, par exemple, sa capacité d'adaptation à travers l'astronautique qui contribue à rendre possible la survie dans le milieu le plus hostile qui soit : l'espace extraterrestre. Le nombre de situations et d'événements qu'une société technoscientifiquement développée est capable d'affronter est nettement supérieur aux aptitudes de sociétés traditionnelles. On entend objecter que l'homme primitif est capable de survivre dans un milieu naturel où aucun homme moderne ne survivrait. Mais la comparaison est tronquée : si l'homme primitif survit, c'est sur base du savoir-faire, de la culture de sa communauté ; si vous déplacez des hommes modernes dans des milieux naturels hostiles avec leur culture – c'est-à-dire aussi *avec leur technologie* – ils survivront. Et ils seront capables de survivre dans une foule de milieux hostiles différents alors que l'homme primitif n'est adapté qu'à son milieu natif. Mais je conviens qu'idéalement une stratégie universelle de la survie devrait avoir le souci de préserver des formes de vie traditionnelles, primitives, car on ignore évidemment tout des risques endogènes que des formes de vie hyper-techniques pourraient développer dans un avenir lointain. L'analogie avec l'agriculture ou l'élevage, dont le perfectionnement technique transgénique ne devrait pas conduire à la suppression des variétés sauvages, le cas échéant plus résistantes, est immédiate.

J.-N. M. — *Ce qui caractérise évolutionnairement la supériorité de l'espèce humaine, c'est donc sa capacité polyvalente de survie ? N'est-ce pas du biologisme ? En outre, les virus sont capables de résister aux conditions les plus extrêmes. Où est le progrès ?*

G.H. — Ce n'est pas simplement du biologisme, car cette capacité de survie est conditionnée par l'intelligence, la créativité de l'homme. Donc, par le développement du cerveau et de l'esprit. Et quelle différence y aurait-il entre se rendre capable de survivre dans n'importe quelle circonstance physique et devenir un pur esprit, immatériel et immortel ? Cette perspective dépasse de loin la résistance des virus et autres micro-organismes.

J.-N. M. — *Certes, mais l'hypothèse est extrême, et ne venez-vous pas de troquer le biologisme contre un spiritualisme, somme toute fort banal ?*

G.H. — Je crois, en effet, que ce que je viens de dire peut prêter à malentendu et détourner de ce que je voudrais faire comprendre. Il ne faut ni simplifier ni aller trop vite. Nous sommes très loin d'avoir assimilé la pensée du lointain futur et ses conséquences symboliques, culturelles, morales, pratiques. L'idée chemine. Je lisais, récemment, un article[1] concernant un ingénieur, Danny Hillis, génial inventeur dans le domaine de l'informatique de pointe, qui a entrepris la construction d'une horloge destinée à rendre concrète l'idée du futur éloigné et rompre avec l'activisme du court terme caractéristique de la compétition technoscientifique ordinaire. Cette horloge ne bat que deux fois par jour et elle doit encore pouvoir fonctionner dans dix mille ans. Cela entraîne des exigences technologiques très différentes de la *high tech* qui est fragile, éphémère, difficile à comprendre, à entretenir et à réparer. Elle soulève aussi des questions socio-culturelles et politiques du genre : quel type d'institution est capable d'abriter et de maintenir un tel objet ? Une religion peut-être ? La comparaison avec la construction de cathédrales a été faite. Achevé en 1999, dans le cadre des entreprises du Millénaire, le premier prototype fonctionne aujourd'hui au musée de la science à Londres. Mais l'horloge définitive devrait être installée dans une montagne du Nevada où poussent quelques-uns des plus anciens êtres vivants du monde – des conifères vieux de cinq mille ans. La montagne a été acquise par un groupe de millionnaires de Silicon Valley. Comme vous le voyez l'imaginaire de *ST* est aujourd'hui

1. « Rethinking Machines », *The Economist*, mars 2001.

réalité. L'horloge d'Hillis est destinée à changer simultanément notre rapport au temps et à la technique. La pensée du très lointain futur – et dix mille ans est à cet égard fort court – soulève la question de la continuité, de la tradition, de la mémoire. J'ai l'habitude d'éclairer la portée de cette question en inversant l'axe temporel : concevez que cela qui, peut-être, sera dans le très lointain futur (plusieurs millions, voire dizaines de millions d'années) pourra être aussi différent de ce que nous sommes aujourd'hui que nous sommes différents des formes de vie terrestres de l'ère secondaire, par exemple. Cette analogie, qui vise d'abord à souligner la radicalité de la différence ou de l'étrangeté, manifeste aussi le caractère totalement inanticipable de la productivité biocosmique. Comprenez-vous maintenant pourquoi je répugne aux prévisions futurologiques que vous avez tenté de m'arracher ? Elles sont aussi naïves que des icônes. Des dinosauriens ou de la soupe organique primitive à nous, des fils conduisent cependant, embrouillés certes mais déchiffrables. Cette continuité complexe est principalement celle de l'ADN. Nous sommes reliés au très lointain passé ainsi qu'à la diversité du monde vivant contemporain par des liens dont la génomique et la protéonomique ont commencé à décrire le détail. Si l'une des composantes de la religion est la solidarité, la capacité de reliance, alors la technoscience est puissamment religieuse car elle découvre et explore opératoirement la solidarité universelle du vivant passé et présent.

J.-N. M. — *... et futur ?*

G. H. — Attention ! L'analogie que j'ai esquissée est formelle. Elle ne permet pas d'extrapoler substantiellement à propos de la nature des fils qui nous relieront au très lointain futur. Ces liens ne seront pas nécessairement génétiques ni même biologiques. Mais mon analogie souligne au moins un point essentiel : tous les ponts ne sont pas des ponts de langage, des ponts symboliques. Les ponts langagiers ont été et sont encore essentiels pour l'humanité : ils font l'étoffe même de ce qu'on appelle une tradition. Mais leur portée cosmique est fort limitée.

J.-N. M. — *La continuité du vivant – sa tradition propre – est génétique, pas langagière.*

G. H. — Oui. Mais cela ne signifie nullement que la tradition du futur, ou les traditions du futur, seront génétiques. A cet égard, *ST* est prudent et ouvert : même si la génétique a un rôle à y jouer, le Projet Fils de l'Homme n'est pas du tout placé exclusivement sous le signe de la génétique. La cybernétique, l'informatique, les neurosciences jouent un rôle également important. C'est l'hybridation technoscientifique, polytechnique et symbiotechnique, qui est créatrice, porteuse d'avenir. Le primat de la continuité génétique ne débouche que sur l'imaginaire assez pauvre de l'eugénisme. Songez aux possibles croisements entre la génétique, la cybernétique et les neurosciences considérées sous l'angle de l'ingénierie moléculaire. Celle-ci est transversale par rapport aux différences ontologiques traditionnelles de l'énergie, de la matière, du vivant et du pensant. Voilà une indication futurologique autrement riche et ouverte que ne le sont les fantasmes eugénistes ou machinistes. Futurologie impénétrable et, peut-être, aussi sans lendemain, je vous le concède. En réalité, nous ne savons rien de ce que pourrait être la continuité technophysique de nous-mêmes au futur lointain de l'humanité que nous aurons cependant indirectement contribué à produire. La plupart du temps, lorsque nous nous rapportons à l'histoire passée, nous lisons. Sous l'impulsion précisément des religions du Livre et aussi de la philosophie, nous imaginons spontanément la continuité temporelle humaine sous la forme du discours, de la voix, de l'écriture et de la mémoire des signes : du Logos. Le livre est une invention, ou plutôt la résultante d'un faisceau d'inventions, parmi lesquelles, tellement antérieure, l'écriture. Les technologies de la réalité virtuelle sont en train de pousser le livre et la forme de vie qui gravite autour de lui vers l'archéologie techno-culturelle. Les techniques de simulation permettent déjà de visualiser des choses indescriptibles ou dont la description serait très longue et très approximative. De nouvelles technologies de « réalité augmentée ou enrichie » se développent qui, à l'aide de prothèses avec ordinateur intégré, apporteront non seulement la sensation brute de données naturellement imperceptibles (ultra-sons, infra-rouges, etc.), mais encore une foule d'informations immédiates concernant la distance et la vitesse précises de ce qui est perçu, et même sa composition chimique. Si un terminal de réalité virtuelle nous permettait de nous promener, interactivement et multisensoriellement, pendant des heures dans une cité gallo-romaine minutieusement reconstituée et animée, nous renoncerions probablement – nous non, mais les nouvelles générations – à lire de gros livres sur la vie quotidienne de cette époque. Si une nouvelle technologie de la communication nous permettait de transmettre immédiatement de cerveau à cerveau via un *patch* crânien des images et des scènes, passerions-nous encore par la transmission orale ? Dans certain cas oui ; mais ce serait, la plupart du temps, un mode désuet de communication.

J.-N. M. — *Plus de phénoménologie privilégiée, celle qui se pratique sur les seuls fondements du corps et du langage naturels ?*

G. H. — Votre propre formulation suggère que cette phénoménologie « naturelle » ou « fondamentale » est produite ou construite, puisqu'elle est conditionnée par l'équipement sensoriel du corps et par la compétence linguistique. La distinction entre une phénoménologie première ou transcendantale et des expériences secondaires, artificielles, est abusive si elle prétend être plus qu'une classification chronologique et empirique. Je reconnais que la conscience, l'identité personnelle et l'esprit humains sont très étroitement associés au langage de telle sorte que la croyance domine en leur lien nécessaire. Je ne pense pas cependant que la conscience et l'esprit passés et futurs sont et seront épuisés par les techniques du langage dont la dépendance par rapport à la physiologie humaine et au milieu naturel terrestre est évidente. Dès qu'on reconnaît la matérialité du langage et la dépendance de l'esprit par rapport au cerveau, dès qu'on admet qu'il y a des conditions techno-physiques au développement de l'esprit, de l'intellect, de la conscience, les anciennes antinomies substantialistes opposant la nature et l'artifice, le matériel et le spirituel s'estompent au profit de processus et d'interactions qui sont tous physiques et irréductiblement différents. Irréductiblement différents ne signifie pas sans communication. Mais il n'y a pas un mode de communication unique et universel, une seule manière de tenir ensemble et de co-évoluer. Le vocabulaire et la syntaxe hérités de la tradition philosophique, métaphysique et théologique ne conviennent plus. Même leur neutralisation et leur déconstruction sont devenues des procédés désuets et inappropriés. Ni matière ni esprit, à la fois matière et esprit : ces slogans déconstructeurs signifient seulement qu'il faut abandonner l'espoir d'une homéostase logothéorique ou symbolique comme solution définitive de la condition humaine.

J.-N. M. — *Reste donc l'opposition de l'opératoire et du symbolique, de la technique et du signe ?*

G. H. — Il ne faut pas en faire un couple de notions substantielles. Je l'ai dit : le symbolique n'est pas immatériel, extra-physique, ni extra-technique. Toute culture est matérielle, technique. Et toute technique est culturelle, symbolique. La plupart des penseurs contemporains originaux de la technique – du second Heidegger à Ellul ou à Simondon, par exemple – ont rompu avec la philosophie instrumentaliste de la technique. Cette conception courante fait de la technique un ensemble de simples moyens destinés à atteindre des buts représentés ou symbolisés par les sujets humains et, idéalement, ancrés dans les authentiques besoins de ceux-ci. Mais, en réalité, les techniques sont autant des moyens que des fins. Elles sont l'objet du désir ou du besoin. Réalité banale : la plupart du temps, on ne désire pas seulement une voiture, un ordinateur ou un téléphone mobile parce que ces moyens sont nécessaires à la réalisation de fins qui seules seraient valorisées. Ces artefacts font partie de formes de vie. Au même titre que la disposition d'une bibliothèque. L'homme n'habite pas seulement la nature ou le symbole, ou, si vous préférez, le monde, c'est-à-dire la nature symbolisée. Il habite la technique, c'est-à-dire la nature opérée. Et celle-ci est, en même temps, aussi diversement symbolisée.

J.-N. M. — *Le symbole est technique ou opératoire et la technique est symbolique, ou encore naturelle…*

G. H. — Ce qui distingue les cultures, ce sont les genres de matières et de processus utilisés et produits : les sons et les gènes, les photons et les bois, les pierres et les plastiques, les ondes électromagnétiques et les animaux, les esclaves et les robots… Lorsqu'on oppose la culture à la technique, on oppose en fait des techniques familières, auxquelles nous sommes à ce point habitués qu'elles forment comme « une seconde nature », à des techniques nouvelles dont le caractère artificiel est accentué par contraste. Cela ne revient pas à tout mélanger, mais à rendre les choses beaucoup plus complexes en même temps qu'opérables et fluides. Là où règnent les distinctions ontologiques et les identités substantielles, tant de choses deviennent absolument impossibles, inconcevables et interdites.

J.-N. M. — *Tout est donc possible et tout doit être tenté ?*

G. H. — Tout n'est assurément pas possible n'importe quand, n'importe comment ni ensemble. De même, n'importe quoi ne doit certainement pas être tenté n'importe quand ou n'importe comment. Simplement, rien ne devrait être déclaré *a priori* et définitivement impossible, ou interdit en toutes circonstances. Ne voyez-vous pas la portée extraordinairement merveilleuse, miraculeuse, de ce qui nous entoure et de ce que nous sommes ? L'inconcevable, l'impossible, l'inimaginable ont eu lieu : nous sommes cela. Reportez-vous sur la planète Terre il y a quelques milliards d'années, un astre aussi désolé que la planète Mars. Et imaginez à partir de ce désert minéral à l'atmosphère délétère l'inimaginable : l'évolution de la vie et l'apparition de l'homme. Les poètes, et quelquefois les philosophes, savent bien que tout est merveille, sujet d'étonnement et d'admiration. Inattendu. Nous sommes habitués aux phénomènes naturels, mais ils sont d'une contingence merveilleuse. Lorsqu'elle a compris cela, la science occidentale est devenue empirique et expérimentale. Elle s'est ainsi, inconsciemment, rapprochée de la poésie. La technoscience réalise cette poésie.

J.-N. M. — *Mais si rien n'est* a priori *impossible, que faut-il faire ? Et n'y a-t-il pas des lois, des contraintes physiques qui limitent le possible ?*

G. H. — Qu'est-ce qu'une loi de la nature, sinon une construction hypothétique utile à l'action parce qu'elle permet de prédire et d'intervenir avec plus ou moins d'efficacité au sein des processus et des interactions ? Cette construction est empirique, donc contingente, valable aussi longtemps qu'elle n'a pas été infirmée, et contraignante aussi longtemps qu'on n'a pas trouvé le moyen de la contourner. Ce qui est prodigieux dans l'esprit empiriste et expérimentaliste de la recherche, c'est qu'il ne ferme jamais absolument aucun espoir. Une loi technoscientifique ne se vérifie jamais que par rapport à des contextes. Les lois de la physique fondamentale s'appliquent, en principe, au contexte le plus général, l'univers. Mais ces lois demeurent des constructs hypothétiques dépendant de l'expérimentation, et la physique n'est pas close, pas plus que l'univers semble-t-il. Il a une origine et son avenir demeure indécidé. Il contient des objets singuliers qui l'excèdent, tels les trous noirs. Et la physique quantique ne conduit certainement pas à s'inscrire en faux contre l'ouverture et l'indétermination. L'intéressant à propos de la physique quantique, comme cela a été souvent souligné, est que simultanément, elle débouche dans l'irreprésentable *et* elle est utilisable pratiquement. Autrement dit, elle résiste à toute logothéorie ou ontologie susceptible d'offrir à l'homme une image symbolique stable et définitive (le miroir du réel recherché depuis des millénaires par le projet occidental du savoir) *et* elle invite à opérer. Elle invite même, ultimement, à opérer notre univers lui-même dans la mesure où il ne serait qu'un macro-produit quantique contingent.

J.-N. M. — *Recommencer la création, en mieux...*

G. H. — Si vous voulez exprimer cela en termes théologiques. Cela paraît insensé, mais semblables « idées folles » ne sont pas si exceptionnelles chez les physiciens. Prenons un exemple. Paul Davies, dans *The last three minutes*[1], part de la question : « L'humanité peut-elle survivre à jamais ? » Tout son livre s'efforce de construire une représentation symbolique, mathématiquement acceptable et empiriquement non contredite, compte tenu des récents développements de la physique et de la cosmologie : une représentation telle que la réponse à sa question ne soit pas nécessairement négative. Il s'agit évidemment d'une représentation opératoire qui permettrait d'aller toujours de l'avant, au sens du pragmatisme. Je trouve cela remarquable et essentiel à une époque où les fables des eschatologies religieuses et philosophiques sont de moins en moins crédibles, cessant d'être source d'espérance à la fois pour l'individu et pour l'humanité. L'argument de Davies se déroule de telle sorte que la maîtrise techno-

1. Londres, Weidenfeld et Nicolson, 1994 ; p. 7, 103, 108.

logique de la fin éventuelle de l'univers ne soit pas absolument exclue. Et quand il évoque la survie de l'humanité, il entend celle-ci dans un sens aussi ouvert que celui que je défends : « La question importante, écrit-il, n'est sûrement pas de se demander si notre espèce en tant que telle est immortelle, mais si nos descendants peuvent survivre. Et nos descendants ne seront vraisemblablement pas des êtres humains ». – « Qui peut, ajoute-t-il, imaginer une société technologique vieille de trois trillions d'années ? ».

J.-N. M. — *Une réponse purement technique. Il faut donc inlassablement développer la puissance technologique : astrotechnique, cosmotechnique...*

G. H. — Le livre de Davies, comme de nombreux autres ouvrages de physiciens, est intéressant, sérieux, provocateur, mais aussi simplificateur. Il ne s'agit pas seulement, selon moi, de développer la puissance technique, matérielle, physique. Il s'agit d'œuvrer à épanouir toujours davantage la conscience, l'esprit. Nous revoilà dans les anciennes dichotomies, direz-vous. Pas vraiment, car je n'oublie pas que ces mots d'« esprit » ou de « conscience » ne sont qu'une indication vague en vue d'interventions dans le processus universel à une époque où l'on a pris conscience – où la conscience a pris conscience – du fait qu'elle est soumise à des conditions matérielles opérables. De telle sorte qu'il paraît naturel et sensé de penser que l'extension de l'esprit ou de la conscience sera conditionnée, à l'avenir, *aussi* par l'opération technique de ces conditions physiques, particulièrement le cerveau et les interactions entre cerveaux ou entre cerveaux et d'autres entités physiques ou techniques. Ceci signifie, notamment, que contre l'une des présuppositions les plus profondément enracinées de la théologie et de la philosophie, l'avenir de la conscience et de l'esprit ne doit pas être considéré comme intrinsèquement épuisé par des processus de programmation et de reprogrammation symboliques, c'est-à-dire par la tradition et l'acculturation principalement langagières. Ce que je viens d'évoquer projette une ligne évolutive qui n'est pas réductible à la simple et indéfinie augmentation de la puissance technique sur le milieu extérieur au sujet humain. Les moralistes disent volontiers qu'une puissance accrue a besoin d'une conscience plus étendue. C'est le thème du « supplément d'âme » de Bergson. Mais on l'entend comme si cette extension de l'esprit devait être et pouvait seulement être un processus *sui generis*, ontologiquement distinct, de « l'agrandissement du corps ». Certes, Bergson flirte symboliquement avec une sorte de monisme évolutionniste, mais il est loin de le comprendre dans un sens opératoire et d'en tirer toutes les conséquences. Il voit le cercle de la mystique et de la mécanique [1], mais il ne le fait pas réellement tourner, sans quoi il aurait pu envisager l'anthropotechnique. C'est ce cercle qu'une philosophie de la technoscience invite à faire tourner à la fois symboliquement et opératoirement, car elle prend acte du fait que le corps humain (dont le cerveau fait partie) n'est que le milieu extérieur le plus proche de l'homme et de la conscience. Davies n'ignore pas que beaucoup n'adhéreront pas à l'engagement opératoire que son livre étaye symboliquement. La plupart des hommes perçoivent l'immensité incommensurable de l'espace-temps universel comme le signe définitif de notre insurmontable impuissance et insignifiance. L'humanité et toute trace humaine physique disparaîtront, et, par conséquent, le seul recours ou secours serait du côté des religions et des métaphysiques. Cette alternative reflète l'opposition entre les Technoscients et les symbolistes. Elle implique, notez-le, aussi un choix moral, dont l'expression est d'abord symbolique : faut-il ou non symboliser dans le sens de la RDTS, dans le sens de l'opératoire ? Et comme ce sont, finalement, des individus qui font les choix, du moins dans les sociétés où ils jouissent d'assez de liberté, la question fondamentale se pose : quelle symbolisation va m'aider à vivre cette vie si prodigieusement courte et insignifiante au sein de ce cosmos où je suis né et où je mourrai bientôt ? Comment vivre, comment assumer l'angoisse existentielle, dans un univers de contingences, de processus, d'interactions, loin de toute homéostase physique et symbolique durable, au sein de cette

1. Le texte de Bergson mérite d'être rappelé : « L'homme ne se soulèvera au-dessus de la terre que si un outillage puissant lui fournit le point d'appui. Il devra peser sur la matière, s'il veut se détacher d'elle. En d'autres termes, la mystique appelle la mécanique. (...) L'outillage de l'humanité est donc un prolongement de son corps. (...) Or dans ce corps démesurément grossi, l'âme reste ce qu'elle était, trop petite maintenant pour le remplir, trop faible pour le diriger. (...) le corps agrandi attend un supplément d'âme et la mécanique exigerait une mystique. Les origines de cette mécanique sont peut-être plus mystiques qu'on ne le croirait ; elle ne retrouvera sa direction vraie (...) que si l'humanité qu'elle a courbée encore davantage vers la terre, arrive par elle à se redresser, et à regarder le ciel. » (*Les deux sources de la morale et de la religion*).

immensité vertigineuse du temps et de l'espace ? On songe à Pascal. Mais si l'on veut offrir un avenir à l'humanité, à l'espèce humaine ou à l'esprit, dès lors que l'illusion de la pérennité ontologique a été reconnue et refusée comme un mirage, ne faut-il pas, pour des raisons de responsabilité éthique, et même métaphysique si je puis dire, encourager la foi dans l'opérativité technoscientifique au sens de Davies ? Je reconnais que cette foi n'est pas simple à vivre. Mais il faut bien mesurer qu'aujourd'hui, alors que les assurances de la métaphysique et de la religion agissent de moins en moins, l'acquiescement à la phénoménologie de la finitude radicale de l'humanité n'abrite plus d'autre sens que l'extinction future, sans rédemption symbolique ni technophysique, de celle-ci. N'est-ce pas parce que cette perspective est insoutenable, individuellement, socialement et spécifiquement, que l'idée de transcendance opératoire s'impose, peu à peu, à la conscience ?

J.-N. M. — *Vous parlez d'une foi ?*

G. H. — Bien sûr, mais d'une foi opérative qui est tout à fait à sa place dans un univers en devenir, contingent, ouvert, « irrésolu ». Un tel univers est parfaitement compatible avec l'exercice de l'optimisme de la volonté, puisque tout n'y est pas depuis toujours déjà joué. Cette foi, comme toutes les fois, ne va pas sans doute ; et je suis très sensible à Renan âgé écrivant dans la Préface à son manuscrit de jeunesse : « Il se peut que tout le développement humain n'ait pas plus de conséquence que la mousse ou le lichen dont s'entoure toute surface humectée. Pour nous cependant, l'histoire de l'homme garde sa primauté, puisque l'humanité seule, autant que nous savons, crée la conscience dans l'univers ». Ce genre de doute, preuve de lucidité, se rencontre fréquemment chez des auteurs parmi les plus techno-volontaristes. Par exemple, Paul Levinson, au terme d'un texte qui porte son titre comme un étendard : *Technology as the cutting edge of cosmic evolution :* « Sur le très long terme, la réorganisation et la massive reconfiguration de l'univers, tous nos rêves incarnés et toutes nos constructions, pourraient bien se révéler n'être qu'une concession temporaire au sein du cosmos, une agitation transitoire destinée à retourner à l'océan sans intentions d'où elle avait émergé »[1].

J.-N. M. — *Votre hostilité à l'égard des fondamentalismes et des intégrismes est une constante de votre pensée ?*

G. H. — Quelle est la croyance la plus favorable à la survie et à la qualité de la vie future ? Selon moi, dans le cadre de notre civilisation, les croyances fondamentalistes ne sont pas les meilleures ni les plus appropriées à la gestion actuelle et future du monde. Mais ce n'est pas de l'hostilité. Je ne suis pas hostile à l'existence de communautés fondamentalistes pacifiques. Je ne les crois guère viables dans le contexte global d'une civilisation évolutive et plurielle. Les choses sont très compliquées en raison de la profonde hétérogénéité et de l'inégalité culturelle, économique et technoscientifique des individus et des collectivités. Aussi, ce qu'il est « bon » de croire pour les uns ne l'est pas pour les autres, surtout au même moment. La croyance au finalisme, à l'eschatologie, à l'élection divine de l'homme, ont pu, au cours des siècles, aider les humains à supporter ce que l'on appelle « la condition humaine » ; ces mêmes croyances sont, sans aucun doute, encore d'une grande utilité pour des centaines de millions d'individus. A la suite de Hannah Arendt, on cite souvent la phrase d'Isaak Dinesen : « Toutes les peines, on les peut supporter, pourvu qu'on en fasse une histoire ». J'y vois l'une des expressions les plus pures de ce que j'appelle l'assomption symbolique de la condition humaine. L'humanité l'a abondamment exploitée et continue d'y trouver un abri. La symbolisation est la technique du pauvre : il ne faut, pour l'exercer, que de l'imagination et de la crédulité. Mais je reconnais qu'à certains tournants des destins individuels et collectifs, en ce qui concerne la souffrance associée aux questions ultimes aussi, il n'y a en effet pas d'autres techniques. La notion d'accompagnement symbolique ne nie pas cette importance : elle dit seulement que l'histoire est à faire autant qu'à raconter ; à narrer pendant qu'on la fait, comme le journal d'une exploration et la délibération continue qui, simultanément et inlassablement, s'efforce de

1. *In* Durbin P.T. (eds), *Research in Philosophy and Technology*, Jay Press, 1985 ; p. 172. Notre traduction.

trouver la bonne direction. L'histoire que je raconte, je l'imagine et la conçois de l'intérieur de la civilisation technoscientifique multiculturelle telle que je la perçois à partir du lieu que j'y occupe. Ce lieu n'est évidemment pas semblable à celui d'un habitant de la campagne chinoise, d'un brahmane de l'Inde ou d'un Africain du Sahel. Les questions que j'essaye d'expliciter sont celles qui se posent à cette civilisation là où elle est la plus avancée technoscientifiquement et dans la mesure où elle tend à intégrer l'ensemble de l'humanité et de la nature terrestre. Ces questions s'orientent dans deux directions. La première procède immédiatement de la dynamique de la RDTS interne à l'Occident *high tech* que la symbolisation accompagne tant bien que mal. La seconde s'interroge sur la possibilité et la légitimité de l'extension de cette dynamique à l'ensemble de l'humanité traditionnellement polysymbolique et polytechnique : le processus que l'on appelle « globalisation » ou « mondialisation ». Il est vrai que je privilégie la première ligne de questionnement. J'ai la conviction que celle-ci s'imposerait encore dans l'hypothèse d'une globalisation accomplie qui accorderait à tous les habitants de la Terre un niveau de vie semblable à celui de l'Occidental moyen.

Quelle place pour le politique ?

J.-N. M. — *Ceci nous reconduit à la question du politique. J'ai envie de dire qu'il s'agit d'une dimension très présente dans* Species Technica *et, en même temps, de la grande absente.*

G. H. — Vous avez raison. Elle est très présente à l'horizon général du récit, mais là où elle est thématisée, elle est surtout discréditée. *ST* semble exprimer une crise de la politique traditionnelle – telles l'opposition de la gauche et de la droite, la lutte des partis démocratiques – dont les enjeux familiers apparaissent comme obsolètes et insignifiants, et refuser de décrire encore comme « politiques » les nouveaux enjeux et les nouvelles oppositions qui façonnent le futur. Ces nouveaux enjeux, quelquefois dits « éthiques », paraissent transversaux par rapport aux formations politiques classiques. Les Anarchecs dans *ST* ne s'attaquent pas au politique au sens classique du terme – ils ne s'attaquent pas à l'État, par exemple. Le futur qu'ils honnissent est évoqué comme « un mal non politique ou social, mais métaphysique ».

J.-N. M. — *Vous voulez parler de l'opposition entre les réseaux transnationaux représentés par l'Anarchécologie internationale et la Technoscience mondiale. Cette opposition a revêtu, vingt ans après, une actualité quasiment prophétique.*

G. H. — Schématiquement oui. Il s'agit bien des grandes et vagues orientations qui sont en train de composer notre XXIe siècle. La polarisation mondiale entre une nébuleuse qui associe certaines formes d'anarchisme terroriste, les intégrismes d'inspiration religieuse, des héritiers conservateurs ou réactionnaires de l'idéologie socialiste devenue technophobe et l'écologisme profond, d'une part, et une galaxie qui réunit les acteurs de la RDTS, le capitalisme, les multinationales, le néo-libéralisme, d'autre part. Avec pour enjeu quelquefois explicite, l'avenir de l'humanité. Voici comment était décrit le partage politique techno-culturel en 1998 par l'éditeur de *Virtual Futures :* « Crudely summarized, the "left" political response is usually populated by a mongrel assortment of anarchists, pacifists, Luddites, and those benign curmudgeons or academic humanists that the Unabomber found so touchingly harmsless. On the right we find the increasingly popular sentiments of post-human pragmatism, a neo-extropian blend of pseudo-scientific rationalism that embraces a range of techno-advocates, including futurists, ravers, *Wired* magazines, and the "chaos" clique of scientific research in non-linear dynamics » [1]. L'ouvrage collectif dont j'extrais cette citation est un exemple extrême d'études postmodernes dans le domaine des « cultural » ou « science studies » dont la tentation est de ne pas distinguer entre production littéraire et production scientifique. Le phénomène est intéressant comme une forme tout à fait *sui generis* de science-fiction non romanesque, pratiquée dans des départements universitaires. La polarité politique évoquée dans *ST* a commencé à diffuser dans l'imaginaire et la littérature de Science-Fiction proprement dite au cours des années 1990. J'ai déjà évoqué *Le Marteau de Dieu* de A.C. Clarke qui raconte les tentatives terroristes d'un réseau sectaire plus ou moins lié à la

1. Broadhurst Dixon J. et Cassidy E.J. eds. (1998), *Virtual Futures,* Routledge, p. IX.

religion syncrétiste du « Chrislamisme » en vue de saboter les efforts technoscientifiques de dévier la trajectoire d'un astéroïde menaçant la terre. Le comble pour certaines croyances fondamentalistes est évidemment l'éventualité d'un détournement technoscientfique de l'apocalypse. Que l'homme puisse se sauver de Dieu, ou de la Fatalité cosmique, est insupportable. Dans une autre fiction très au fait des derniers développements technoscientifiques et des interrogations philosophiques actuelles, Greg Egan, dont j'ai déjà parlé aussi, manifeste, sur fond de la même opposition générale entre technoscientophobes et technoscientophiles, toute la richesse des combinaisons entre les technosciences, les symbolisations, les fantasmes... Il faut lire *L'énigme de l'univers :* ce roman reconnaît la dualité du technique et du symbolique et il la surmonte en multipliant les combinaisons technosymboliques inventées par l'espèce humaine. Il la dépasse aussi dans la reconnaissance du fait que toute théorie est de l'information physique sous la forme, notamment, d'une structuration neurologique, et qu'elle peut avoir en tant que telle une portée opératoire, techno-physique, effective, immédiate, qui n'a rien à voir avec ses applications pratiques éventuelles. Ainsi la conception même de la « Théorie de Tout » [1] pourrait-elle provoquer la fin physique de l'univers, car cette conception constituerait l'accomplissement du but ultime de l'univers et de l'humanité, suivant une certaine interprétation du « principe anthropique ». La cristallisation de cette théorie serait comme un germe d'apocalypse universelle. Du moins est-ce la crainte de l'une des sectes technosymboliques qui peuplent le monde postmoderne imaginé par Egan. Observez que dans *ST* l'opposition entre symbolique et technique est plus simple et aporétique : c'est un dilemme sans solution, dont les termes extrêmes se révèlent à les suivre également catastrophiques.

J.-N. M. — *Vous ne pensez plus suivant les lignes de ce dualisme schématique ?*

G. H. — L'épure de *ST* est caricaturale et il serait dangereux d'entreprendre de l'appliquer telle quelle, surtout lorsqu'il s'agit

1. La « Théorie de Tout » intégrerait la physique relativiste et la physique quantique en unifiant les quatre forces fondamentales.

de porter des jugements sur des personnes ou des groupes. En même temps, je pense que la polarité en question est effectivement expressive d'enjeux contemporains et à venir fondamentaux. La politique traditionnelle se redistribue d'ailleurs, depuis quelques années, de plus en plus, consciemment mais aussi spontanément et inconsciemment, autour des enjeux dits « éthiques » ayant une portée ultime métaphysique ou théologique rarement thématisée comme telle. Cette rethéocratisation larvée du politique est pleine de périls, mais il est plus dangereux encore de vouloir l'ignorer. Personnellement, depuis une décennie au moins, je me suis efforcé de penser dans le sens d'une articulation non conflictuelle de l'opposition radicalement destructrice qui traverse *ST*. Cette ligne de pensée s'exprime particulièrement dans *Entre symboles et technosciences*[1] et dans mes *Essais de philosophie bioéthique et biopolitique*[2], ainsi que dans la conception même de la *Nouvelle Encyclopédie de Bioéthique*[3] que vous connaissez bien puisque vous en êtes le co-éditeur.

J.-N. M. — *Qu'entendez-vous exactement par « civilisation techno-scientifique et multiculturelle », expression que vous utilisez de plus en plus fréquemment, mais qui n'apparaît pas, me semble-t-il, dans* Species Technica ? *En outre, notre monde actuel est aussi, surtout peut-être, décrit en termes d'économie, une dimension que vous n'abordez guère.*

G. H. — Elle est pourtant présente dans *ST*, puisque la techno-science mondiale la plus pointue tire ses ressources et garantit son autonomie par rapport aux États et au politique, à partir des bénéfices réalisés par une multinationale de la prothèse, la « General Anthropotechnics ». Cette association illustre la place accordée à la fois à l'économie et à la médecine. Leur fonction demeure ancillaire par rapport à la nature : il s'agit de répondre à des *besoins*, des carences, des manques, de (ré)assurer les bases de la vie organique individuelle et collective. C'est fondamental, mais insuffisant. Cela n'épuise évidemment pas l'être-humain. Sur cette base peuvent se développer des *demandes* qui, elles, procèdent des désirs. Elles sont infiniment diverses, car dépendantes des singularités, personnelles, contextuelles, historiques... Les demandes

1. Champ Vallon (diff. P.U.F.), Seyssel, 1996.
2. Vrin, Paris, 1999.
3. Bruxelles, De Boeck-Université, 2001.

font tourner l'économie au moins autant que les besoins; elles font d'ailleurs cercle avec l'économie qui les suscite pour pouvoir inonder le marché de nouveaux *gadgets* et *must.* De plus en plus, les demandes envahissent aussi l'univers médical; ainsi se développe la médecine de convenance ou du désir. Chez l'homme, il est vrai, il n'est pas toujours facile de distinguer entre ce qui relève du besoin et du désir. Une demande peut-être aussi pressante qu'un besoin dans bien des cas. Du point de vue de la RDTS, la dynamique des demandes correspond davantage à celle des innovations, qu'à celle des authentiques découvertes et/ou inventions. Mais là non plus la frontière n'est pas toujours nette et les interférences sont innombrables. Ce qui compte dans *ST* est la partie émergée, la pointe, constituée par la dynamique de la recherche. Tout le reste est à la fois indispensable, car la recherche a besoin d'énormes moyens, mais en même temps inessentiel et souvent pesant, freinant.

J.-N. M. — *Mais vous faites bien de la RDTS le moteur de notre civilisation ?*

G. H. — La RDTS constitue-t-elle la partie la plus motrice de notre civilisation ? Je le pense, en effet. Mais comme je viens de le dire, la RDTS postule et inclut des aspects très importants de l'économie. La RDTS n'est pas également viable ou dynamique au sein de n'importe quel type d'économie, de système politique et de conception du monde. Elle s'accommode plus aisément du capitalisme, du libéralisme, de l'utilitarisme et du pragmatisme. Leurs effets de mobilisation en sont la raison principale. Peut-être sont-ce la quantification et la mathématisation universelles qui impulsent et permettent ce mouvement généralisé. Elles sont évidemment centrales dans les technosciences, mais elles s'accordent aussi parfaitement avec le capitalisme et l'utilitarisme. Spécialement, l'économie utilitariste et même l'éthique utilitariste. Les mathématiques permettent l'opération universelle en un double sens: de tous les objets et non-objets de l'univers, et de l'univers lui-même. Elles affectent tout de contingence, et rendent donc tout transformable. Derrière chaque fait de l'univers et derrière le fait cosmique lui-même, retentit à l'infini le rire mathématique.

J.-N. M. — *Retour à Leibniz et au calcul de tous les mondes possibles ?*

G. H. — Pas exactement, car il n'y a pas de théodicée : pas de justice de Dieu venant réduire la fonction d'onde sur la base du principe de raison et créant, ainsi, le meilleur des mondes possibles, qui est l'univers le plus riche en compossibilités. Il faut se dire que cette tâche-là est la nôtre, « pour les siècles des siècles ».

J.-N. M. — *Je reviens à ma question initiale : vous venez d'expliciter la dimension technoscientifique de notre civilisation,* quid *du multiculturalisme ? La technoscience n'est-elle pas occidentale ?*

G. H. — Ce que je veux dire, c'est que toutes les composantes culturelles du monde se définissent désormais par rapport à la RDTS, qu'elles le veuillent ou non. Cette détermination est tantôt hostile, tantôt favorable, très souvent ambivalente. L'Occident lui-même – de l'Union Européenne aux États-Unis – est de plus en plus multiculturel, multitraditionnel, multiethnique. Les ambivalences traversent le monde occidental, plein de tensions dues à la RDTS. Tous les pays sont désormais multiethniques, mais à des degrés très divers de complexité et d'intégration. Diversité et inégalité font que tous les hommes et peuples de la Terre sont et ne sont pas dans le même monde et dans le même temps. Mais de l'Afrique à l'Asie, du Coran à Confucius, ce qui m'a le plus frappé à l'occasion de rencontres internationales centrées autour de questions de bioéthique ou des rapports entre sciences-techniques-sociétés, c'est l'effort opéré par les intellectuels et les savants non occidentaux pour tisser des liens entre leur culture traditionnelle et la culture scientifique et technique. Ce travail exprime deux choses. Il est un prodigieux effort herméneutique d'intégration symbolique qui témoigne massivement du fait que l'immense majorité de l'humanité reste bien, d'abord et fondamentalement, de l'espèce « animal symbolique ». Deuxièmement, il témoigne du fait que la quasi totalité des élites sociales et culturelles du monde reconnaissent le caractère désirable de la participation à la RDTS et son rôle moteur pour l'avenir. Ces intellectuels et savants non occidentaux réclament une vision historique suffisamment vaste pour qu'une place soit ménagée à leur propre tradition au sein de ce grand mouvement dont la proue actuelle est l'Occident technoscientifique. Ils demandent que soit reconnu que la civilisation arabe était bien supérieure à celle de l'Europe occidentale durant les cinq premiers siècles, au moins, du Moyen Âge. Que la suprématie de la science et de la technique chinoises était encore éclatante à la fin de ce même Moyen Âge. La Chine a inventé le papier environ mille ans avant l'Occident. Elle connaissait l'imprimerie un demi-millénaire avant Gutenberg... Pourquoi ce mouvement s'arrêta-t-il ? Pourquoi les Chinois allèrent-ils jusqu'à oublier cette créativité passée ? Les facteurs avancés par les historiens sont multiples : politiques, économiques, religieux, éthiques... La civilisation occidentale n'est pas à l'abri d'un semblable accident entraînant stagnation, régression et oubli. Mais il est très difficile de prévenir ce risque majeur qui semble dépendre de tant d'aspects liés au désir et à la mémoire.

J.-N. M. — *Ce serait donc moins la RDTS qui fait problème que son identité occidentale – américaine ? – jugée abusive ?*

G. H. — Il y a, en effet, une ambivalence et une ambiguïté du monde non occidental à l'endroit de la technoscience à la fois confirmée pratiquement dans sa valeur et contestée symboliquement dans son identité. Les États-Unis sont aux avant-postes et *ST* en fait, à juste titre, son théâtre principal. Il y aurait tant de choses à en dire. L'identité américaine n'est pas ontologique ; elle ne remonte pas à la nuit des temps originels. Elle trouve son départ dans la contingence d'événements historiques récents datés. C'est une identité pour le futur, de conquête et d'exploration, toujours mobile, comme l'exprime la philosophie de « la nouvelle frontière » – ou beaucoup plus prosaïquement son succédané populaire : la civilisation de l'automobile, *always on the road.* Cette philosophie s'est significativement déplacée vers les technosciences : l'espace, le génome humain, l'intelligence artificielle, la sénescence, la mort ... sont les nouvelles frontières à conquérir. C'est aussi une identité ouverte à toutes les identités. La civilisation américaine a été souvent décrite comme un « *melting pot* » ; elle est le foyer du processus de la globalisation planétaire. A terme, toute la planète sera ainsi une et multiple avec un gouvernement mondial et de fortes décentralisations, notamment dans le domaine culturel. La conquête américaine du monde ne va pas sans ce paradoxe final qui est comme l'écho de son origine : au terme de l'américanisation de la planète, l'Amérique elle-même sera englobée et dissoute, identifiable encore distinctement seulement du point de vue historique, comme événement-source du processus. Mais ceci n'est qu'une vague hypothèse. Je crois que nous sommes loin encore de l'unification de la planète-humanité et que pour les décennies et peut-être les siècles à venir dominera une géopolitique des grandes régions du monde. Les questions que je pose restent valables au-delà de la globalisation partiellement ou complètement réussie. Peut-être serait-il préférable, pour l'heure, de souligner l'exigence de l'interculturalisme ? La perspective *multi* est encore, si je puis dire, trop « méta ». L'*inter* fait penser à la famille wittgensteinienne. Elle est davantage porteuse d'avenir à court et moyen terme.

J.-N. M. — *Quelle est votre utopie socio-politique ?*

G. H. — Le mot « utopie » n'est que très partiellement adéquat, même si la structure globale de ce que nous sommes en train de réaliser offre une similitude formelle avec l'ouvrage de Thomas More [1] composé également d'un dialogue et d'une fiction. Si par « utopie », on désigne une société idéale, stable, harmonieuse, non évolutive et close, incarnant en quelque sorte la fin de l'Histoire humaine dans un ordre socio-politique parfaitement adéquat à l'essence immuable de l'homme, alors ce que je pense est foncièrement non utopique. Je ne nie pas que des structures sociales, des communautés, des formes de vie ou de civilisation puissent se reproduire pendant des générations d'une manière relativement stable, sans mutation majeure. Dans la mesure où elles se perpétuent d'une façon pacifique, à la manière de certaines communautés religieuses, je n'ai à leur égard aucune objection. Songeons, par exemple, aux communautés huttérites [2] en Amérique du Nord. Mais je refuse d'y voir un projet global pour l'humanité, car je ne pourrais y appréhender, à moyen ou à long terme, qu'un avenir de mort et non de vie. J'ai lu récemment un roman utopique étonnant de profondeur et de beauté : *Kirinyaga*, de

1. *De optimo reipublicae statu, deque nova insula Utopia* (1516). L'ouvrage de More est composés de deux livres : un dialogue entre More et Hythlodée suivi de la fiction décrivant la société utopique. Notons que le dialogue a été rédigé postérieurement bien qu'il figure en première place.

2. Ou huttériennes. Mouvement anabaptiste fondé au XVIe siècle, en Moravie, par le pasteur Johob Hutter qui fut brûlé comme hérétique. Les huttérites s'installent aux États-Unis au milieu du XIXe siècle.

Mike Resnick [1]. Il raconte l'établissement, au début du XXIIe siècle, d'une colonie utopique de Noirs issus de la tribu des Kikuyus sur un planétoïde terraformé où ont été reconstitués le climat, la faune et la flore des environs du mont Kenya (qui se dit « Kirinyaga ») tels qu'ils étaient avant l'européanisation de l'Afrique. Sous la houlette du sorcier (qui reste seul en communication avec la Terre), la colonie doit y vivre en respectant strictement les coutumes traditionnelles. Elle rompt à cette fin tout contact avec l'extérieur de peur d'introduire des germes de changement qui ruineraient la pureté de l'utopie. Mais on découvre que ces tentations sont également internes : des membres de la communauté finissent par réaliser des inventions tendant à faciliter la vie de la colonie. Bien que très primitives, ces inventions entraînent la maladie du progrès et la fin de Kirinyaga. En outre, dans la mesure où elles reviennent à « réinventer la roue », elles apparaissent également comme absurdes. En définitive, c'est la conservation ou la résurrection du passé – de la nature, de la tradition – qui est artificielle et non viable, contraire au devenir vivant. Ce résumé ne rend évidemment pas toute la richesse poétique et philosophique du livre qui illustre parfaitement la problématique du postmodernisme techno-symbolique.

J.-N. M. — *Vous semblez à la fois « hyper-moderne », car vous accentuez la dynamique occidentale de la RDTS, et ne pas partager les idéaux d'universalité et d'unité de l'humanité promus par la Modernité ?*

G. H. — Il faut lire Wittgenstein. L'unité – mieux vaut dire : la solidarité ou la cohésion, le « tenir ensemble » – n'est pas une affaire d'identité monolithique et univoque. Ni de concept ni d'essence. C'est une affaire de famille. Donc, une affaire compliquée. S'interrogeant sur la définition des mots, Wittgenstein constate que l'examen de leur usage effectif dans les pratiques langagières ne conduit pas au repérage d'un ou de quelques caractères stables qui seraient partagés, d'une manière univoque, par tout ce qu'un même mot permet de désigner. Ainsi, le mot « jeu » s'applique-t-il à une multitude ouverte de pratiques, de situations, de réalités. Et lorsque l'on croit avoir saisi un caractère définitoire – par exemple, le caractère *divertissant* des jeux –, c'est

1. Paru en 1998 et traduit en français la même année.

naïveté et illusion de penser qu'on tient enfin la différence spécifique et essentielle, ce sens univoque et unitaire qui sous-tendrait l'usage et légitimerait que l'on appelle « jeu » tout ce que l'on désigne par ce mot. Car l'usage du terme « divertissant » est lui même indéfiniment multiple et extensible. *Le* sens se dérobe toujours lorsque l'on considère les réalités et les pratiques empiriques. C'est l'unicité du signifiant qui induit l'illusion de l'unicité du signifié ou du référé. Comme cette unicité induite est effectivement insaisissable, le philosophe, depuis Platon au moins, l'irréalise, c'est-à-dire l'idéalise, la spiritualise. La spéculation tient précisément dans cette opération, qui ne sort pas du langage, contrairement à son ambition onto-logique. Wittgenstein a montré que la métaphysique est, en réalité, une activité métalinguistique qui s'ignore comme telle. C'est à l'aide de cette opération métalinguistique inconsciente que sont produits les essences et les concepts. Y compris l'essence de l'homme. « Et nous faisons, ici, ce que nous faisons dans des milliers de cas semblables : parce que nous ne pouvons indiquer *une* action corporelle (...) nous disons qu'à ces mots correspond une activité *spirituelle* (mentale, intellectuelle) » [1]. D'où son conseil aux philosophes ensorcelés par le langage : « Ne pensez pas, mais *voyez !* » Arrachez-vous à la métaphore spéculaire – l'œil de l'esprit – constitutive d'une grande part de la philosophie. Et vous verrez en parcourant la diversité de ce que l'on appelle « jeu » (ou « homme ») « un réseau complexe d'analogies qui s'entrecroisent et se recouvrent partiellement les unes les autres. Analogies en grand comme de détail » [2]. Et Wittgenstein de poursuivre (permettez-moi de lire encore) : « Je ne puis caractériser mieux ces analogies que par le mot "ressemblances de famille" ; car c'est de la sorte que s'entrecroisent et que s'enveloppent les unes sur les autres les différentes ressemblances qui existent entre les différents membres d'une famille : la taille, les traits du visage, la couleur des yeux, la démarche, le tempérament, etc. Et je disais : les "jeux" constituent une famille. (...) Et la résistance du fil ne réside pas dans le fait qu'une fibre quelconque le parcourt sur toute sa longueur, mais dans le fait que plusieurs fibres

1. *Philosophische Untersuchungen,* aph. 36.
2. *O.c.*, aph. 66.

s'enveloppent mutuellement »[1]. Retenez bien cette dernière phrase ! Cela fait trente ans que je lis Wittgenstein et vingt-cinq ans que je l'enseigne. Sans doute est-il le philosophe qui m'a le plus profondément influencé de telle sorte qu'une partie importante de l'intelligibilité de ce que je dis procède de lui. Il a contribué décisivement à faire basculer en moi le puissant et traditionnel surinvestissement du langage à la source de la théologie et de l'ontologie. Là où je ne suis pas cet ingénieur devenu philosophe et travaillant à la déconstruction des mécanismes les plus subtils de la pulsion métaphysique, c'est dans ses penchants technoscientophobes. Son postmodernisme présente trop d'accents qui rappellent la simple prémodernité. Lorsque vous me demandez ce que je pense des idéaux d'universalité et d'unité de l'humanité, je vous réponds en termes wittgensteiniens de « familles ». L'espèce humaine a toujours été polytechnique et polysymbolique. Elle tient ensemble diversement. Elle est indéniablement apparentée biologiquement, génétiquement, mais non sans polymorphisme encore une fois. Et les niches écologiques qu'elle a occupées et qu'elle occupe sont elles aussi à la fois diverses et apparentées, à l'image de la nature terrestre. Faut-il, est-il possible, est-il légitime de tendre à la suppression, technique et symbolique, de cette diversité, comme semblent le viser l'idéal moderne occidental et, dans son sillage, certains aspects de la mondialisation ? Je n'en suis pas convaincu.

J.-N. M. — *Comment voyez-vous alors le tenir-ensemble de l'espèce humaine ?*

G. H. — Ce que j'essaye de penser d'une manière positive, c'est l'articulation de la transcendance symbolique et de la transcendance opératoire de l'humanité. Le signe *et* la technique. Mais tous ces mots doivent être mis au pluriel et pouvoir entrer dans des combinaisons multiples, *technosymboliques.* La puissance technoscientifique doit être capable d'accorder aux humains – à tous les humains – des conditions d'existence, en termes de logement, de santé, d'alimentation et d'éducation, dignes. Il est difficile de préciser ce que cela comporte concrètement, car les besoins des individus et des collectivités sont inégaux. Mais il n'est pas

1. *O.c.*, aph. 67.

difficile de se rendre compte qu'on est très loin de cet idéal minimal pour des centaines de millions d'individus. Les causes de cette situation sont multiples, et il est illusoire – et contre-productif – de prétendre identifier un responsable principal de cet état de choses en désignant le capital international, l'obscurantisme religieux, l'économie libérale, la technoscience, le totalitarisme communiste, le sous-développement, la corruption, voire la biologie humaine... Il est aussi très périlleux de prétendre identifier les moyens politiques, économiques, techniques qui permettraient de modifier en profondeur et de manière durable la grande misère matérielle et culturelle d'une partie de l'humanité contemporaine. Mais j'ai bien un rêve, sinon une utopie. Dans ce rêve, les richesses naturelles et symboliques de la Terre sont préservées, et les hommes qui le souhaitent peuvent continuer de vivre et de se perpétuer sans être tenus, directement ou indirectement, de participer à la RDTS. Les acteurs de celle-ci n'échapperaient cependant pas à la responsabilité d'accorder aux humains, quels qu'ils soient, ces conditions de vie dignes évoquées. Dans mon rêve, la puissance dominante est capable de générosité et de respect.

J.-N. M. — *N'y a-t-il pas une contradiction entre la volonté de puissance et la générosité compatissante ?*

G. H. — Le respect des altérités et leur préservation participent à la richesse et à la diversité du monde et, donc, à la puissance. Mais en même temps, la puissance n'est pas tenue de renoncer à cet autre aspect d'elle-même : à sa dynamique propre d'exploration, d'invention et d'expérimentation illimitées. Une dynamique d'actualisation du possible, et donc d'enrichissement, de l'univers à l'infini. Concrètement, cela comporte que des fractions de l'espèce humaine – sinon l'espèce tout entière – poursuivent ou entreprennent des migrations hors des conditions naturelles et traditionnelles de l'humanité. Mais ces conditions n'ont, en réalité, jamais cessé d'évoluer : la migration est en cours depuis l'aube des temps. Elle semble seulement devoir prendre, depuis deux ou trois siècles et, sans doute, durant les prochains siècles, des formes et des rythmes nouveaux. Elle semble s'accélérer, entraînant ce mobilisme universel, où l'agitation occupe d'ailleurs la plus grande place, mais où apparaissent aussi des possibilités de changement dont la portée est ressentie comme « essentielle » par ceux qui continuent de penser en termes onto-théologiques ou tout simplement conservateurs. Mais ces mutations profondes – si elles ont lieu, ce qui n'est point assuré – prendront infiniment plus de temps qu'on ne le croit et il est absurde de se les représenter comme des ruptures anéantissant d'un coup les liens qui tiennent ensemble la famille humaine. Un clone, pour reprendre cet exemple pas très porteur d'avenir à mon avis mais très parlant à l'imagination, ne serait-il plus humain ? Le problème de beaucoup d'essentialistes conscients ou inconscients est qu'ils voudraient bien le dire ; mais un reste de bon sens les en empêche. Aussi laissent-ils entendre que l'expérience ratera, et ils veulent l'interdire par des lois nationales et internationales absolues. On mesure généralement mal la portée de semblables lois. Je veux dire qu'une loi interdisant absolument le clonage sur base d'une certaine représentation de l'essence de l'homme (comme devant nécessairement être un produit de la différence sexuelle, par exemple, ou du hasard de la combinatoire génétique) n'est pas une loi ordinaire. C'est une loi dont la portée est métaphysique ou théologique : elle postule une anthropologie et une philosophie de la nature qui sont loin d'être universellement partagées. Cela ne va pas sans risque dans une démocratie libérale.

J.-N. M. — *Mais ce qui vous intéresse vous, Gilbert Hottois, ce n'est pas la préservation des traditions et des transcendances symboliques de l'humanité. Ce qui vous intéresse c'est la poursuite technique de la migration cosmique, la transcendance opératoire ?*

G. H. — Vous remarquerez – et l'on ne s'est pas privé de remarquer d'ailleurs à juste titre – que je suis un homme du symbole : *homo loquax* et non *homo faber*. La pensée de la transcendance opératoire est, de prime abord, désespérante, car elle heurte de plein fouet la finitude existentielle de l'individu. L'échelle de temps requise par le progressif exode hors de la condition humaine n'est pas celle de la vie d'un individu. Il faudrait pouvoir accompagner ces processus pendant au moins quelques siècles à leur rythme actuel. Il est d'ailleurs possible que dans quelques décennies, des individus ou des collectifs arrivent à une maîtrise telle de la sénescence que leur longévité se trouve décuplée. Cette perspective permettrait de restaurer quelque peu l'accord de la durée de vie personnelle avec la temporalité d'un monde vécu comme indéfiniment évolutif et processuel. Epouvantable perspective rompant d'une manière totalement inacceptable l'égalité entre les humains ? Sans doute. Faut-il, pour autant, arrêter toute recherche technoscientifique dans le domaine de la maîtrise des processus de la sénescence et de la dégénérescence ? Depuis toujours, depuis qu'il se sait mortel, l'homme rêve d'immortalité. Ce rêve, comme tant d'autres, devient-il tout à fait mauvais au moment où il risque de déboucher sur des possibilités de réalisation partielle concrète ? Peut-on interdire les moyens de réalisation des fantasmes les plus puissants et les plus anciens ? Je ne le pense pas. C'est une telle interdiction que je percevrais comme suicidaire pour l'avenir de l'humanité, pas son contraire. Est-ce que je trouve injuste de devoir bientôt mourir, alors que d'autres pourront, peut-être, vivre durant des siècles ? Je trouve cela certainement très regrettable. Mais injuste ? Au nom de quelle justice conservatrice et inévolutive ? La perspective de la transcendance opératoire n'est pas seulement désolante ou désespérante, comme je l'ai dit. Elle est aussi un véhicule d'espoir. Le seul espoir peut-être, car pour celui qui ne croit plus dans les garanties métaphysiques ou théologiques de rédemption ou d'immortalité, le dessein d'une pure et simple conservation naturelle-culturelle de l'espèce humaine ne conduit finalement qu'à l'anticipation de son anéantissement physique, à brève, moyenne ou longue échéance.

J.-N. M. — *Telle que je la comprends, votre utopie décrit des fractions de l'espèce humaine poursuivant indéfiniment la recherche technoscientifique et transformant toutes les données naturelles et héritées, y compris leur propre « nature », tout en demeurant solidaires et responsables, à certains égards, des fractions de l'espèce qui ne feraient pas ce choix et se contenteraient de vivre sur un mode plus traditionnel et naturel. N'est-ce pas une vision naïve et simpliste ?*

G. H. — Les rêves sont naïfs. Il est à craindre surtout que cette évolution rêvée ne se fasse pas sans conflits. Il est possible aussi qu'elle échoue ou qu'elle mène à une sorte de très longue guerre entre les partisans de l'évolution technoscientifique indéfinie et les autres. Ma vision est certainement simpliste. La réalité ne nous confronte pas à deux ensembles nets, mais à deux nébuleuses de tendances présentant tous les degrés de la technophilie et de la technophobie, du pragmatisme contextualiste et du fondamentalisme universaliste. Ce dernier peut revêtir l'aspect de la modernité militante, ou de l'intégrisme scientiste et techniciste. Mais l'ensemble de ce tableau exprime-t-il autre chose que le polymorphisme techno-symbolique de notre espèce, des choix individuels aux conceptions géopolitiques ? Et la nécessité de le gérer de la manière la moins douloureuse. Cela postule un immense effort simultané d'amélioration des conditions matérielles de vie et d'éducation en termes de culture scientifico-technique minimale et d'ouverture au multiculturalisme, c'est-à-dire à l'autre. Je dis bien : culture scientifico-technique *minimale :* celle qui permet de diminuer les souffrances et les servitudes primaires telles que maladies, famines, intempéries, accidents, etc. Elles sont en quelque sorte solidaires de la biologie de l'homme et de son milieu.

J.-N. M. — *Mais cette double culture ne conduit-elle immanquablement à englober tout de même toute l'humanité dans la « civilisation techno-scientifique et multiculturelle », comme vous dites ?*

G. H. — Sans doute, mais d'une manière diverse, comme une famille. Le vrai problème est plutôt celui-ci : cette diversité sera-t-elle, en définitive, toujours ressentie d'abord comme une inégalité, même dans l'hypothèse où les conditions de vie dignes sont assurées pour la quasi totalité des membres de l'espèce ? On doit, en effet, se poser la question : sachant qu'il est possible de vivre pendant plusieurs siècles, quel individu se réjouira encore de voir les membres de sa communauté et lui-même mourir au terme de quelques décennies ? Ces individus seront rares. Mais qu'est-ce que cela signifie ? Cela signifie que les humains d'une manière générale sont technophiles, ou en tous cas désireux de profiter des progrès de la RDTS, sinon d'y participer très activement. Et nous revenons ainsi à des questions très concrètes, y compris dans nos sociétés développées : chacun voudrait pouvoir bénéficier de la meilleure assistance médicale, de l'aide *high tech*, y compris bien sûr ceux qui, par ailleurs, continuent de tenir des discours technophobes. Mais s'il en est vraiment ainsi, si le Tiers-Monde ne rêve finalement de rien d'autre que de l'opulence occidentale, si les transcendances symboliques ne sont que des compensations pour des conditions d'existence vécues comme misérables et surtout inchangeables, alors cessons ce faux débat sur la valeur des technosciences.

J.-N. M. — *Quelles sont alors les vraies questions ?*

G. H. — Une vraie question me paraît être la suivante. A supposer que l'ensemble de l'humanité accède au confort, à la liberté, aux possibilités de jouissance matérielle et intellectuelle, dont bénéficie l'Occidental aisé aujourd'hui, le problème de l'humanité sera-t-il pour autant résolu ? Autrement dit, est-ce que l'extension universelle de la société libérale d'abondance économique – naguère on aurait parlé de la société sans classes ou du paradis socialiste – laissant les individus et les communautés libres de choisir leur mode de vie et d'en jouir sans contrainte autre que celle du respect d'autrui – ce qui dans un éden économico-culturel n'est pas trop difficile – constitue la fin universellement heureuse de l'Histoire et la solution des problèmes associés à la condition humaine ? Ou à formuler ma question plus concrètement : est-ce que le malaise, l'insatisfact ion, le malheur résiduels de l'Occidental aisé, cultivé, en bonne santé (etc) d'aujourd'hui proviennent exclusivement du fait, certes désolant, que tous les humains ne peuvent encore jouir librement et à satiété du paradis du monde développé ? De telle sorte que le devoir de l'Occidental aisé et lucide tiendrait entièrement dans l'engagement militant en faveur de l'extension de son paradis, c'est-à-dire dans la lutte contre les inégalités, et que l'accomplissement de ce devoir de solidarité serait l'ultime condition à son parfait bonheur ? Personnellement, je réponds négativement à cette question. Cela ne signifie pas que je sois insensible à ces inégalités et il est clair qu'il est urgent de résorber les plus flagrantes. Quand bien même cette utopie serait pratiquement réalisée, je ne vois pas une société mondiale égalitaire et solidaire comme le terme de l'aventure cosmique de l'espèce humaine. Cette vision ne comble pas mon interrogation philosophique. Les questions que je soulève à propos de la transcendance de l'homme se posent encore au paradis – fut-il socialiste ou libéral – et quand bien même ce paradis serait étendu à l'ensemble de la Terre. Voilà pourquoi je pose ces questions, et je les pose sans illusion puisque j'ai la chance de me trouver déjà au paradis. Les partisans de la « Fin de l'Histoire » quels qu'ils soient – prémodernes, modernes et post-modernes – voient évidemment cette incrédulité d'un très mauvais œil, car elle vient troubler leur propre rêve.

J.-N. M. — *Je reste sur ma faim quant à la place que vous accordez à la politique. Est-ce que vous adhérez toujours à la marginalisation du politique exprimée dans* Species Technica ?

G. H. — La politique ou le politique ? C'est, en réalité, un sujet que je comprends mal. Je suis toujours étonné de l'assurance avec laquelle la plupart de mes concitoyens se prononcent sur une série de questions politiques, de préférence les plus globales, alors que j'ai surtout le sentiment d'être très peu et très mal informé, et de ne guère maîtriser la complexité des situations, des enjeux et des moyens. Pour être un homme politique digne de ce nom, il faut une somme de qualités qui ne se trouvent que très exceptionnellement réunies chez un individu. Qu'est-ce que *le* politique ? Cela fait longtemps que je m'interroge sur cette question et je suis toujours aussi peu sûr de la réponse. Le politique désigne des modes d'organisation d'un nombre plus ou moins élevé d'individus et déterminant chez ceux-ci, bon gré mal gré, un vaste ensemble de conduites. Ce qui me paraît capital, c'est que la source de l'organisation normative – le pouvoir, l'autorité – est aussi un individu (ou un collectif d'individus). On les appelle volontiers aujourd'hui des « décideurs ». Au-delà du problème de la qualité et du choix des décideurs, il y a un problème de fond. Pourquoi les individus ont-ils besoin de se décharger à ce point de leur liberté de décision sur un ou quelques-uns ? Et au nom de quoi certains individus se croient-ils aptes à prendre des décisions à la place des autres, pour les autres, tous les autres ? Je conçois aisément une série de justifications, mais aucune ne me convainc. Simplement, c'est ainsi que cela se passe dans l'espèce humaine. Mais il faut, hélas, ajouter que, très souvent, cela ne se passe pas bien. L'avantage des sociétés démocratiques développées est que le politique ou le pouvoir y est suffisamment diffus, partagé, balancé, et détaché d'individus déterminés, pour laisser à la majorité des sujets, devenus des citoyens, assez d'espace de liberté personnelle, de l'espace au sein duquel, en temps normal, le politique n'interfère pas. J'ai bien dit : les sociétés démocratiques *développées.* Celles qui disposent de suffisamment de techniques pour charger des machines – et non des esclaves ou des serfs ou des prolétaires – d'une quantité toujours croissante de travail asservi. Pour moi donc, contrairement à ce que beaucoup affirment, moins il y a de politique nécessaire mieux les individus se portent.

J.-N. M. — *N'est-ce pas de la technocratie ?*

G.H. — Je pense qu'une part très considérable de la gestion de la société – dans le domaine des services, l'industrie ayant déjà beaucoup progressé dans ce sens – serait bien plus efficacement et correctement opérée par des systèmes automatiques intelligents que par des personnes dotées d'un micro-pouvoir ; un micro-pouvoir lié à la fonction dont l'exercice micro-politique personnel est trop souvent abusif et contre-indiqué. Tout ce qui est automatisable devrait être automatisé. Technocratie ? Non. Emancipation. Je me souviens avoir lu avec intérêt, il y a très longtemps, un petit livre d'Aurel David ; cela s'appelle *La cybernétique et l'humain* [1]. Il s'agissait d'une sorte de quête de l'humain, écartant systématiquement comme non proprement humain, tout ce qui peut être machiné, confié tôt ou tard à un mécanisme. Selon David, le progrès de la cybernétique coïncide avec l'extension de la part de pensée asservie reconnue comme telle et prise en charge par des systèmes automatiques. Cette prise en charge est une condition nécessaire pour les progrès de la liberté, de la pensée créatrice, chez un nombre toujours croissant de personnes. Nécessaire mais non suffisante. Ce qui m'avait encore frappé, c'est que la quête de l'humain par ablation progressive de tout ce qui est asservi et mécanisable est asymptotique : elle semble devoir se poursuivre à l'infini, et dès que l'on pense avoir identifié le noyau, son objectivation et son analyse le révèlent machinable. Cela n'est pas surprenant s'agissant de la quête de la liberté. Mais il convient de souligner qu'il n'est pas question, en l'occurrence, d'une quête purement spirituelle ou spéculative : elle procède technologiquement.

J.-N. M. — *Vous souhaiteriez sortir du politique. Mais à suivre ce que vous venez de dire cela ne revient-il pas à prétendre sortir de l'espèce humaine ?*

G.H. — A suivre ce que je viens de dire, cela revient à rejoindre l'humanité à l'infini d'elle-même. Mais le mot à forte connotation biologique « espèce » est approprié. Je pense que ce qui m'est le

1. Paru chez Gallimard (Idées) en 1965.

plus étranger, c'est moins l'avenir du politique en proie à la RDTS, que ses formes passées, ethnologiques, anthropologiques : du tribalisme au nationalisme. Des formes qui plongent leurs racines dans la préhistoire et dans l'évolution pré-anthropologique. Tout ce que la politique actuelle encore comporte de rémanences primatologiques, zoologiques, sous ses apparences civilisées. Des rémanences caricaturales, car la politique, dans notre espèce, croît au sein de l'espace ouvert par la carence des instincts qui règlent la vie sociale des animaux. Les guerres, les conflits et les états d'urgence sont les meilleurs révélateurs de ces atavismes de notre espèce. Mais le désir de sortir du politique n'a rien d'exceptionnel. Du christianisme au marxisme, ce désir dessine les contours vagues de l'eschatologie. Et vous savez bien que le contentieux, le malentendu, la relation amour-haine entre philosophie et politique sont aussi anciens que la philosophie elle-même. Personnellement, j'ai beaucoup évolué sur la question de mon rapport au politique au cours de cette dernière décennie. Et je crois avoir compris une chose. Il y a des bergers et il y a des troupeaux. Il y a aussi quelques autres bêtes, comme des chiens (de garde) et des loups. Je ne suis rien de tout cela. Je me trouve quelque part à distance, et je les observe, les troupeaux, les bergers, les chiens et les loups. Parfois, je me rapproche, et il peut même m'arriver de me prendre pour l'un ou l'autre. Ces moments d'égarement passent. Ce n'est pas que je souhaite qu'ils passent, car avoir une identité facilite tant de choses. Mais ils passent tout simplement. Notez que vous pouvez retourner positivement cette absence d'identité fixe : je suis à la fois le berger, le troupeau, le loup et le chien.

J.-N. M. — *Vous dites que vous avez beaucoup évolué par rapport au politique au cours de cette dernière décennie. Je présume que cette évolution est liée à vos mandats dans des comités d'éthique et de bioéthique aux plans national et international ?*

G. H. — Sans doute, et nous y viendrons si vous le souhaitez. Mais auparavant, j'aimerais faire un exercice de littérature comparée en évoquant des passages dans deux romans célèbres : *Les frères Karamazov* et *Le meilleur des mondes.* Le premier de ces passages est fameux, puisque c'est le poème dramatique imaginé par Ivan Karamazov intitulé « Le Grand Inquisiteur ». Nous sommes au

XVIe siècle, à Séville où domine un terrible vieillard, le Grand Inquisiteur, qui vient de « faire brûler vifs une bonne centaine d'hérétiques *ad majorem gloriam Dei*[1] ». Or, voilà que le Christ (ou un personnage qui en a toutes les apparences) a décidé de visiter les hommes précisément dans cette ville afin de se rendre compte du progrès de son œuvre. Lorsque le Grand Inquisiteur l'aperçoit, il fend l'attroupement du bon peuple, qui ne s'interpose pas, et il fait jeter le revenant en prison en lui annonçant qu'il le jugera, le condamnera et le fera brûler dès demain. La raison n'est pas qu'il soupçonne un imposteur. Au contraire. Ce qui le dérange, c'est bien le retour du Christ, car celui-ci vient d'au-delà du politique. Et les effets de son action ne peuvent être que ruineux au sein d'un monde et d'une humanité terrestres que seule la politique – c'est-à-dire le mensonge et l'asservissement qui rendent le troupeau suffisamment confiant et heureux – est capable de gérer. Le Christ veut libérer les hommes, il attend d'eux des vertus que la très large majorité est incapable d'exercer. Aussi le Grand Inquisiteur lui demande-t-il s'il n'aime que ses élus, les « hommes forts, au détriment des autres, dédaignés comme les grains de sable de la grève, condamnés à servir d'engrais aux puissants ». L'Église, elle, pouvoir *humain* exercé au nom de Dieu, se soucie des faibles, du troupeau. « Car ces débiles créatures cherchent un objet qu'elles puissent adorer *toutes ensemble !* Ce besoin de la *communauté* dans l'adoration constitue le tourment capital de l'individu et de tous les hommes, depuis le commencement des siècles. Au nom de cette communauté, ils se sont exterminés mutuellement par le glaive. Ils ont créé des dieux et proclamé : "Renoncez à vos dieux et adorez les nôtres, sinon mort à vous-mêmes et à vos idoles !" » C'est pourquoi les hommes rêvent d'un rassemblement de toute l'espèce humaine en un unique et universel troupeau commandé par une autorité globale, et ce rêve, lui-même, entretenu par chaque communauté est la source de leur tourment. Mais ce rêve cosmopolitique apparaît comme le seul rêve humain possible. Il est aussi celui du Grand Inquisiteur et de son Eglise. « L'affaire en est encore à ses prémices, mais elle est engagée. Longtemps encore, il nous faudra attendre sa

1. Je cite d'après la traduction de Rostislav Hofmann parue aux éditions Marabout.

conclusion, mais nous arriverons un jour à nos fins : nous serons les rois ! Alors seulement nous pourrons nous soucier du bonheur universel ». La politique royale. Celle qui règle définitivement leur compte à toutes les velléités de transcendance, celle qui réussit à gérer les dieux et à guérir les hommes du désir fou de s'arracher à la condition humaine, cette maladie essentielle de l'humanité, ou sa maladive essence. La question politique actuelle et fondamentale qui agite tellement nos intellectuels est la suivante : cette pacification de l'espèce est-elle réalisable à l'aide de moyens principalement symboliques et langagiers – « naturels », ou faudra-t-il user de moyens techniques, c'est-à-dire biophysiques, par exemple l'eugénique ? Pour l'avoir laissé entendre, Sloterdijk a soulevé le tollé que l'on sait. Une seule phrase, extraite des *Règles :* « L'anthropotechnique royale s'attend donc à ce que l'homme d'État sache associer les qualités les plus favorables pour le fonctionnement d'une communauté en vue d'une homéostase optimale »[1].

J.-N. M. — *N'est-ce pas très exactement cette société techniquement aboutie qu'Aldous Huxley décrit dans* Le meilleur des mondes ?

G. H. — Parfaitement. Mais avant d'y venir, un mot sur la fin du récit d'Ivan Karamazov. Le Grand Inquisiteur laisse partir son prisonnier qui, l'a écouté en silence et qui, comme seule réponse, « baise ses lèvres exsangues ». En ne faisant pas mettre à mort son prisonnier, le Grand Inquisiteur, dans un mouvement de prudence et de lucidité supérieur à la politique théocratique elle-même qui est pourtant son seul souci, ménage la possibilité du renversement futur de celle-ci, la possibilité de la déstabilisation, de l'ouverture, de la liberté. Non pas que le troupeau humain ait besoin de cela, mais parce que le Grand Inquisiteur en a besoin lui-même, parce qu'il est un élu déchu, un dieu raté, qui se souvient, qui sait que son royaume n'est pas de ce monde. Parce qu'il est, en définitive, un faible ou un faux fort qui a besoin de ce troupeau qu'il méprise tout en prétendant l'aimer. Il a besoin de l'illusion du royaume terrestre qui, lui, a besoin d'un maître berger. Mais ce jeu de dupes, cette dialectique de l'illusion

1. *O.c.*, note 26.

politique, permet en effet à l'espèce humaine de survivre, tant bien que mal, et même d'évoluer, cahin-caha.

J.-N. M. — *Une question me vient tout à coup à l'esprit : parmi ces personnages, où vous situeriez-vous, vous-même ?*

G. H. — Du côté du prisonnier, sans hésitation. Mais ne perdez pas de vue qu'il n'est pas sûr qu'il soit le Christ.

J.-N. M. — *Et si le prisonnier avait été exécuté, vous situeriez-vous toujours de son côté ?*

G. H. — Je veux dire que je me sens proche du type « politique » ou « apolitique » incarné par le prisonnier. Mais en même temps, je comprends les « raisons » du Grand Inquisiteur. Et sa contradiction, jusqu'à un certain point, le sauve à mes yeux.

J.-N. M. — *Dont acte. Et ce « meilleur des mondes » ?*

G. H. — Le passage qui nous intéresse est le discours de l'Administrateur Mustapha Menier. Il est le Grand Inquisiteur de ce monde qui utilise évidemment d'autres moyens que les théocraties symboliques ou les totalitarismes idéologiques traditionnels pour stabiliser et gérer l'espèce humaine. L'endoctrinement intégriste a cédé la place à un conditionnement hypnotique scientifique, l'eugénique produit par clonage des catégories d'individus aux facultés adaptées à leur fonction future, des techniques sans effet nocif marginal – drogue, cinéma multisensoriel – assurent le divertissement et l'euphorie. Un État mondial garantit le maintien et la perpétuation de l'ordre techno-politique qui rend résiduelles la violence et la souffrance. La devise de l'État mondial, affichée dès la première page du roman, est : « Communauté-Identité-Stabilité ». Les mal conditionnés irrécupérables ne sont pas livrés au bûcher, mais déportés dans des îles ou des réserves où l'ordre techno-politique ne règne pas, où le malheur et la liberté persistent. Ou bien, ils deviennent Administrateurs, c'est-à-dire des responsables politiques, maîtres bergers. Le récit d'Huxley suit quelques marginaux qui finissent par comparaître devant l'Administrateur Mustapha Menier qui leur tient un très long discours de philosophie politique, dont la substance est très proche de celle des paroles du Grand Inquisiteur. Dans sa longue Préface rédigée en 1946, quinze ans après le roman, Huxley est tout à fait explicite : « le problème consiste à faire aimer aux gens leur servitude »[1]. Et il craint qu'une convergence entre science, technique et totalitarisme ne conduise à une confiscation universelle de la liberté, notamment en réponse au « chaos social résultant du progrès technologique rapide ». Pourtant, il n'exclut pas que la science puisse être aussi utilisée « comme le moyen de produire une race d'individus libres ». Mais le roman n'illustre certes pas ce reste d'optimisme. Le lecteur fait la connaissance de l'Administrateur en train de lire un mémoire scientifique qu'il juge génial, et qu'il décide de mettre à l'Index, car l'auteur suggère que « le but est quelque part au-delà, quelque part au-dehors de la sphère humaine présente ; que le but de la vie n'est pas le maintien du bien-être, mais quelque renforcement, quelque raffinement de la conscience, quelque accroissement de savoir... ». Il songe que telle est peut-être bien la vérité et qu'il serait plus passionnant de la poursuivre. Il ne cède cependant pas à cette tentation, car la responsabilité et le devoir politiques le retiennent. Mais c'est plusieurs dizaines de pages plus loin qu'il s'explique longuement : « Tout changement est une menace pour la stabilité. C'est là une autre raison pour que nous soyons si peu enclins à utiliser des inventions nouvelles. Toute découverte de la science pure est subversive en puissance ; toute science doit parfois être traitée comme un ennemi possible ». Comme on le voit l'utopisme technoscientifique ne procède pas d'une techno-scientophilie sans partage, ainsi qu'on le croit trop souvent ou qu'on voudrait le faire accroire. Les risques pour la liberté humaine et pour l'évolution viennent bien davantage du politique que de la RDTS. L'Administrateur fut un chercheur dans sa jeunesse ; mais il dut choisir entre la recherche déstabilisante dans l'isolement par rapport à la société globale incapable d'assimiler les progrès, et la responsabilité politique, la responsabilité du bonheur des autres. Celle-ci postule un rapport à la science radicalement différent de la relation de recherche. Ainsi contrôlées, la science et la technique, placées au service du bien social, assureront à l'humanité une stabilité infiniment plus durable et heureuse que tout ce que l'espèce humaine a pu connaître auparavant. Il est essentiel, à cette fin, que la science « ne s'occupe que des pro-

1. Nous utilisons la traduction de Jules Castier parue aux éditions Plon (Le Livre de Poche).

blèmes les plus immédiats du moment » aux antipodes de toute idée de recherche indéfiniment poursuivie. Les chantres actuels de la « science au service de la société », qui ont bien entendu un « projet de société » clef sur porte, disent la même chose. Leur voix est particulièrement forte là où il s'agit de déterminer des politiques de la recherche, de grands cadres pour les « programmes de recherche » nationaux et internationaux : il faut que la science serve, que la recherche soit utile ! Elle doit être au service de l'homme. Et l'on sait, bien entendu, de quoi il s'agit. Quelques slogans suffisent. On se comprend n'est-ce pas ? Et l'on avisera. Souvent, les technoscientophobes les plus conservateurs trouvent ainsi un excellent terrain d'entente médian avec les utilitaristes progressistes. Cette entente, qui est tacite et probablement inconsciente, permet d'écarter la question de la transcendance opératoire. Le mieux est d'ailleurs d'écarter de la scène publique toute référence à la transcendance quelle qu'elle soit, et de privatiser diversement cette question. « Dieu n'est pas compatible avec les machines, la médecine scientifique et le bonheur universel. Il faut faire son choix. Notre civilisation a choisi les machines, la médecine et le bonheur », précise l'Administrateur. Bien que nous soyons, en l'occurrence, dans une tradition clairement utilitariste, ces trois termes correspondent exactement aux trois branches majeures de l'Arbre de la science de Descartes[1]. La référence à la médecine et à la morale (le bonheur) est particulièrement significative pour les éthiciens et bioéthiciens. Le philosophe américain Richard Rorty qui estime que nous avons (presque) réalisé le meilleur des mondes dans nos sociétés démocratiques libérales et économiquement développées juge « indésirable et inféconde » la pulsion de transcendance. Il n'en perçoit d'ailleurs que les formes symboliques traditionnelles, métaphysiques et religieuses. Ainsi que je l'ai écrit à l'occasion d'un essai sur ce philosophe : « Dans la culture du "poète", du "manager" et du "thérapeute", la pulsion hétérologique serait éradiquée (grâce à une bonne éducation) ou bien parfaitement gérée, c'est-à-dire isolée grâce à un management politico-social approprié des

1. *Les Principes de la philosophie* (Lettre-Préface).

discours, ou bien soignée grâce au thérapeute »[1]. La pulsion de transcendance est appelée ici « hétérologique ». Dans le cadre de la philosophie postmoderne de Rorty, elle coïncide, en effet, avec le désir de sortir du langage, plus exactement de la conversation humaine, et de prendre appui sur un absolu transcendant, un fondement – Être, Dieu ou Fait incontestable – afin de mettre un terme définitif à toute discussion critique. Ainsi procèdent les intégrismes, y compris scientistes bien entendu.

J.-N. M. — *Mais vous devriez être d'accord avec cette critique !*

G. H. — Je suis d'accord mais seulement pour autant qu'il s'agit de dénoncer les détournements fondamentalistes de la pulsion de transcendance qui réduisent celle-ci au nom d'un ordre symbolique définitif.

J.-N. M. — *D'un point de vue utilitariste, le « Meilleur des mondes » devrait être vraiment considéré comme le meilleur des mondes. Pourquoi le monde décrit par Huxley horrifie-t-il ? A bien des égards, il est plus doux à vivre que notre monde.*

G. H. — Huxley le dit clairement dans sa Préface : c'est la perte de la liberté qui effraye. La disparition de toute possibilité d'évoluer indépendamment des normes et des fonctions imposées. La suppression technique même du désir de telles évolutions, transgressions, transcendances, individuelles et collectives. On pourrait dire aussi : le fait que l'homme du Meilleur des mondes a déserté ce poste avancé et problématique à la pointe de l'évolution cosmique où la conscience humaine pense se trouver.

A partir de l'expérience bioéthique

J.-N. M. — *Je profite de vos allusions à la médecine et à la bioéthique pour vous relancer sur ce sujet. Comment voyez-vous* Species Technica *à partir de votre expérience bioéthique ?*

G. H. — Ce que vous appelez « mon expérience bioéthique » est une réalité complexe à l'image de la bioéthique elle-même, à la fois théorique et pratique, morale et politique, philosophique et

1. « Jeux de langage et pratiques technoscientifiques », *in* Hottois G. et Weyembergh M., (éd), *R. Rorty. Limites et ambiguïtés du postmodernisme,* Paris, Vrin, 1994.

idéologique. *ST* ne reflète ni n'anticipe cette réalité. Les questions de bioéthique ne se dessinent pas en noir et blanc lorsque l'on prend la peine de s'informer précisément. Derrière les logomachies simplificatrices, on découvre une foule de distinctions scientifiques et techniques, de normes juridiques et morales aux interprétations incertaines, une multitude d'intérêts, de situations et de cas. Ni le clonage ni l'eugénisme ni l'euthanasie ni l'avortement ni les cellules souches ni la transgenèse ni… – je pourrais reprendre tous les termes soulevant des « questions de bioéthique » – ne renvoient à des choses, des procédures ou des contextes simples et uniques. La bioéthique, telle que je l'ai comprise, est d'abord une extraordinaire école d'apprentissage de la complexité de notre civilisation technoscientifique et multiculturelle. Elle est particulièrement utile aux philosophes qui ambitionnent de penser *la* science et *la* société, car elle les invite à passer des mots aux choses et aux personnes réelles. Interdisciplinaire, elle confronte le professionnel de la philosophie aux scientifiques et au défi de l'acquisition et de l'entretien d'une culture scientifico-technique en évolution continue. Pluraliste, la bioéthique confronte aussi le philosophe à la diversité des acteurs réels de la société et à leurs intérêts tantôt convergents tantôt opposés. Mais sans doute est-ce ma représentation des scientifiques – les « Technoscients » – que mon expérience bioéthique a fait le plus évoluer. *ST* illustre à gros traits les enjeux ultimes soulevés par un certain nombre de questions bioéthiques. Toutefois, ces enjeux ne sont jamais réellement en jeu dans ces questions, quelle que soit la manière dont on les tranche, parce que la réalité est loin d'être aussi simple et qu'en dépit des apparences, le temps est très lent. Ainsi que je l'ai déjà dit, il n'y a pas d'un côté l'humain et de l'autre le non-humain (ou l'inhumain ou le transhumain ou le suprahumain) ; on ne saute pas de l'un à l'autre, pas plus que l'espèce humaine n'a sauté d'un bond hors de la nature ou de l'animalité.

J.-N. M. — *En évoquant votre « expérience bioéthique », je pense principalement à votre participation à des comités de bioéthique.*

G. H. — C'est bien ainsi que je l'entendais. Cette participation m'a encore appris l'indispensable modestie de la philosophie, d'une part, et le poids du politique et de la politique, d'autre part. Dans un comité de bioéthique pluridisciplinaire et pluraliste, le philosophe n'est qu'une voix parmi d'autres ; une voix qui ne domine pas.

J.-N. M. — *Il n'y a donc plus de spécificité de la philosophie ? Un comité d'éthique a-t-il besoin de philosophes ?*

G. H. — Cela dépend. L'expression « comité d'éthique ou de bioéthique » renvoie, elle aussi, à des réalités diverses. L'éthique ou la morale étant traditionnellement une branche de la philosophie, on peut estimer qu'un philosophe au moins devrait nécessairement être membre de tout comité d'éthique. La réalité de terrain montre qu'on est très loin du compte. Avec la bioéthique, on assiste en fait à un double mouvement. D'une part, un mouvement d'autonomisation de l'éthique ou de la bioéthique par rapport à la philosophie, d'où l'apparition d'une nouvelle espèce de professionnels : les « éthiciens » ou « bioéthiciens ». Se multiplient d'ailleurs, depuis peu, à travers le monde des formations de « bioéthiciens purs », qui n'ont pas acquis d'abord une autre formation correspondant au moins à un deuxième cycle universitaire. D'autre part, il y a un mouvement de dépossession du monde médical de son monopole éthique traditionnel en ce qui concerne les interventions sur le corps humain, puisque de plus en plus de non-médecins sont associés à l'élaboration des normes et décisions applicables à la recherche et à la pratique médicales. Au total, on peut dire que beaucoup plus de philosophes s'occupent, aujourd'hui, de la « chose éthique biomédicale » qu'il y a un quart de siècle. Il faut ajouter que la portée de la biomédecine a énormément évolué au cours de la seconde moitié du xxe siècle. La pratique et la recherche biomédicales ont été arrachées à leur bonne conscience thérapeutique et paternaliste traditionnelle. Mais je reviens à votre question en y répondant d'une manière plus personnelle : comment ai-je conçu ma participation en tant que philosophe à des comités d'éthique chargés de clarifier les questions en vue de l'élaboration éventuelle de normes ? Ma réponse est : en assumant ce qui m'apparaît comme la responsabilité du philosophe, à savoir le souci de la liberté et de la raison. Cette défense de la liberté et de la raison est sensible au contexte. La raison n'est, pour moi, rien de monolithique ni d'immuable. Elle est une activité relationnelle. Un discours honore d'autant plus la raison qu'il réussit à relier un nombre élevé de significations et de valeurs et leur permet d'évoluer ensemble, sans violence. Cela n'a rien à voir avec le relativisme, qui ne relie pas mais juxtapose. Dans un comité d'éthique, tel celui que nous avons en Belgique, où la règle est le strict respect du pluralisme, la défense de la liberté et de la raison prend d'abord la forme d'une aide à l'explicitation des diverses positions avec leurs présupposés et leurs arguments principaux. En conclusion et après de longues discussions, nous dressons le bilan des points sur lesquels il y a consensus et des points sur lesquels les positions divergent, et nous donnons les raisons des accords et des désaccords.

J.-N. M. — *N'est-ce pas le respect de l'éthique du discours ou de la discussion promue par des philosophes issus de l'Ecole de Francfort ?*

G. H. — Dans la mesure où il s'agit d'écouter toutes les opinions avec leurs arguments et leurs objections, oui. Mais Habermas et Apel, à qui vous faites allusion, entretiennent l'idéal d'une rationalité unique et universelle. Ils postulent que si une discussion sans contrainte est menée suffisamment longtemps, elle doit conduire à une conclusion unique, universellement partageable, à laquelle tous les interlocuteurs se rallient. Je ne pense pas qu'on puisse ni doive poser ce principe comme une sorte de métarègle de toute discussion qui se veut éthique et rationnelle. Même si elle a pris, à cet égard, pas mal de distance, la philosophie de la discussion procède d'un horizon politique et historique dont l'idéologie marxiste a été l'expression la plus spectaculaire. A partir de cet horizon pourtant relativement ouvert à la technique, il n'est pas possible de penser, d'élaborer et d'assimiler les interrogations soulevées par la temporalité cosmique et par la portée anthropotechnique des technosciences. On ne peut que les ignorer ou les rejeter. D'autant plus qu'un autre horizon historico-politique – celui de la période nazie – reste très proche et encourage les amalgames permettant de conclure à la condamnation sans appel de toute idée évolutionniste de « trans-ou supra-humanité ». Qu'est-ce qu'une discussion suffisamment longue eu égard à un futur ouvert sur des milliards d'années, et de quelle forme pourrait être une « discussion » dans quelques millions d'années ? L'éthique de la discussion persiste, consciemment ou non, au sein d'une temporalité historique qui attend une fin pas très lointaine de l'Histoire, qu'il s'agit d'anticiper au moins formellement et de promouvoir. Marx disait que les hommes font l'Histoire sans savoir quelle est cette Histoire qu'ils font ; mais lui-même pensait savoir. Ces réserves exprimées, la philosophie et l'éthique de la discussion ont rendu et continuent de rendre pragmatiquement beaucoup de services, notamment dans la lutte contre les fondamentalismes et la défense du pluralisme. Mais les lieux de résistance risquent de se multiplier, comme l'affaire « Sloterdijk » l'a montré, ainsi qu'une foule de publications laissant entendre, par exemple, que toute intervention dans le génome humain ne peut être que liberticide et procède de fantasmes anti-rationnels.

J.-N. M. — *Ne demande-t-on pas à un comité d'éthique d'émettre un avis, et non une diversité d'opinions ?*

G. H. — Contrairement à ce que beaucoup voudraient faire croire, il n'y a pas d'accord sur la plupart des questions bioéthiques. Et cela n'est pas étonnant : les hommes interprètent diversement le sens de la vie, l'identité humaine, la mort inévitable, l'avenir à construire, le bien, le mal, etc. Mais ces diverses positions ne vont pas sans raisons. Chacune participe d'une tentative plus ou moins élaborée et étendue de sens. Il n'y a pas, je le répète, d'un côté la raison et de l'autre, la ou plutôt les folies. Je reconnais qu'il n'est pas facile de préserver et de gérer socialement – politiquement et juridiquement – une telle ouverture, mais nous sommes en train de parler du rôle du philosophe au sein du débat bioéthique. Je ne méconnais pas le souci politique. Je reconnais que toute société a besoin de règles et de valeurs communes, qu'il faut donc négocier des consensus et élaborer des lois. À mon sens, ce souci ou cette responsabilité politiques n'ont pas à être pris en charge par un comité d'éthique. Semblable prise en charge risque d'entraîner une dangereuse confusion des rôles et des genres, dangereuse pour les bases mêmes de la démocratie. Je me suis longuement expliqué ailleurs sur ce péril[1].

1. Voir, notamment, *Essais de philosophie bioéthique et biopolitique,* Paris, Vrin, 1999.

J.-N. M. — *Pouvez-vous néanmoins préciser ?*

G. H. — Il y a risque de confusion lorsque, pour diverses raisons, le comité d'éthique se perçoit comme une étape fondamentale dans un processus dont l'aboutissement doit être une décision unique, la formulation d'une règle commune qui, reprise à travers d'autres instances, sera coulée sous la forme d'une loi. Cette situation est dangereuse précisément parce qu'elle tend à conférer à la loi une légitimité éthique ou morale qui se fonde sur des présupposés métaphysiques, idéologiques ou théologiques généralement non exprimés, telle une conception déterminée de la nature ou de l'homme ou de l'histoire. Ce type de légitimation est différent de la légitimité politique au sein d'une démocratie parlementaire. Dans ce contexte de confusion inconfortable, tout ce que le philosophe peut faire à l'appui de la défense de la liberté, c'est affaiblir la règle proposée, en encourageant une formulation pragmatique. Celle-ci exprime un accord sur une décision ou une norme, mais pas sur les diverses raisons (croyances, calculs, ...) qui justifient l'accord dans le chef de ceux qui s'y rallient. Cette opération n'est pas trop difficile lorsque le comité est authentiquement pluraliste. Elle exige malheureusement souvent que le philosophe supporte une position qui n'est pas exactement la sienne, qu'il se fasse « l'avocat du diable ». Un autre aspect de l'affaiblissement pragmatique est le souci de la révisabilité : exprimer les interdictions comme des moratoires plutôt que comme les nouveaux commandements de quelque décalogue. La défense de la liberté, de l'ouvert et de la raison capable d'évoluer, en milieu réel complexe, intervient au sein d'un champ de forces et d'intérêts, peu propice à la sérénité de la distance et fécond en malentendus. Il peut arriver au philosophe de se laisser prendre au piège de l'identification à une position militante apparente qui n'est pas à proprement parler la sienne, qu'il ne défend que par souci d'esprit critique et de libre débat parce qu'il voit bien que les condamnations dirimantes reposent sur des affirmations factuelles fausses ou incertaines, sur des sophismes, sur des croyances qui ne sont pas universellement partagées. Juristes, philosophes, biologistes, économistes, théologiens, médecins ou psychanalystes ne jouent pas les mêmes jeux de langage avec les mêmes mots.

J.-N. M. — *Vous est-il arrivé d'être victime de semblables malentendus ?*

G. H. — Le malentendu est constant pour les raisons que je viens de dire. Mais il est dû, aussi, au caractère confus du statut de ce que l'on appelle « comité d'éthique », une institution tout à fait nouvelle au sein des démocraties, notez-le. La politisation larvée ou explicite des comités importants aux plans national ou international fausse inévitablement l'intervention du philosophe soucieux de faire autre chose que de la figuration. Cette autre chose n'est compréhensible encore aux yeux de beaucoup que comme de la politique.

J.-N. M. — *Nous revoilà à la question des rapports entre philosophie et politique. Mais revenons au souci, selon vous, principal de la philosophie : la défense de la liberté. Qu'entendez-vous par liberté ?*

G. H. — Je sais que vous ne me suivrez pas à ce propos, puisque vous n'y croyez pas. Mais votre question m'offre l'occasion de quelques précisions. Lorsque le philosophe défend la liberté, il est question de la liberté de pensée, de discuter, de critiquer, de croire, de s'exprimer... Il s'agit de la liberté de l'esprit, de la conscience, de la parole : la liberté symbolique. Dans le contexte des débats bioéthiques, il ne s'agit cependant pas exclusivement de cela. La meilleure illustration de ce que je veux souligner est la notion de « liberté de la recherche scientifique ». Souvent, cette liberté demeure comprise ou présentée comme une espèce relevant du genre « liberté de pensée et de croyance ». Des textes importants, dans l'esprit de la philosophie des droits de l'homme, proclamés par l'ONU ou l'Unesco, parlent en ces termes. Cette conception est, sinon fausse (car le chercheur pense et a besoin de la liberté de pensée), du moins incomplète, dans la mesure où la recherche est technoscientifique, expérimentale, opératoire. Dans la mesure encore où chercher revient autant à inventer, construire ou produire technophysiquement qu'à découvrir empiriquement, déduire logiquement ou interpréter herméneutiquement. A mon sens, ce qui est en jeu est bien toujours et encore la liberté et l'émancipation de l'esprit ou de la conscience, mais avec la conscience que cette poursuite passe aussi par l'opération technique de la matière, car nous n'avons pas d'expérience d'une conscience ou d'un esprit qui ne soit associé à un corps et à un cerveau. Au moins ne me contredirez-vous pas sur ce point ?

J.-N. M. — *La liberté de la recherche scientifique ne peut pas être réduite à une liberté de pensée et de croyance, je suis d'accord sur ce point.*

G. H. — Et cela comporte des conséquences très importantes et menaçantes pour la liberté de penser et de croire en tant que telle. Le danger se décline comme suit. Premièrement, on reconnaît que la liberté de recherche technoscientifique est une liberté de pensée et de croyance lourde d'effets pratiques, au plan de l'agir et du faire. En réaction, on institue des comités d'éthique chargés d'examiner ces effets et conséquences, de les anticiper en quelque sorte, et de réguler la recherche en amont. Mais cette régulation fondée sur le bien, le sage et le raisonnable énoncés par les comités supporte mal de rester confinée au seul encadrement des pratiques, du faire et de l'agir technoscientifiques. Elle tend spontanément à encadrer et à réguler la pensée, la croyance et l'expression en amont des pratiques, c'est-à-dire à limiter la liberté de pensée, de croyance et d'expression. Dès lors, il devient difficile de parler d'une manière dissidente, voire simplement nuancée, de tout ce qui touche à l'anthropotechnique. Soyez sûr que beaucoup applaudiraient à la perspective de voir condamné et effectivement sanctionné comme crime contre l'humanité tout propos favorable à une anthropotechnique qui ne soit pas très prudemment thérapeutique.

J.-N. M. — *N'oubliez-vous pas certains aspects ? Faire de la recherche, ce n'est pas seulement expérimenter, inventer..., c'est encore breveter, entreprendre, acheter, vendre, faire des bénéfices, investir...*

G. H. — Je n'oublie pas ces aspects économiques. Je n'en sous-estime pas l'importance concrète, car c'est ainsi que la RDTS fonctionne : une part des profits commerciaux est réinjectée dans la recherche et l'orientation de celle-ci n'est pas indépendante de projections et d'attentes de bénéfices. Ce cycle est même particulièrement significatif dans le domaine de l'industrie médico-pharmaceutique, biotechnologique et agronomique, où les investissements en R&D sont proportionnellement plus importants que dans d'autres secteurs. On peut discuter de la question de savoir s'il ne vaudrait pas mieux que ce soit directement l'État qui, sur la base de taxes et d'impôts, assume l'essentiel de la R&D dans ces domaines. Mais, en dernière analyse, vous serez confronté aux questions que je pose et qui, seules, me paraissent philosophiquement décisives. L'économie est une affaire de moyens et ceux qui croient y voir des fins dernières ou une grille conceptuelle qui permet de tout expliquer, se trompent, sont inconscients ou, plus prosaïquement, ne cherchent pas très loin. Je vous concède qu'ils sont nombreux.

J.-N. M. — *L'intervention du philosophe défenseur de la liberté, telle que vous la présentez, n'est-elle pas particulièrement ambiguë ?*

G. H. — Je ne nie pas qu'elle puisse l'être ; mais sur des questions déterminées, il est toujours possible de préciser. Il ne s'agit évidemment pas de suivre quelque aberrant impératif technicien et de dire que la liberté – ce qui pour moi signifie aussi toujours le souci de la promotion de la liberté et donc de la conscience – consiste à (laisser) faire n'importe quoi, n'importe comment, n'importe quand. Le refus d'interdire absolument et « pour les siècles des siècles » tout clonage humain, toute thérapie germinale ou toute eugénique, ne coïncide pas avec l'encouragement ni même avec l'autorisation de ces pratiques à n'importe quelles conditions. Il s'agit dans l'état actuel de la science, des techniques et de l'organisation symbolique de la société, de préférer, selon moi, un moratoire révisable. Il s'agit de ne pas clore le débat, ni d'interdire toute recherche, thérapeutique ou animale par exemple, qui pourrait, un jour, rendre ces pratiques possibles. Il s'agit de montrer encore, d'une manière critique, que les bases argumentatives des condamnations absolues ne sont pas absolues, c'est-à-dire universellement partagées et immuables. Montrer que le partage des opinions ne se fait pas en noir et blanc, entre folie d'une part et raison ou sagesse de l'autre, mais bien le plus souvent entre des positions qui ont chacune leurs raisons, renvoyant à des histoires, des cultures, des éducations, des expériences, des sensibilités et des situations, partiellement communes et aussi différentes.

J.-N. M. — *Dans* Species Technica, *il y a un passage qui souligne l'ambiguïté de la philosophie. Lorsque Gillian surprend quelques phrases d'une discussion entre Morgan et Alcherson où il est désigné comme l'idéologue de la technoscience. Voici ce que Morgan dit : « Avions-nous besoin d'un idéologue ? Et un philosophe, par surcroît ! Alcherson, vous connaissez l'ambiguïté de ces gens. Même ceux qui paraissent de notre bord. Je dirais : surtout ceux-là ! Ils* pensent *ce que nous cherchons à* faire *et ils propagent la satisfaction de cette pensée, détournant, tout spécialement les jeunes, de la recherche et de l'expérience effectives ». Comment réagissez-vous ?*

G. H. — Morgan est probablement lui-même le personnage – certes, secondaire – le plus ambigu de *ST*. Mais l'ambiguïté n'est pas nécessairement le symptôme d'une tare ou d'une perversion. J'y vois l'expression, périlleuse peut-être, du souci de la totalité, la reconnaissance du fait que toute la vérité n'est pas d'un côté, la méfiance lucide à l'égard des revendications unilatérales de pureté... L'ambiguïté procède aussi du fait que ce n'est pas toujours le même pôle qui domine, et que ce n'est donc pas toujours le même autre non plus qu'il faut secourir. La philosophie est dialectique. Et elle ne peut échapper au risque de la sophistique ; nous savons cela aussi depuis Platon. Personnellement, je ne crois pas que ce que je dis et écris tende à détourner de la recherche technoscientifique. Mais je reste, comme Gillian le dit lui-même « un homme de pensée et non de laboratoire ». Je réagis contre l'idéalisme excessif des interventions philosophiques, moralisantes et idéologiques au sein des débats bioéthiques. Car je crois que cet idéalisme traditionnel est devenu et sera contre-productif au plan de l'esprit et de la conscience dont ce même idéalisme a, pourtant, le souci. Et il est contre-productif, non en raison de ce souci, mais parce qu'il souffre d'un immense déficit chronique de culture scientifique et technique qui le rend le plus souvent technoscientophobe. En disant cela, je ne fais pas une profession de foi positiviste, matérialiste, scientiste ou techniciste ; mais je cours le risque de tels malentendus.

J.-N. M. — *La question de la modification génétique de l'être humain constitue le thème central du livre du philosophe et bioéthicien britannique John Harris* : Clones, Genes and Immortality[1]. *« We are now able to transcend the limitations of particular species and combine the virtues (and vices) of different species and indeed programme into species new attributes never before a feature of any species. We can, or eventually will be able to, create new transgenic creatures of unprecedented nature and qualities. It would not be an exaggeration to say that humanity now stands at a crossroads. For the first time we can literally start to shape not only our own destiny in terms of what sort of world we wish to create*

1. Oxford University Press, 1998.

and inhabit, but in terms of what we ourselves wish to be like. We can now, literally, change the nature of human beings. Whether we should do so and in what ways is the subject of this book. Should we celebrate the ingenuity and imagination of the biotechnologists who have made all this possible or should we rather try to limit and control their activities ? » Dans cet ouvrage, Harris se demande quelle politique doit être adoptée à l'égard des possibilités ouvertes par la technologie. Pour ce faire, il tente d'anticiper les réalisations que permettront les technosciences dans un futur relativement proche. Selon lui, la modification génétique de l'être humain est inévitable. « We are on the brink of a new revolution of quite awesome power. The revolution in molecular and genetics will give us the ability to divert and control human evolution to an unprecedented extent. It will enable us to manufacture new life forms to order, life forms of every sort. The decision before us now is not whether or not to use this power but how and to what extent. It might be tempting to pretend the revolution had not happened and to try to go on as before, but to do so would not only be futile, it might also involve us in causing an immense amount of suffering. There is no safe path. If we fail to make changes to human beings, the result may simply be that we ensure that the future will be much worse for everyone that it need be. If we make the wrong changes the same may be true. What we must try to do is learn to choose responsibly, but there is no sense in which doing nothing is necessarily a more responsible choice than doing something. ». Nous avons maintenant la possibilité d'insérer de nouveaux gènes dans l'ADN de cellules germinales ou d'un embryon humains. On pourra réparer des déficits génétiques et, mieux encore, perfectionner certaines fonctions de l'être humain. La distinction entre réparation et amélioration, entre « removing dysfunction » et « enhancing function », va devenir cruciale dans la biomédecine du futur. Harris, philosophe ouvertement technophile, s'amuse à faire de la génétique-fiction, comme l'avaient fait, avant la seconde guerre mondiale, les biologistes J.B. Haldane et Herman Müller. Il imagine des avancées technologiques qui s'actualiseront probablement dans un futur plus ou moins proche. L'insertion de nouveaux gènes pourrait, par exemple, nous dit-il, permettre à l'individu recombiné de mieux résister à des maladies infectieuses, d'être plus intelligent ou de vivre plus longtemps. Il me semble que vous êtes plus proche de ces philosophes anglo-américains que des philosophes du continent. Ne vous sentez-vous pas un peu isolé dans le monde de la bioéthique ? Vous êtes un des rares philosophes à prendre clairement position en faveur de la liberté de la recherche scientifique et à laisser la porte ouverte à une recombinaison de l'homme ? Evoquiez-vous ces questions avec les membres du Groupe Européen d'Ethique ? Ce qui est « Ethique » (avec un grand E) ou « politiquement correct », c'est une position hyperconservatrice hostile à tout changement. Ne risquez-vous pas de subir le même sort que Singer ? N'est-ce pas une des raisons pour continuer à défendre les mêmes idées dans le monde de la philosophie de la Science-Fiction. « Je suis à la fois le berger, le troupeau, le loup et le chien ». Peut-être, mais à contre-cœur. Ce que vous préférez, c'est « être quelque part à distance ». Ce que vous préférez, c'est la « position de nulle part » (Thomas Nagel), celle du Martien qui observe ? Est-ce ce que je me trompe ?

G.H. — Voilà une nouvelle avalanche de questions, et aussi de prises de position dont je vous laisse la responsabilité. D'abord, je ne partage pas votre approche « tout génétique » en ce qui concerne les spéculations relatives au futur de l'espèce humaine. En tous cas, je n'estime pas devoir privilégier l'idée de recombinaison génique lorsque je réfléchis à cet avenir. Une focalisation eugéniste pourrait même avoir pour effet de restreindre, de limiter l'imagination et la pensée du futur. Nous avons déjà évoqué la plupart des problèmes soulevés dans les extraits que vous venez de nous lire. En ce qui concerne les discussions au sein des comités d'éthique auxquels j'ai participé – et je ne veux me référer qu'à ceux-là[1] –, je n'ai pas le sentiment d'un hyperconservatisme. Davantage, une impression de prudence justifiée et qui ne ferme pas l'avenir. Il est évidemment difficile d'y tenir longuement – et j'insiste sur ce « longuement » – des propos du genre que nous avons. Mais cette difficulté n'est pas l'effet d'une pusillanimité ou d'une interdiction de parole. Elle tient au contexte, à l'identité des interlocuteurs, aux attentes, au genre d'institution et donc de discours que constitue un comité de (bio)éthique. Comme je crois l'avoir déjà dit, il m'importe de ne pas fermer, supprimer des possibilités absolument, ou pour des durées longues ou indéterminées sans réévaluation régulière de l'évolution des choses. Je suis « contre les contre absolus ». Ce qui ne signifie pas que je sois « pour », et encore moins « pour inconditionnellement ». Un philosophe tel que Peter Singer est beaucoup plus engagé bio-politiquement que je ne le suis. Est-ce que la position que je préfère est

1. Il s'agit du Groupe Européen pour l'Ethique de la Science et des Nouvelles Technologies auprès de la Commission Européenne et du Comité Consultatif de Bioéthique de Belgique.

celle de « nulle part », la position du Martien ? Cette dernière me plairait bien, mais elle ne serait pas de nulle part. De toutes manières, ma position n'est pas de « nulle part » : je suis historico-socialement tout à fait concrètement situé. Mais je ne sens pas la nécessité d'en rajouter, je veux dire de fusionner encore davantage avec quelque identité collective déterminée. Voyez-vous, je suis philosophe, pour le pire et le meilleur. C'est comme cela. Et je crois que l'humanité se porterait mieux si chaque individu était capable de prendre quelque distance réfléchie par rapport à son ou ses identités durables. Quant à dire que j'*aime* cette position à distance ? Vraiment, cela dépend. Elle n'offre plus la commodité passée de la supériorité. Cette modestie est une vérité pratique importante, et bienvenue, que la fréquentation des comités d'éthique interdisciplinaires et pluralistes m'a enseignée.

J.-N. M. — *Retournons donc à des considérations de contexte historique. Si je situe bien* Species Technica *dans votre parcours, ce livre a été rédigé avant que vous ne vous occupiez de bioéthique ?*

G. H. — Bien avant. En réalité, je m'étais jusque-là principalement occupé de philosophie du langage, mais comme je l'ai déjà dit, dans un sens critique, en me laissant guider par une analyse de l'obsession langagière de la philosophie au XXe siècle. L'année où j'écrivais *ST* est aussi celle où je publiais *Pour une métaphilosophie du langage*[1] dont le titre illustre cette volonté critique. Cela signifie qu'à l'époque, j'étais principalement mobilisé par mon insatisfaction à l'égard de la philosophie dominante – structuraliste, analytique, phénoménologico-herméneutique – surinvestissant le langage et s'enfonçant, en particulier en France, dans des discours décrochés de toute référence et de tout sens extérieurs au discours, au texte, au langage lui-même. Voilà ce qu'était devenu l'idéalisme philosophique dans le contexte d'une civilisation techno-scientifique *impensable* par et pour cet idéalisme qui y réagissait pourtant inconsciemment et, d'une certaine manière dirais-je, monstrueusement : *térato-logiquement*. A peu près au moment où je rédigeais *ST,* le philosophe de la technique, bien connu et déjà âgé, James Feibleman faisait, en songeant surtout à la philosophie anglo-saxonne, un constat analogue qui mérite d'être rappelé :

1. Paris, Vrin, 1981.

« Le philosophe est un homme totalement dépourvu d'influence et il a gagné cette position peu enviable en se détournant de la philosophie afin de se concentrer sur l'étude technique du langage ; non du point de vue des références de celui-ci qui l'auraient conduit hors du langage vers le monde, mais seulement ses significations, ce qui lui permet de demeurer à l'intérieur du langage, une espèce de nouvelle scolastique qui abandonne le monde réel au soin des autres » [1]. A côté de cela, il y avait l'engagement philosophico-politique marxiste, ou du moins gauchiste, qui ne me satisfaisait pas davantage, notamment parce qu'il demeurait solidaire d'eschatologies historiques également aberrantes. Comme je l'ai expliqué récemment [2], ma perception a été celle d'une impuissance du logos à rendre compte de l'expérience existentielle individuelle et collective en milieu technoscientifique. Le sentiment – excessif, je le reconnais aujourd'hui – d'une impuissance définitive du symbolique par rapport à l'opératoire. *ST* exprime cela ; paradoxalement, me direz-vous, car ce livre constitue en même temps une explosion symbolique. Mais une explosion qui ne propose aucun sens, une symbolisation pathétique et dramatisée du nihilisme. Mon expérience bioéthique m'a certainement fort aidé à dépasser ce nihilisme en réorientant mon rapport au langage d'une manière moins exclusivement spéculative, en m'obligeant à acquérir une culture technoscientifique et à développer l'idée et la pratique d'un accompagnement symbolique des technosciences dont la *Nouvelle Encyclopédie de Bioéthique* est la dernière expression. Mais à l'époque de *ST,* la bioéthique n'existait guère pour moi et la dimension de l'éthique apparaissait tout au plus comme une question. Ce dont témoigne le dernier paragraphe de *L'inflation du langage dans la philosophie contemporaine* qui s'intitule : « La question – éthique ? – fondamentale ». Je m'y demandais si les catégories de l'éthique conviennent bien pour penser la technoscience qui semble mettre en question non telle ou telle morale mais bien l'éthique en tant que telle, la capacité éthique de l'homme, l'*éthicité,* comme je l'ai écrit dans *Le signe et la technique.* J'aimerais vous lire quelques extraits de cet

1. *Technology and Reality,* M. Nijhoff, 1982 ; p. 14. Ma traduction.

2. « La foi dans le langage », *in* J.-F. Mattéi (éd.), *Philosopher en français,* Paris, P.U.F., 2001.

ultime paragraphe rédigé en 1977[1]. « L'éthique n'appartient-elle pas à la constellation de l'humain ? Comment une instance éthique pourrait-elle être de dernier recours, là où les paramètres de l'humain se trouvent concrètement mis en question ? Dire que la question est *éthique,* n'est-ce pas déjà l'avoir tranchée en faveur de la perpétuation de l'homme de toujours, en faveur du passé et contre tous les possibles où, de quelque façon, l'ethos se désagrégerait et deviendrait méconnaissable ? Il ne nous est pas possible de recevoir la question fondamentale comme étant du ressort de quelque *savoir*, passé, présent ou à venir. Bien que les catégories du choix et de la valeur (de l'homme) soient loin de nous satisfaire, l'esquisse de l'élaboration de la question fondamentale se fera cependant à partir d'elles. Car ce sont, à notre sens, les catégories les moins inadéquates et cette relative propriété correspond déjà à un consensus de la conscience futurologique : ainsi, par exemple, le problème de la manipulation génétique est, généralement, appréhendé comme une question éthique. (...) A supposer que d'ici quelques générations, la techno-science réussisse à prolonger d'une façon appréciable la vie humaine, et sans même tenir compte des bouleversements socio-politico-économiques que cette possibilité entraînerait, ne serions-nous pas déjà confrontés avec une mutation de l'humain aux conséquences absolument imprévisibles ? Que serait un "homme" dont l'espérance de vie s'étendrait à deux ou trois siècles ? Que deviendrait pour lui ce que nous appelons l'histoire, que deviendrait sa relation à la culture, au sens, à la mort, à l'œuvre, à l'action ? Comment se rapporterait-il à nous ? Que n'entreprendrait-il pas ? Comment affronterait-il le futur ? Entre nous et lui, les ponts, semble-t-il, seraient inexorablement coupés et tous les possibles qui nous paraissent, à divers titres, monstrueux pourraient fort bien être accueillis par lui sans réserves et servir encore, par leur essai, à creuser la rupture, inexorablement. (...) Les choses graves, importantes, dangereuses, immorales, inhumaines ne sont plus de l'ordre du langage. A moins que le philosophe, devenu indifférent au traditionnel surinvestissement du langage dont la faillite provoque aujourd'hui la flambée inflatoire, se risque à parler des

1. *O.c.*, p. 362-368.

forces et possibles non langagiers de mutation de l'humain. Si la folie discursive est devenue inoffensive, voire prisée et de bon ton, le scandale éclate, le rire fuse, l'inquiétude rôde dès que le philosophe se hasarde à évoquer l'effraction du futur sous une forme qui n'a plus rien à voir avec des expériences et des jeux de langage. La prolifération sauvage des symboles est une occupation bénigne de térato*logue.* La prospection cosmique comporte des risques absolus et la prudence caractéristique de la conscience futurologique est sans doute indispensable à condition qu'elle ne se transforme pas en pusillanimité, en blocage systématique inspiré par les chimères d'un imaginaire archaïque. Risques absolus, car la *prudence* est une vertu humaine indispensable dans le champ de l'action humaine alors que ce dont il s'agit dans la prospection cosmique n'appartient plus à ces régions que le regard de l'homme prudent pouvait parcourir préalablement à l'entreprise. Parmi ceux qui s'ouvrent, très inégalement, à l'essai de tout possible propre à la prospection cosmique, le consensus minimal sur les deux impératifs négatifs suivants paraît s'imposer : (1) ne provoquer aucune souffrance (inutile ? physique ?), ne pas ajouter au mal naturel du vivant ; (2) ne jamais détruire ou modifier irrévocablement une cristallisation cosmique typique ; spécialement ne détruire absolument aucune forme de vie. Ce second principe implique, bien entendu, la conservation de l'humain, au moins d'une plate-forme de l'humain naturel-culturel avec toute la constellation typique des paramètres et possibles de la forme humaine de vie que cela comporte. Si ceci est possible et comment ceci serait concrètement possible, nous ne le savons pas. (...) Qu'en sera-t-il de l'homme dans quelques millions d'années ? Que signifie dans le contexte d'une telle question le choix individuel de l'homme pour l'homme ? A l'échelle cosmique du temps, l'idée d'une conservation de l'humain nous paraît chose bien invraisemblable ». Et voici les toutes dernières lignes de ce livre antérieur à *ST* et qui s'achève sur une citation : « La dignité ultime de l'homme cherchant à s'affirmer non plus – parce que c'est là une fixation devenue inutile et à la longue nuisible, régressive – dans l'assomption de sa nature (spécialement des paramètres de la finitude) mais dans l'audace et le risque de la négation de cette nature. Ce propos de

Michel Butor, technopoète de livres-machines, mérite d'être médité: "Je récuserais le terme d'humaniste si l'on y voyait une valorisation absolue d'une notion de l'homme définie une fois pour toutes, en opposition avec ce qui n'est pas humain. Je suis homme certes, j'aime les hommes, mais je n'aime pas seulement les hommes et toute idée de l'homme qui ne se déborde pas vers l'animal ou la machine, ou plus généralement vers l'abhumain et le surhumain, aboutit nécessairement à une oppression de l'homme par lui-même." ». Ces derniers mots me paraissent tout particulièrement dignes de réflexion.

J.-N. M. — *Vous vous sentez encore solidaire de ces propos ?*

G. H. — Pour une très large part, oui ; les questions n'ont pas changé ; elles sont seulement devenues, entre-temps, infiniment plus publiques et, aujourd'hui, les philosophes – et tant d'autres – s'agitent autour d'elles. Bien que prises au sérieux, elles sont rarement posées d'une manière aussi radicale, et la politisation myope n'aide pas à la clarification ni à la discussion sereine. Ces questions reflètent l'interrogation philosophique qui sous-tend *ST*. Si je reste solidaire de cette interrogation, le climat émotionnel et l'élaboration conceptuelle ont changé. Le pathos est amplement retombé. Mon rapport existentiel au temps n'est plus aujourd'hui tel qu'il était à trente ans, et cela ne va pas sans conséquences pour ma représentation de l'avenir. Le temps est lent et la vie individuelle si courte ! C'est lorsqu'on est jeune que l'on s'imagine avoir assez de temps devant soi pour s'investir dans la temporalité de l'espèce. En réalité, les mutations transhumaines ne se pressent pas davantage à notre porte que « les lendemains qui chantent » de la révolution finale. Je ne parlerais plus, aujourd'hui, en termes de mise en jeu ou en danger de l'éthicité et de l'être-humain comme tels. L'éthicité est toujours coulée dans des morales et des éthiques particulières et historiques. Ce sont des mœurs et des normes concrètes que les évolutions techno-scientifiques mettent en question, frappent d'obsolescence, forcent à changer... Mais, au risque de me répéter, ces changements ne sont pas des sauts hors de l'éthique ou de l'humain comme tels. Le cher « comme tel » des philosophes ontologues et phénoménologues ! Ils ne sont que des ruptures partielles avec certaines normes et certains aspects de certaines conceptions de l'homme et de la nature traditionnelles, familières et partagées. Ils sont aussi la matrice de nouvelles normes. Que ce travail soit pénible et inquiète, je le concède. Mais je le trouve aussi enthousiasmant, porteur d'espérance et de vie.

J.-N. M. — *N'y a-t-il pas dans* ST *un personnage qui incarne l'éthique : le professeur Jauret, le maître de Gillian ? Et j'ai envie d'ajouter : le seul qui ne soit pas fou.*

G. H. — Jauret n'est certainement pas fou ; il est mélancolique. Jauret incarne, en effet, une attitude éthique, l'éthique de la finitude, de la reconnaissance et de l'acceptation des limites. Il s'agit d'une éthique privée. Ce caractère privé fait d'ailleurs partie intégrante de la modestie qui constitue un trait essentiel de cette éthique.

J.-N. M. — *Jauret est attaché à l'humain.*

G. H. — Jauret est attaché aux personnes, aux individus. Il a le sens de la sollicitude et de la compassion pour des êtres particuliers qui souffrent, ont besoin d'aide et qui croisent son chemin. Il ne prétend pas voler au secours de l'essence de l'homme. Il est un littéraire. Il n'a pas l'ambition d'apporter une réponse aux questions suscitées par la RDTS, ni même d'intervenir dans ce débat. Il est sans illusion, et se reconnaît comme un homme du passé. Mais c'est aussi un homme ouvert, tolérant. Il est l'ami de Gillian, dont il ne partage pas les idées.

J.-N. M. — *Les dernières paroles de Jauret sont à propos de la fin de Gillian : « La folie de Gillian, je ne puis la voir que comme une réaction éthique ultime. Le dernier refuge moral d'un homme épouvanté par l'idée qu'il pourrait abjurer toute foi en l'homme et torturé par le sentiment qu'il l'avait peut-être déjà fait ». Que pensez-vous de ce commentaire ?*

G. H. — Grandeurs et limites de l'éthique et de l'anthropologie philosophique de la finitude. Celle qui faisait dire à Karl Jaspers que « l'homme n'entre dans la situation spirituelle qu'au moment où il a conscience de ses limites » [1]. Cette phrase illustre parfaitement ce que j'appelle la sublimation symbolique de la condition humaine. Jauret, aussi, est ambigu ou ambivalent. Le destin tragique de Gillian l'attriste profondément, mais en même temps,

1. *La situation spirituelle de notre époque,* Nauwelaerts et Desclée de Brouwer, 1951 ; p. 86. Trad. par J. Ladrière et W. Biemel.

il estime qu'il confirme sa sagesse et lui donne raison, à lui, Jauret. Nous sommes à la racine de toute attitude dite « morale » : mieux vaut se changer (entendez : se limiter) que vouloir changer le monde et déplacer les limites. Mais celui qui tient ce discours sage et prudent n'hésitera généralement pas longtemps à profiter, lui aussi, du déplacement des limites, des fruits de l'exploration et de la transgression, lorsque les avancées seront devenues sûres et familières. Telle a été l'histoire de l'espèce humaine. Telle aussi l'histoire du vivant : le risque de la mutation est le plus souvent létal et sans lendemain ; en de très rares occasions, il est évolutif. Le sage, inconsciemment peut-être, instrumentalise l'aventureux, et en tire profit, le cas échéant. Ou plutôt, il tire toujours profit de l'aventure : qu'elle réussisse ou échoue, le sage sort gagnant. N'est-ce pas pour cela qu'on le dit sage ? Je ne nie pas que l'humanité ait besoin de « sages », d'hommes prudents, de même qu'elle a besoin d'explorateurs, d'expérimentateurs, qui transgressent les frontières.

De l'amour et du corps

J.-N. M. — *Amitié, compassion, sollicitude... Le monde de l'émotion et de l'affectivité n'est pas absent de* Species Technica. *Qu'en est-il de l'amour ?*

G. H. — Qu'en est-il de l'amour ? Il en est tant ! Souvenez-vous des mots de Butor que j'ai lus lors de notre dernier entretien ! Ce qui me frappe le plus à propos de l'amour est qu'il exprime une force de liaison et de libération supérieure au logos. On ne parle, on ne discute, on ne raisonne qu'avec des humains, et encore, des humains capables de s'exprimer par le discours. Le langage permet certains ponts. Mais sans amour, les petits enfants n'apprennent pas à parler. Les humains n'ont pas des sentiments d'affection, d'amour, d'attachement, d'adoration exclusivement pour des humains. Ils aiment les animaux, les lieux, les souvenirs, le ciel nocturne, le soleil... Ils aiment la nature, et ils s'attachent aussi aux objets fabriqués... Aucune altérité n'est absolument hors d'atteinte pour l'amour : des hommes n'aiment-ils pas dieu, même, voire surtout, lorsqu'il est radicalement hors de portée de la raison et du discours ? Eros porte logos, et l'universalité de la raison n'est qu'un pâle reflet de l'universalité de l'éros. Mais cet amour potentiellement universel et infini qui permet de jeter des ponts vers tous les autres, humains et non humains, n'est véritablement aimant que s'il est libérateur, s'il ne lie, c'est-à-dire ne jette un pont, que pour permettre à l'autre de devenir ou d'advenir et de s'épanouir, puis, débordant de lui-même, aider de nouveaux autres à s'épanouir, à l'infini. Lorsqu'il ne fait que lier, l'amour emprisonne, asservit. Il asservit l'un et l'autre, l'aimant et l'aimé. Là où il fleurit vraiment, l'amour opère sans difficulté la synthèse de la raison et de la liberté. Mais étant la force la plus grande, il est aussi ce qu'il y a de plus précaire, de plus fragile et de plus dangereux. Et s'il est un mot qui se joue dans une diversité immense de jeux de langage, c'est bien le mot « amour ». Il est la plupart du temps évoqué inconsidérément. Cela se marque particulièrement quand on lui résiste. Alors il révèle ses faces sombres : celles de la possession, de la sujétion, du contrôle, de la haine, de l'angoisse, du mensonge, de la négation de l'autre... D'une certaine manière, *ST* est un livre sur l'amour : l'amour de l'enfant, l'amour de la femme, et aussi l'amour de la nature et l'amour de la technique. Mais il s'agit d'amours défigurés, manqués ou, au moins, impuissants. Gillian aime son fils, il aime sa femme, il aime Mary-Ann, il aime la nature et la technique, il n'est pas insensible au charme de la chimère... mais il est pris dans un cauchemar qui déforme monstrueusement tout ce qu'il aime. Aucune nécessité ne lie ce cauchemar et la technoscience.

J.-N. M. — *Que voulez-vous dire ?*

G. H. — Notamment ceci : les technosciences développent d'extraordinaires moyens de conservation des richesses naturelles et culturelles qui sans cela seraient inexorablement condamnées à disparaître, comme ce fut le cas au cours de l'histoire et de l'évolution. Les technosciences développent même d'extraordinaires moyens de résurrection du passé dont seulement quelques traces sont préservées. Il est parfaitement possible et tout à fait souhaitable de voir cette puissance sous l'angle de l'amour, de l'aide à la préservation de ce qui s'est épanoui et au réépanouissement de ce qui s'est flétri et est tombé en poussière. De même, il est souhaitable de voir sous l'angle de l'amour épanouissant et libérateur tous ces possibles que les technosciences aideront à advenir. Il faut, comme je l'ai souvent dit, penser et pratiquer les technosciences en technopoète et non en technocrate, sans perdre de vue la question de la souffrance. Je ne prétends pas que cette ligne de pensée et d'action soit simple ni jamais définitivement gagnée. Je dis que c'est dans ce sens qu'il faut penser, imaginer et œuvrer. Puisqu'il est inanticipable et ouvert, il faut voir le futur lointain à travers les couleurs d'une espérance infinie et non à travers les ombres de l'angoisse. Sciences et techniques sont portées par l'émerveillement, par l'amour de ce qui existe et de ce qui est possible. Elles permettent de préserver et d'accroître les richesses de l'univers. Elles sont à la fois des fruits et des instruments de la fructification cosmique. C'est ce potentiel-là qu'il faut encourager. Et cela signifie aussi : aimer les technosciences, dans le bon sens du terme « aimer ». Aimer chercher, découvrir et créer. Aimer la richesse sensible du monde et la multiplier. Être curieux. La curiosité est une vertu d'autant plus grande qu'elle a conscience du sens étymologique du mot : *cura.* Être curieux, c'est s'inquiéter de, se soucier de, prendre soin des choses nouvelles que l'on découvre et que l'on crée. C'est vouloir savoir afin de pouvoir prendre soin. Le terme a, malheureusement, beaucoup perdu de sa richesse sémantique au cours du dernier siècle. Dans un petit livre joliment broché et portant un titre évocateur – *L'Amérique comme expérience*[1] – Jean-Pierre Cometti rappelle quelques phrases importantes du grand promoteur du pragmatisme, William James, l'auteur de *A Pluralistic Universe,* que j'apprécie comme vous savez : « L'essentiel n'est pas de copier, mais d'enrichir le monde déjà existant ».

J.-N. M. — *J'ai été à plusieurs reprises frappé par le caractère très sensoriel des descriptions dans* Species Technica, *en particulier celles des paysages. Or, c'est par le corps que nous sentons, ce corps que les technosciences déconstruisent.*

G. H. — Votre remarque sur le corps et la technoscience me rappelle une exposition que j'ai vue cette année et qui a suscité pas mal d'émoi public. Elle représente un extraordinaire concentré de dimensions technoscientifiques, éthiques et esthétiques pro-

1. Publications de l'Université de Pau, 1999.

blématiques. Il s'agit de *Körperwelten*[1]. Une exposition de corps plastinés, c'est-à-dire conservés avec leurs formes et couleurs naturelles jusque dans les détails, mais traités de manière à remplacer toute matière organique putrescible par un produit plastique. Il s'agit donc de corps et d'organes humains véritables. La consistance des tissus obtenue est celle du caoutchouc ou du plastique. L'impression produite par l'exposition est forte parce qu'elle mélange et transgresse. C'est de la technoscience artistique, de l'anthropotechnique esthétique appliquée à des corps morts. La justification initiale est médicale, didactique. Depuis longtemps, on présente l'anatomie du corps humain, et le visiteur non médecin apprend en effet beaucoup en scrutant ainsi les corps dans tous leurs états et parties les plus intimes. Mais il y a l'aspect « exposition publique » et les dimensions esthétiques, voire même humoristiques : la mise en scène statuaire du cavalier plastiné sur son cheval plastiné, l'un et l'autre à demi écorchés, le cavalier présentant dans ses paumes ouvertes son cœur et son cerveau ; la mise en scène étrange du corps en expansion totale décalant le squelette, les muscles, les organes, les systèmes circulatoire et nerveux, l'épiderme, d'un seul et même individu qui occupe de ce fait un volume énorme ; ou encore l'homme écorché présentant toute sa peau, sa défroque épidermique à bout de bras. Je vous lis une phrase extraite de la brochure explicative de l'exposition qui ne laisse aucun doute sur ces intentions : « On peut, par ailleurs, modeler des sections individuelles du corps, de la tête ou des extrémités traitées de telle sorte qu'elles s'ouvrent comme des tiroirs – le surréaliste espagnol Salvador Dali avait déjà peint des figures de ce type ». La promenade parmi ces curiosités ne supprime pas un certain respect et il est étrange de se dire que ces « œuvres d'art » ont été des personnes, ont eu un

1. Cette exposition itinérante a été présentée à Bruxelles de l'automne à l'hiver 2001. La plastination est un procédé mis au point par le docteur Gunther von Hagens, directeur de l'Institut für Plastination à Heidelberg, qui l'a breveté fin des années 1970. La procédure technique est sophistiquée et exigeante en moyens et en savoir-faire. Elle consiste en deux étapes principales : le remplacement de l'eau du corps par de l'acétone et la substitution de celui-ci par du plastique liquide sous vide. Le plastinat est, selon la matière utilisée, soit rigide (à base de résine époxy) soit souple (caoutchouc à la silicone). La brochure détaillée de l'exposition, établie par l'inventeur du procédé, insiste sur les dimensions artisanales et esthétiques autant que sur les apports didactiques de la création et de la présentation de plastinats.

nom, une histoire qui les a menées à la mort et à la plastination. Donner son corps à la plastination suppose la signature, informée et librement consentie, d'un document détaillé. Jadis, on donnait son corps à la science. Ici, il s'agit de donner son corps à la technoscience reconnue aussi dans sa dimension technopoïétique et esthétique. L'effet de désacralisation du corps humain est considérable. Mais ce n'est pas choquant, car l'exposition manifeste la complexité immense et l'évidence de notre organicité. En outre, la mise en scène artistique apporte une dimension de valeur non utilitaire et de respectabilité. Enfin, tout est radicalement aseptisé : c'est de l'organique arraché au destin de dégradation horrible et puante de l'organisme, grâce à la technique et transcendé par l'art. Même le corps plastiné d'une femme enceinte avec, visible, le fœtus dans son ventre n'est pas vraiment choquant. Sans doute y a-t-il une dimension de cruauté : voilà ce que nous sommes, voilà ce que des humains peuvent faire avec des humains. *Körperwelten* est un théâtre de la cruauté qu'Antonin Artaud n'aurait pas dédaigné. Et on songe à des mises en scènes futures qui pourront être de plus en plus licencieuses, créatrices aussi. Mais il ne faut pas oublier que toute cette entreprise n'a fait souffrir personne. Tel est le point le plus important lorsqu'il s'agit de recherche-création technoscientifique : ne jamais perdre de vue qu'elle s'applique à des êtres sensibles. Il ne faut pas sous-estimer les forces imaginaires qui poussent à l'abandon ou à la transformation du corps. Ces forces sont très anciennes et elles commencent seulement à acquérir les moyens de leur concrétisation. Il faudra donc compter avec elles, apprendre à les gérer, à les réguler assez libéralement, et non les refouler, les forclore et les condamner sans appel au nom d'un fétichisme archaïque de la morphologie humaine. Dans le recueil d'études de science-fiction non romanesque que j'ai déjà évoqué, *Virtual Futures,* un contributeur désigné par un pseudonyme, Stelarc[1], décrit l'obsolescence matérielle, fonctionnelle et formelle du corps naturel dans un univers technoscientifique créatif. Je reviens à votre question. Vous avez raison : *ST* est sensoriel, très visuel. Il n'y a pas de contradiction entre technoscience et sensualité. Au

1. Présenté comme « a performance artist based in Melbourne ». Son texte étonnant s'intitule : « From Psycho-Body to Cyber-Systems : Images as Post-Human Entities ».

contraire. Les instruments (songez seulement au microscope et au télescope), les inventions et les découvertes nous permettent de goûter l'univers sous des formes et dans des régions qui, sur la base de notre seul équipement sensoriel naturel, sont absolument inaccessibles. Le corps est un organisme, un ensemble d'organes. *Organon* est le mot grec pour « instrument ». Il n'est pas question de déconstruire le corps et de le rendre dysfonctionnel ou impotent. Il s'agit d'accroître et d'étendre d'une manière intégrée, harmonieuse et évolutive, ses fonctionnalités, ses capacités, ses « organes », ses sens. Il s'agit d'augmenter et de diversifier nos possibilités de liens, de perceptions et d'interactions avec les formes et les processus partout dans l'univers et à tous les échelons. Rappelez-vous la notion d'« expérience ou de réalité augmentée » à ne pas confondre avec celle de « réalité virtuelle ». Alors qu'il n'a pas encore été perturbé par les Technoscients et sa descente dans l'enfer de la Tour, Gillian perçoit l'artifice dans le prolongement exaltant du naturel. « Au comble de l'artifice technologique, l'homme poursuivait et approfondissait le sens du mystère cosmique », songe-t-il alors que doucement tombe la nuit andalouse. Ce prolongement ou cet approfondissement ne vont pas sans risques graves d'errements, d'impasses, de barbarie. L'imaginaire négatif domine dans *ST* et il s'empare systématiquement de toute problématique à coloration eugénique ou cyborganique. Le phantasme de la tête d'enfant avec prothèse corporelle totale est l'expression monstrueusement culminante de la peur devant cette perspective de modification du corps humain identifié à « l'image de l'homme », à l'*imago* humaine. Mais l'idée d'une transformation progressive, réfléchie et libre des corps humains individuels dans les sens intensifs évoqués n'est pas en soi négative. Le cauchemar technophobe règne sur *ST*. Gillian y succombera. Et il y sombre en abjurant la transcendance opératoire. Juste avant de descendre dans l'abîme du volcan où est logé le cyborg mosaïque qu'il veut détruire, il semble renouer avec la transcendance symbolique, passive et contemplative, tandis qu'il regarde le ciel nocturne aux côtés de l'Indien et qu'il se demande si le cyborg est encore capable, sinon de percevoir, du moins de voir la splendeur de la nuit étoilée. « La véritable transcendance de l'homme, songea Gillian, est dans ce regard levé, ce regard émerveillé de se voir concrètement enlacé à l'infini ». Tout à la fin du récit, il a effectivement et définitivement renoué avec la transcendance symbolique, mais cette régression, chimiquement provoquée ou non, n'a d'autre sens que la folie. Elle ne véhicule aucun espoir. Nous sommes revenus en deçà de la science, de la technique et du langage, dans un monde mystique et psychotique, où l'on ne communique plus que par les voies de l'affectivité symbolisée par l'eau. « A travers les formes de l'eau, nos esprits communient; sans que nous ayons besoin de parler » dit Gillian.

J.-N. M. — *Autrement dit, à la fin de* Species Technica, *l'affectivité a tout envahi, les barrages sont renversés.*

G. H. — Si vous voulez. C'est le règne de l'amour, ou du désir, infini et métamorphe, comme l'eau, comme l'océan, devant lequel Gillian passe désormais sa vie à rêver. Mais ce n'est pas une solution ; plutôt une dissolution.

J.-N. M. — *Pas d'amour positif donc ?*

G. H. — Il y a Mary-Ann de Belmont, probablement la figure la plus positive de *ST.* Elle aime Gillian ; elle est forte et profondément équilibrée. Elle aide Gillian autant qu'elle le peut, mais sans aller jusqu'à l'auto-destruction ; elle sait que l'amour n'est pas tout-puissant.

J.-N. M. — *Qui est Mary-Ann de Belmont ?*

G. H. — Un fantasme-remède ou antidote de l'enfant-machine qui est sans corps et sans amour.

L'art pour finir ?

J.-N. M. — *Au cours de ces entretiens, vous avez, à plusieurs reprises, suggéré qu'il faudrait parler des technosciences comme étant « techno-poétiques » ou « technopoïétiques » plutôt que technocratiques. On rencontre cette idée également dans* Species Technica. *La référence à l'art serait-elle la vraie constante de votre parcours que divers détours – par l'éthique, notamment – ne feraient que masquer ou atténuer passagèrement ?*

G. H. — Votre question est très importante, mais mieux vaut la décomposer. Distinguer la question de l'art en tant qu'elle affecte ma conception des technosciences d'une part, et la question de l'art en tant qu'elle affecte ma propre activité, qui est symbolique et non technoscientifique, d'autre part. Dans un commentaire de *Frankenstein,* Dominique Lecourt évoque la première : « La faute de Victor[1] n'a-t-elle pas justement consisté à avoir confondu le travail du savant et la vocation créatrice de l'artiste ? »[2]. L'interrogation relative à la rencontre problématique entre la créativité anthropotechnocosmique et la morale anthropologique clot déjà mon *Inflation du langage.*

J.-N. M. — *Dans* Species Technica, *l'évocation de l'activité technoscientifique comme créatrice est omniprésente dans les dialogues autant que dans les descriptions. Elle culmine lorsque Gillian visite le musée des technontes engendrés par la Panmatrix qui prolonge et accélère la créativité génétique naturelle en produisant tous les spécimens génétiquement possibles, sinon viables. Le sommet est atteint avec des créatures dépourvues de tout lien de ressemblance avec les vivants au sein de la nature terrestre. Ils reçoivent des noms abstraits (par exemple, Opus 4B33) ou fantaisistes (Mickey Mouse) qui font penser aux œuvres de l'art abstrait ou non-figuratif, ou encore au surréalisme. Dans ce contexte, il y a aussi l'étonnant discours de Garizilski qui s'exclame : « Un chef d'œuvre de la biotechnologie ! ... Totalement inconcevable en milieu naturel ». Et : « Un être de pure synthèse ! Absolument irréaliste, inadapté et inadaptable à n'importe quel milieu naturel. Le grand art ! Nous arrachons l'évolution à la loi asservissante et contingente de l'adaptation au milieu. ... Le génie technoscientifique accompli, c'est la Technopoésie. J'aime à dire que les Technoscients sont des poètes, les poètes de l'Instrumentalité ».*

G. H. — Ces passages sont, en effet, hauts en couleurs. J'y conduis jusqu'à son terme extrême l'idée que la science moderne et contemporaine rompt avec l'épistémologie de la représentation et du réalisme, et que la technique rompt avec la règle de l'imitation de la nature. D'où la désignation non figurative des produits de la technoscience. La rupture culmine dans l'assertion triomphante et apparemment délirante de la non viabilité naturelle des technontes les plus réussis : ils sont absolument inadaptés à la nature terrestre, non intégrables dans celle-ci. L'adaptation semble implicitement

1. C'est le prénom du docteur Frankenstein.
2. O.c., p. 95.

conçue ici comme une expression pratique, opératoire, de ce qu'on appelle, en philosophie du langage et des sciences, le réalisme, le lien de la référence, le rapport au réel extralinguistique. Le réalisme absolu, l'idéal théorétique de l'ontologie aboutie sont-ils d'ailleurs autre chose qu'une adaptation parfaite et définitive de l'essence de l'homme à l'essence de ce qui est : l'idéal philosophico-scientifique d'un savoir-miroir parfait de la réalité ? Disposer de l'onto-logie définitive revient donc à jouir d'une adaptation définitive : une fois cliché sur l'essence intemporelle de l'univers, le sage n'a plus à changer, à évoluer. Être dans le Vrai, c'est être hors de l'évolution, hors du devenir. Mais cela suppose évidemment qu'il existe des structures nécessaires et éternelles du macrocosme universel sur lesquelles le microcosme humain doit et peut s'aligner. Les extravagances de Garizilski ne sont pas sans portée ni signification. Ces technontes surréalistes ou « abstraits » pourraient survivre et évoluer au sein de milieux radicalement artificiels, des technocosmes. L'émancipation poétique – créatrice – de l'activité technoscientifique est ainsi consommée absolument. Elle invente non seulement des réalités adaptées, respectueuses de contraintes existantes, c'est-à-dire de limites ; elle invente aussi des natures, des mondes avec leurs contraintes nouvelles.

J.-N. M. — *Est-ce là ce qui caractérise par excellence la « technoscience » ?*

G. H. — Cette ligne de pensée ne fait que suivre jusqu'au bout une dynamique de synthèse, active au cœur de la science moderne et contemporaine, qui n'a cessé de se renforcer au cours du XXe siècle. Elle prend son essor visible dès le XIXe siècle avec la chimie qui, très vite, va multiplier les corps synthétiques, inexistants dans la nature. Le monde des villes modernes dans lequel nous vivons aujourd'hui est constitué à plus de 90% de cette manière : notre habitat est le technocosme. L'écosystème propre à l'espèce humaine est artificiel, surnaturaliste. La puissance synthétique de la technoscience s'est exprimée ensuite dans la physique par la production d'une foule de particules exotiques n'existant pas dans l'univers en son état actuel, la production aussi au plan macroscopique de phénomènes quantiques... Songez simplement à tout ce que permet le rayonnement cohérent des lasers : chirurgie, communication, guidance, imagerie, holographie, mesure, armes, nanomanipulation, recherche... Je me souviens avoir écrit il y a près de vingt ans une étude non publiée sur « le laser ou la lumière comme instrument universel ». Depuis peu, avec les « manipulations génétiques », particulièrement la transgenèse et le clonage, ce sont les technosciences biomédicales qui entrent dans la phase « technopoïétique ». Au lieu de découvrir et d'étudier simplement des espèces naturelles, elles inventent des espèces ou des mutants, éventuellement en un seul exemplaire, afin de les étudier et comme tremplin de créations nouvelles. Bien sûr, on continue, à juste titre, de présenter ces créations comme intéressées, utiles, non gratuites. Mais la question du transfert – encore une métaphore opératoire ! – de « l'art pour l'art » vers les pratiques technoscientifiques se pose. L'art – je veux dire : les « beaux-arts » – a depuis longtemps rompu avec l'esclavage mimétique de la représentation de la nature. Platon l'y avait confiné dans une position infamante, au plus loin de la réalité essentielle, derrière la science. Le devoir et le pouvoir de la science étaient précisément la Vérité : la Loi de la Représentation conforme du Réel. Aujourd'hui, deux mille cinq cents ans plus tard, en dépit des profondes transformations de l'entreprise scientifique, la majorité des penseurs et des praticiens des sciences continuent de se représenter, expressément ou confusément, « la science » suivant cet idéal. Certes, on entend dire de plus en plus que la science contemporaine invente ou produit les objets ou les phénomènes qu'elle étudie, et sur lesquels elle s'appuie pour explorer et créer plus avant. Et c'est bien pour cette raison que je parle, comme vous le soulignez, de « technoscience » depuis un quart de siècle. La nécessité de considérer sous cet angle les technosciences contemporaines, biomédicales notamment, éclate dans des débats lourds de significations. Ainsi, le débat, qui s'amorce à l'époque même où j'écrivais *ST,* concernant la brevetabilité d'espèces vivantes génétiquement modifiées. Cette discussion se poursuit dans les années 1990 autour de la distinction, de plus en plus difficile à opérer, entre découverte et invention, seule cette dernière étant en droit brevetable. Si la science est technoscience, opératoire, active, productrice des phénomènes qu'elle observe, analyse, modifie, il n'y a plus guère de sens à vouloir distinguer fondamentalement entre découverte scientifique et invention technique. La fin ou, en tous cas, la très forte atténuation de cette distinction concerne la recherche technoscientifique elle-même. Et la logique de cette évolution commence à affecter le statut de l'information, des connaissances et des théories technoscientifiques : celles-ci sont des produits, des constructs, de l'activité technoscientifique. Une théorie ou même, plus simplement, une information est plus ou moins opératoire et féconde au plan des prédictions et des interventions qu'elle rend possibles suivant un degré variable de fiabilité. En arrivera-t-on à breveter les théories ? Dans la mesure où l'information structurée est une production artificielle, nouvelle, opératoire, utilisable, la question commence à se poser. Mais ce n'est pas le débat ici. On peut parfaitement souligner le caractère « poïétique » des technosciences sans aborder la question de l'organisation économique, juridique et politique de la RDTS.

J.-N. M. — *Le peut-on vraiment ? Reprenons votre exemple relatif à la question de la brevetabilité, déjà classique et qui remonte au milieu des années 1980 : la création de la fameuse « souris de Harvard », lignée transgénique produite en laboratoire, qui développe des cancers liés à l'activité d'un gène. Ce gène étant désigné par les lettres « myc », on a parlé de « Myc-mouse », ensuite de « Myckey Mouse » pour évoquer la souris en question, ce qui ajoute une référence amusante à* ST *où un technonte porte déjà ce surnom. Voilà un être vivant et capable de se reproduire, artificiel, modèle théorique concret pour des recherches à la fois à visée cognitive et thérapeutique, et finalement breveté comme une invention, y compris, en 1992, au sein de l'Union Européenne au terme d'un long débat éthico-juridico-économico-politique avec les USA.*

G. H. — Cet exemple manifeste la complexité de la RDTS : toutes les dimensions, tous les aspects des objets et des processus avec lesquels elle travaille. Mais nous avons déjà évoqué la plupart de ces aspects. Je souhaite seulement que nous nous limitions maintenant à ce que nous n'avions pas encore approfondi et qui est d'ailleurs étranger à la problématique de la souris oncogène de Harvard : la question de l'art au sens des « beaux-arts », la question esthétique et la contamination de l'épistémologie des technosciences par cette question. Je pense que cela n'est pas inintéressant et aussi un peu plus original que les antiennes sur « science et politique et économie ». Pourquoi ne pas rêver prospectivement d'une « politique artistique de la recherche scientifique » ? « Art » qui évoque à la fois la technique, le savoir-faire, et l'esthétique, l'œuvre belle, est un terme particulièrement riche et approprié. Il est caractéristique que l'on ne reprenne pas cette connotation esthétique à propos de l'« art médical ». Pourtant, dans le sillage de la chirurgie plastique et de ses extensions au domaine flou de la médecine de convenance, de confort ou du désir, cette connotation gagne de plus en plus en pertinence. L'autonomie et l'individualisme croissant, le rapport au corps évoluant, la biomédecine offrant des possibilités d'interventions à la carte de plus en plus sophistiquées, le sens de l'expression « art corporel », « art du corps » est appelé à se modifier en s'ouvrant à des opérations dont la signification pourrait être de plus en plus esthétique et de moins en moins thérapeutique, avec un domaine flou combinant les deux visées. Jusqu'ici ces interventions ne touchent, le plus souvent, que les surfaces. Mais l'imagination est plus audacieuse. Je me rappelle un roman étonnant intitulé *Projet Miracle,* avec pour sous-titre remarquable : « Une tragédie de la transcendance », de Mike Resnick[1], que j'ai déjà évoqué pour *Kirinyaga.* Lennox est un écrivain célèbre pour ses récits ethnographiques concernant d'autres formes de vie extraterrestres. Les circonstances lui offrent la possibilité d'approfondir ces expériences avec l'aide d'une chirurgie extrêmement sophistiquée lui permettant de reconfigurer son organisme de manière à mieux connaître de l'intérieur les formes de vie étrangères. Lorsqu'il revient, il n'a plus envie de tirer un livre d'une expérience en réalité intraduisible, ni même de redevenir simplement humain. Commence alors la vraie quête : il désire de nouvelles métamorphoses qui le mèneront peu à peu de plus en plus loin de la forme de vie humaine. Du corps primitif de Lennox, il ne reste plus que quelques organes, et sa personnalité n'est plus humaine. Comme le processus mène à la destruction, il choisit une dernière métamorphose rassemblant des caractères de toutes celles qu'il a connues. Ce récit illustre des thèmes que nous avons déjà évoqués, du corps sans organes infiniment métamorphique de Deleuze à la transcendance opératoire multiple de la postmodernité qui prend le relais des métamorphoses imaginaires,

1. Denoël, 1996 ; titre original : *A Miracle of Rare Design,* 1994.

littéraires, symboliques. Car Lennox est un écrivain. Mais un écrivain à vocation réaliste, un ethnographe. C'est ce réalisme que la technoscience permet d'approfondir, de rapprocher de l'idéal de l'expérience non biaisée, en définitive fusionnelle, avec l'autre. La science n'accède qu'à la représentation qui maintient la distance, la différence ; la technoscience tendrait à abolir la séparation : connaître reviendrait, dès lors, à se métamorphoser. Cette expérimentation phénoménologique ou plutôt « phénoméno-technique », pour reprendre une expression que l'on rencontre, si j'ai bon souvenir, chez Bachelard, n'annule pas nécessairement ni immédiatement toute distance. En effet, les métamorphoses sont longtemps réversibles, et si l'écriture – la communication langagière propre à la forme de vie humaine – ne satisfait plus Lennox, c'est aussi parce qu'il expérimente, au cours de ses métamorphoses, d'autres formes de communication. La conscience n'est donc jamais abandonnée. Mais je voudrais revenir à *ST.* Le chapitre où Gillian visite l'Institut de Biologie du Futur du Rio Grande est sans aucun doute le plus spectaculaire en ce qui concerne la créativité technoscientifique dans un sens esthétisant. Toutefois, je souligne que le titre du chapitre est « Le gène spéculatif », et la réaction de Gillian lors de sa visite au musée des technontes est le rire. Tout cela n'est pas sérieux. Tout cela est ludique, amusant, étonnant : c'est de l'ordre du divertissement. Ce qui est important et infiniment sérieux, c'est le Projet Fils de l'Homme. Gillian ne s'arrête pas à la productivité gadgétophile des biotechnologies. Ou lorsqu'il s'y attarde, c'est qu'un technonte suscite en lui une émotion profonde de compassion ou de beauté.

J.-N. M. — *Je vois ici deux questions intéressantes à propos des produits « poïétiques » vivants des technosciences : la compassion participe d'un souci éthique ; la dimension de beauté, d'un souci esthétique.*

G.H. — La question de la souffrance est très complexe. Et sa difficulté croît avec les moyens de la supprimer. Le vrai problème n'est pas celui de l'effacement de toute souffrance : les techniques analgésiques, anesthésiques et euphorisantes sont disponibles et efficaces presque à cent pour cent. Le vrai problème est : comment évoluer, changer, créer, en subissant et en provoquant le moins de souffrance possible ? Cette équation n'a pas de solution unique et universelle. On peut parfaitement imaginer des êtres qui n'utiliseraient plus la douleur comme signal de survie, parce qu'ils disposeraient d'une bonne information et vivraient dans un milieu qui les formerait, d'abord, en toute sécurité au bon usage de cette information. D'ailleurs n'est-ce pas la procédure objective des diagnostics et des analyses biomédicales, lorsqu'un individu vient se plaindre d'une souffrance, vague signal subjectif difficile à interpréter quant à ses causes et donc quant au remède à apporter ? Les procédures d'auto-diagnostic sont probablement destinées à se développer. La sensibilité est appelée à s'objectiver par des médiations techniques réflexives cognitives qui apporteront à la conscience les informations pertinentes, mais non douloureuses, nécessaires à la bonne gestion de sa qualité de vie physique. Un auto-monitoring cognitif personnalisé pourrait bien un jour remplacer complètement la signalétique sensible, naturelle et immédiate, mais douloureuse et confuse, du corps se sentant. Cela n'empêcherait pas, au contraire, de continuer à *jouir* aussi de son corps sans médiation technique. Mais peut-on se passer de la douleur pour évoluer ? L'information et la perception consciente objective de problèmes et de limites y suffisent-elles ? Je pense que oui. Il y a dans la conscience, désirante et curieuse, une intention d'absolu et d'infini, une dynamique d'extension dans l'espace et le temps, et dans toutes les dimensions, qui font qu'elle poursuivrait sa confrontation problématique avec l'univers et les autres consciences, quand bien même aucune souffrance sensible ne viendrait plus impulser son évolution. La conscience de sa finitude – qui est toujours aussi et peut-être surtout celle de sa non infinitude – suffit à la conscience pour transcender. L'analgésie des corps n'implique pas l'anesthésie des consciences et la mort de l'esprit. Au contraire. Je ne vois pas nos descendants lointains souffrant encore comme des bêtes afin de pouvoir se sentir en vie et avoir le goût de l'aventure. Cette idée me paraît barbare et stupide.

J.-N. M. — *Qu'en est-il des autres êtres sensibles, les technontes transgéniques dont nous parlions ?*

G. H. — Il ne semble pas que la chimère souffre physiquement, si ce n'est du fait du supplice infligé par les Anarchecs. Peut-être souffre-t-elle moralement de la solitude : elle n'a pas de semblable. Telle était la souffrance du monstre de Frankenstein, chassé par les humains, qui réclame une compagne. Dans quelle mesure est-il moralement acceptable de créer des vivants qui n'ont pas de semblables ? On peut être seul au milieu d'une foule de semblables, et l'amour est capable de surmonter n'importe quelle altérité, si apparemment monstrueuse soit-elle. Lors de discussions à propos des conditions éthiques pour la création d'animaux transgéniques, j'ai souvent entendu dire qu'il ne fallait pas les créer « sans raison ». Les raisons se résumaient à des visées d'utilités soit thérapeutique (pour les humains ou les animaux) soit économique (alimentaire) soit environnementale (moins de pollution), soit une combinaison de divers objectifs, comme dans le *pharming*[1]. Pas question d'accepter des vivants transgéniques pour le plaisir, des transgéniques sans raison, la transgenèse poétique. A la réflexion, il apparaît que cette position n'est pas si convaincante au plan éthique qu'on aimerait le faire croire. La raison utilitariste accroît l'instrumentalisation des transgéniques : elle en fait des machines-vivantes esclaves de l'homme. En outre, très souvent, le profit attendu constitue une motivation majeure de l'entreprise. L'utilitarisme limite la créativité transgénique à des visées d'entretien, de réparation, d'accroissement quantitatif. Il reste généralement tributaire d'un souci dominant de conservation de la nature. Un argument que l'on entend souvent à l'appui du refus d'une transgenèse non utilitaire est que les espèces vivantes ont une valeur intrinsèque, à respecter pour elle-même ; elles sont comme des essences qui font partie d'un ordre général de la nature ou de la création, qu'on ne peut librement transgresser, sans raison, par fantaisie, même dans l'hypothèse où la transgression n'entraîne aucune souffrance physique ou psychique. Je ne partage évidemment pas cette position métaphysique, créationniste, pré-darwinienne. Il est étrange de la voir si répandue, lorsque l'on considère, ne fut-ce qu'un instant, la diversité des races animales et des variétés végétales créées par l'homme au

1. « Le terme "pharming" est un anglicisme résultant de la contraction de "pharmaceutics" et "farming" qui désigne l'apport des techniques agronomiques à l'industrie pharmaceutique. L'expression est apparue en 1996, lorsqu'il a pu être démontré que des protéines étrangères dites recombinantes d'intérêt pharmaceutique pouvaient être synthétisées et sécrétées dans le lait d'animaux transgéniques. » (J.-M. Houdebine, dans *Nouvelle Encyclopédie de Bioéthique,* o.c.).

cours des millénaires et qui n'obéissent pas à des finalités exclusivement utilitaristes. Voyez les races de chiens et de chats, les variétés de roses et de tulipes, les concours de beauté. Alors, pourquoi ne pas créer une chimère chien-écureuil de compagnie, une tortue à photosynthèse ou un chat capable de miauler quelques phrases simples ? Il y a la question du plaisir ; il y a celle de la beauté. En combinant les formes vivantes et en inventant de nouvelles formes, des créatures inouïes et merveilleuses seront peut-être un jour conçues. Certaines, tel Pégase, nous paraîtront familières, car elles hantent notre imaginaire et notre inconscient depuis la nuit des temps. Pourquoi ne pas encourager la « conception » du vivant comme une activité de design ? Et pourquoi, au lieu du prosaïque brevet utilitaire, ne pas introduire un droit d'auteur pour ces créations technopoïétiques vivantes ? Imaginez le narcissisme de technontes uniques, beaux comme des œuvres d'art, et consciemment heureux de l'être. Je force le trait, mais c'est, comme toujours, en réaction aux tristes technophobes qui vont jusqu'à s'horrifier d'une betterave transgénique au sucre pourtant moléculairement inchangé qu'ils prennent en pitié. J'en ai connu, hélas. Vive donc, pour reprendre les joyeuses expressions de *ST,* la technoscience qui métaphorise opératoirement la réalité, la technoscience sur-réaliste.

J.-N. M. — *Vous aimez le surréalisme ?*

G. H. — J'ai eu une longue histoire d'amour avec le surréalisme au sortir de l'adolescence. J'aimais tout particulièrement la peinture surréaliste. Les surréalistes à la limite du non-figuratif me fascinaient davantage, tel Yves Tanguy. Des peintres capables de créer d'autres mondes, des natures radicalement différentes. J'étais moins attiré par ceux qui, comme Magritte ou Dali, se contentaient de recombiner des données naturelles ou familières. A l'époque où j'écrivais *ST,* j'étais encore fortement marqué par mon premier long voyage dans l'Ouest américain où l'on traverse des espaces qui n'ont pas l'air d'appartenir à la nature terrestre : les déserts peints, les champs de geysers, Meteor Crater, la forêt pétrifiée, Grand Canyon, Bryce Canyon, la forêt des séquoias géants, Monument Valley... J'en ai tiré un *Essai de voyage à travers les États-Unis,* que je publierai peut-être un jour.

J.-N. M. — *Comment voyez-vous la technopoïèse de l'espèce humaine ?*

G. H. — Vous savez que j'aime citer un passage d'Engelhardt qui rejoint, pour une part importante, ce que je pense à ce sujet. Le voici[1] : « Depuis que la médecine et les sciences biomédicales deviennent toujours davantage des moyens pour remodeler et refaçonner la nature humaine, nous sommes concernés non seulement par ce que les hommes et les femmes doivent faire, mais par ce qu'ils doivent devenir, par les manières dont nous pourrions nous remodeler nous-mêmes. Semblables choix comprennent des valeurs morales, esthétiques et autres (...) ainsi que des vues à propos de ce qui est naturel ou non naturel. L'invocation d'une nature humaine comme guide de l'action morale nous est interdite, ou est du moins fortement amoindrie, dès lors que nous ne pouvons plus reconnaître de dessein, mais seulement les résultats de forces aveugles de mutation, de dérive génétique et de sélection naturelle. (...) Le résultat n'est pas seulement une désorientation au sens de la perte de références transcendantes, mais aussi une réorientation suivant les termes de ce que l'on pourrait appeler une nouvelle référence transcendantale : les personnes, comme centres et sources de toute signification laïque (*secular*). Bien que nous ne nous reconnaissions pas de place spéciale dans la nature, et bien que notre nature en tant qu'humains nous semble le produit arbitraire de forces causales aveugles, nous pouvons cependant formuler des jugements à propos de nous-mêmes, de notre nature et de nos projets. Il y a de la distance entre nous en tant que personnes et nous en tant qu'humains. Cette distance est le fossé entre un être qui réfléchit et manipule, d'une part, et l'objet de sa réflexion et de sa manipulation, d'autre part. A partir de notre perspective en tant que personnes ayant des interprétations, des visions et des espoirs particuliers, nous pouvons décider si notre place est la meilleure dans le cosmos. Si nous la trouvons insatisfaisante, nous pouvons faire des plans pour en changer. Nous pouvons évaluer si cette nature est la meilleure des natures et chercher des manières de la transformer, si nous l'estimons désirable. En tant que personnes,

1. *The Foundations of Bioethics,* Oxford University Press, 1996 ; p. 412-413 ; 417. Ma traduction.

nous pouvons faire de nos corps des objets de notre jugement et de notre manipulation. (...) Jusqu'ici, nos interventions ont été modestes. (...) A l'avenir, notre capacité de contraindre et de manipuler la nature humaine conformément à des buts posés par des personnes croîtra. (...) Si l'on songe au long terme, des changements majeurs seront inévitables dès lors que nous demeurerons une espèce libre et progressant technologiquement. Les humains – *Homo sapiens* – sont là depuis moins d'un demi million d'années et ils ne partagent pas une même vue morale de la norme humaine. Si nous avons des descendants survivant aux prochains millions d'années (une courte période du temps géologique), il est très vraisemblable que finalement certains décideront de se refaçonner eux-mêmes de manière à vivre mieux dans des environnements transformés sur cette Terre et, peut-être, sur d'autres planètes. D'autres seront simplement attirés par les diverses possibilités d'améliorer et de remodeler la nature humaine. D'aucuns concevront l'inacceptabilité morale de certaines possibles transformations. Mais qu'est-ce qui pourrait empêcher de telles interventions génétiques, qui, à long terme, seront à la fois accessibles et sûres, puisqu'il n'y a pas de fondements moraux non confessionnels interdisant en principe de telles interventions ? A long terme (...), il n'y a pas de raison de penser qu'une seule espèce sortira de la nôtre. Il pourrait y avoir autant d'espèces qu'il y aura d'opportunités invitant à remodeler substantiellement la nature humaine dans des environnements nouveaux, ou des raisons de refuser de s'y engager ». Je ne souscris pas à la notion transcendantale de « personne », qui soulève trop de questions pratiques et théoriques. Il est dangereux de postuler que chaque individu adulte est une personne capable de prendre des décisions « informées et autonomes ». En outre, la notion même de « personne » est réminiscente de vieilles conceptions dualistes : âme, esprit, conscience *vs* corps, cerveau. Sa qualification de « transcendantale » s'efforce de déjouer ces hypostases métaphysiques. Mais c'est de la rhétorique philosophique qui ne me convainc pas. Je suis surtout Engelhardt dans sa critique de toute « image de l'homme », ontologique ou théologique, à respecter absolument et universellement. Ce sont toujours des individus ou des communautés qui imposent leurs valeurs et leurs normes à partir de leur tradition ou de leur conception, au nom d'un absolu qui mettrait un terme à toute discussion et contestation. Telle est la stratégie du fondamentalisme. Mais lorsque l'on a admis que ce sont toujours des *hommes qui disent* que dieu ou la nature a parlé, la prudence et la responsabilité s'imposent plus que jamais. La préoccupation relative à la souffrance aussi. Il est infiniment plus difficile de clarifier ce qui est possible et vaut mieux empiriquement dans des contextes changeants toujours particuliers, si étendus soient-ils, que de proclamer des principes, des fondements, des limites et des cadres transcendants ou transcendantaux. De même, contester un ordre symbolique est infiniment plus facile que de le faire évoluer, changer, progresser, en entraînant un minimum de chaos et de souffrance. Cela prend du temps. Si elle se veut civilisée et véhicule de civilisation, notre culture occidentale technoscientifique ne devrait pas le perdre de vue. La colonisation et des aspects de la mondialisation attestent malheureusement le contraire. Mais nous redérivons vers des considérations politiques.

J.-N. M. — *N'est-ce pas symptomatique ?*

G. H. — Mais de quoi ? Du fait que même un romancier aurait une responsabilité politique et qu'il n'y aurait aucune expression artistique qui ne soit engagée ? Il faudrait alors toujours tenir compte des conséquences possibles de ce que l'on écrit, quel que soit le contexte ? Cela veut dire tenir compte du fait que l'on pourrait choquer telle sensibilité morale ou pousser tel individu ou tel groupe à se sentir autorisé ou justifié à faire telle et telle chose qu'on n'a jamais voulu ni même imaginé faire soi-même ? Mais c'est la négation pure et simple des libertés individuelles ! C'est aussi le règne de la confusion. Il faut s'efforcer de conserver un équilibre entre l'étanchéité et la perméabilité absolues des genres, c'est-à-dire des pratiques sociales. A cette condition seulement, elles peuvent évoluer. Ce que je dis en commentant librement une fiction dans une sorte d'essai philosophique dialogué n'a pas la même portée que ce que je dis au sein d'un comité d'éthique ou ce que je pourrais dire si j'avais à prendre des décisions concrètes concernant des personnes réelles. Et vous connaissez mon souci de dénoncer toute confusion d'un comité d'éthique avec un parlement ou un tribunal. C'est dans les sociétés totalitaires et intégristes ou encore dans l'anarchie que les différences s'estompent et que toute une série de pratiques sociales et de jeux de langage disparaissent. Allons-nous refaire le procès de Nietzsche, comme d'autres brûlent les *Versets sataniques?* Si Nietzsche avait fondé un parti politique, pris le pouvoir et décidé d'éliminer les faibles, les choses eussent été différentes. Sa pensée eût été aussi singulièrement atrophiée. La postmodernité, ce n'est pas le chaos. Ce n'est pas parce que tout est dans tout que chaque élément ne conserve une identité relative. Relative, c'est-à-dire communicante, pas close sur elle-même. Il est temps, aujourd'hui, de reconnaître les communications entre la créativité artistique et l'inventivité technoscientifique. Tant d'aspects des sciences, des techniques et des arts y invitent.

J.-N. M. — *Convient-il d'étendre ce rapprochement à la biomédecine sur la pente de la biotechnologie appliquée à l'être humain ? Le respect de la dignité humaine ne suppose-t-il pas celui d'une « image de l'homme » ?*

G. H. — Associer le respect de la dignité humaine et celui de l'image de l'homme signifie que la dignité à respecter est toujours définie par une certaine conception de l'être-humain. Et cette définition peut être très précise ou se préciser lorsqu'on en vient à vouloir la traduire concrètement dans les termes de la loi et du droit. C'est ainsi qu'on en arrive à justifier et à imposer par la force, au nom du respect de la dignité, les contraintes morales et physiques les moins respectueuses de l'épanouissement des individus. Le respect de la nature, ou plutôt de ce que l'on considère traditionnellement comme naturel, justifie toutes les violences et toutes les souffrances. Un enjeu non marginal du principe du respect de la dignité humaine, dont la bioéthique – et plus encore le biodroit qu'elle voudrait inspirer – est si friande, est : qui aura le pouvoir de définir la dignité pour tous et de l'imposer à tous ? Qui pourra imposer son « image de l'homme » ? Il faut donc manier avec prudence la référence normative à la dignité et ne jamais la dissocier du souci du respect de l'autonomie des individus. Kant savait cela parfaitement, comme il savait se méfier de la métaphysique et de la théologie prétendument rationnelles. Ceux qui se réclament de lui l'oublient trop souvent, ou simplement l'ignorent.

J.-N. M. — *Pouvez-vous préciser ?*

G. H. — Les illustrations ne manquent pas. Et il n'y a pas que la transgenèse ou le clonage humains. Par exemple, certains considèrent comme attentatoire à la dignité humaine d'expérimenter sur l'embryon (voire même sur des adultes informés et consentants), d'autoriser des avortements sélectifs ou eugéniques à la suite d'un diagnostic de handicap grave, de permettre la pratique – même très sévèrement limitée et encadrée – de l'euthanasie, de prélever et de transférer des organes, de produire des animaux transgéniques (car en ne respectant pas la création, l'homme ne se respecte pas), de manger des aliments génétiquement modifiés, d'autoriser des couples homosexuels d'avoir des enfants... ou, plus généralement, de tolérer l'homosexualité ou les PMA, au lieu de les déclarer « contre-nature ». Que n'ont imposé aux femmes les cultures traditionnelles au nom de leur dignité !

J.-N. M. — *Rien d'esthétique donc dans l'expression « image de l'homme » ?*

G. H. — L'« image de l'homme », c'est la relation de l'homme à dieu ou à l'absolu ; c'est l'homme onto-théologique. Dieu a créé l'homme à « Son image ». L'« image de l'homme » à respecter est son « être-à-l'image-de-Dieu ». Il faut donc la respecter absolument. Pour l'athée et pour l'agnostique, cette conception n'est évidemment pas recevable. Mais elle est intéressante et Hans Jonas, que nous avons déjà évoqué[1], l'utilise d'une manière remarquable. « Être à l'image de Dieu » comporte que l'homme est d'abord créature : il est créé par Dieu à Son image. Comme Dieu est Créateur, le seul Créateur authentique, l'homme n'est créateur que secondairement. Il ne peut pas intervenir créativement dans la Création : la Nature et surtout, bien sûr, sa propre nature. Ce serait « jouer à Dieu », formule particulièrement prisée par les technoscientophobes, et qui est synonyme de catastrophes apocalyptiques annoncées, des OGM au clonage. Que veut dire « être créateur » secondairement ? Cela signifie ne pouvoir créer que des images, ne pouvoir créer qu'au plan symbolique, au plan de l'art, au plan esthétique, au plan des repré-

1. Pour plus de développements concernant Hans Jonas, voir les ouvrages que nous avons édités : *Aux fondements d'une éthique contemporaine : H. Jonas et H.T. Engelhardt* et (avec M-G. Pinsart) *H. Jonas : Nature et Responsabilité,* tous deux chez Vrin en 1993.

sentations. L'homme est une créature créatrice qui doit respecter la Création du Créateur, dont il fait partie. Jonas définit l'homme comme « *homo pictor* » : faiseur d'images. Nous ne sommes que des images productrices d'images. Notez que cette liberté symbolique est déjà très grande et qu'elle est loin d'avoir été reconnue par le passé. Nous en parlions, il y a quelques instants. C'est elle que menace toute politisation de l'art. Elle est une conquête de la Modernité démocratique et de la philosophie des Droits de l'Homme. La méfiance est compréhensible. Irrespectueux de l'ordre symbolique régnant, l'artiste libre menace celui-ci et donc ceux dont le pouvoir repose sur cet ordre. En outre, dans la mesure où l'homme est l'« animal symbolique », le « vivant parlant » ou le « faiseur d'images », le pire n'est-il pas à craindre du mauvais usage de sa liberté et de sa créativité symboliques ? Le plus grand danger n'est-il pas spirituel, c'est-à-dire dans la perversion symbolique de l'essence symbolique ? Un danger bien pire que tous les eugénismes, transgenèses, clonages et autres manipulations physiques, qui ne seraient que de misérables conséquences de cette perversion essentielle ? A suivre cette logique, il est davantage condamnable de dénoncer les faiblesses des objections dirigées contre l'eugénisme ou le clonage, par exemple, et de développer des arguments en leur faveur, que de mener effectivement mais candidement des recherches sur les cellules-souches embryonnaires ou le transfert nucléaire. Quoi de plus logique, sous cet angle, que les mises à l'Index, les autodafés et les fatwâs ? Discussion sans contrainte, liberté de pensée, de croyance, d'imagination et surtout, d'expression, quelle que soit la forme de l'expression, sont les ennemis de l'ordre symbolique. Le caractère ludique de l'art peut constituer un aspect aggravant, car on ne joue pas avec l'« image de l'homme ».

J.-N. M. — *De telle sorte qu'un éventuel passage ou retour à la littérature, à la fiction, ne vous rendrait pas à la liberté ni à l'innocence de l'irresponsabilité ?*

G. H. — Je suppose que non. Mais tout est question de degré et de contexte. Cela dépend aussi de l'évolution de notre société. Sur le court terme, je ne suis pas trop pessimiste. Je ne crois pas que la liberté artistique soit sérieusement menacée. Est en danger, la liberté de la recherche technoscientifique et, de manière moins visible, la liberté de penser et de s'exprimer en relation avec celle-ci. Comme je l'ai déjà dit, si le clonage ou l'eugénisme ou la thérapie germinale ou l'expérimentation sur l'embryon, etc, sont interdits – comme c'est déjà le cas – par des lois aussi fondamentales que des Constitutions, s'ils sont assimilés – comme beaucoup le souhaitent – à des « crimes contre l'humanité » et assortis de sanctions pénales lourdes y compris l'emprisonnement (c'est le cas de la Loi française), alors défendre ces pratiques et ces recherches, même d'une manière prudente, informée et nuancée, n'est-ce pas inciter au crime et devenir complice ? Ou plus simplement prendre le risque de devenir la cible des technoscientophobes du moment, forts de l'ordre symbolique et moral officiels ? Peter Singer – à qui vous avez déjà fait allusion – ou Helga Kuhse, philosophes et bioéthiciens bien connus dans le monde anglo-saxons, empêchés ou interdits de parole dans des pays germanophones, en savent quelque chose [1].

J.-N. M. — *On n'échappe pas au politique ?*

G. H. — On peut heureusement se soustraire jusqu'à un certain point à *la* politique. Mais cette possibilité même est conditionnée par l'organisation politique de la société, qui ménage, par exemple, un espace privé plus ou moins étendu et protégé, et qui garantit les libertés individuelles. Jouissons de cet espace puisque nous avons la chance d'en disposer et de pouvoir nous y épanouir, mais sans perdre complètement de vue les politiques qui le conditionnent. Cela me paraît compatible avec la pratique de l'écriture non engagée ou faiblement engagée.

J.-N. M. — *Mais le problème n'est-il pas – votre problème – que votre écriture, disons plus généralement, votre activité symbolique est foncièrement critique du symbolique et qu'elle a comme seule visée de sens, unique objectif et finalité, la promotion de l'opératoire, l'intervention technoscientifique sur la nature et sur l'homme, décrite en opposition au symbolique ?*

G. H. — Présenté de cette manière, il y a effectivement une contradiction. Et je pense que *ST* exprime cette contradiction comme

1. Cf. notamment l'Appendice « Quelques scènes de la vie universitaire en Allemagne et en Autriche », publié par Peter Singer à la fin de *Questions d'éthique pratique,* Paris, Bayard, 1997.

une impasse tragique. Depuis longtemps maintenant, je ne vois plus le rapport entre symboles et technosciences en termes d'opposition. Déjà, lors de la publication du *Signe et la Technique,* en 1984, la quatrième et dernière partie du livre s'intitulait « Entre signe et technique ». Il est vrai qu'être « entre » peut signifier un écartèlement autant qu'une médiation. Disons que la médiation, l'articulation positive n'ont cessé de gagner du terrain.

J.-N. M. — *Cette transformation et cette résolution des oppositions ne sont-elles pas un processus symbolique qui s'est déroulé en vous ?*

G. H. — Il s'agit bien sûr d'un travail, d'une évolution symboliques. Je n'ai pas eu recours à la psychopharmacologie, ni à une reprogrammation neuronale ou génique. Peut-être l'aurais-je fait, si des techniques sûres avaient existé à cet effet. Des techniques restauratrices de la souplesse et de la liberté symboliques, propices à la fois à l'épanouissement de la raison et de la volonté, quelque « facteur de croissance » de l'autonomie créatrice... Il n'y a pas d'esprit sans cerveau – personne ne le sait mieux que vous [1] – et tous les blocages schizophréniques, fanatiques, intégristes, autistes, etc, correspondent probablement aussi à de très subtiles et complexes réalités physiques. Ceci n'est rien de plus qu'une remarque favorable à une recherche ouverte *et* prudentissime dans ces domaines. Le meilleur milieu de croissance de l'esprit demeure l'environnement des relations symboliques avec les autres. Mais ce milieu n'est pas éthéré, immatériel. En outre, il est loin d'être toujours très favorable, pour des raisons et des causes qui tiennent au symbolique et aussi au physique, y compris la génétique. Je ne vois pas plus de différence absolue – ontologique – entre le signe et la technique qu'il n'y en a entre la nature et l'artifice, le cerveau et l'esprit, l'homme et l'animal, etc.

J.-N. M. — *Vous n'auriez pas dit cela en 1981.*

G. H. — Je privilégiais en effet un contraste radical entre le symbolique et l'opératoire technicien. Mais il ne faut pas perdre de vue le contexte historique qui a été, pour moi, celui de la philosophie des deux décennies précédentes, dominée par cette enflure du langage et cette déconnexion du discours philoso-

1. Jean-Noël Missa est l'auteur de *L'esprit-cerveau,* Paris, Vrin, 1993.

phique par rapport au monde technoscientifique, que j'ai dénoncées dans mon livre de 1979. J'en appelais expressément à une « déflation » du langage dans la philosophie, en liaison avec un repositionnement à la baisse du langage au sein de la condition humaine. J'en appelais *pour la philosophie* à un langage de nouveau référentiel et sensé. Mais une telle réanimation ne pouvait réussir en rappelant simplement la puissance passée du discours, celle de la métaphysique, de l'onto-théologie. En cette même année 1979, Hans Jonas – dont j'ignorais alors l'existence – tentait précisément une telle résurrection avec son *Principe Responsabilité,* sous-titré : *Essai d'une éthique pour une civilisation technologique.* Le sujet était actuel ; le mode passéiste. Pour être référentiel et sensé, le discours doit être capable de « sortir de lui-même » : il doit parler *de quelque chose,* et pas simplement se poursuivre comme une chaîne productrice de signes et de textes en marge de textes, à l'infini. Mais les anciennes transcendances – l'esprit, l'idéal, l'essence, la vérité... – ne fonctionnaient plus. Elles constituaient l'objet même de la déconstruction. Une déconstruction tout à fait justifiée aussi longtemps qu'elle ne devenait pas une sorte de fin en elle-même. Si la déconstruction a versé dans ces excès d'un nihilisme délirant, c'est aussi parce qu'elle n'avait pas conscience du fait qu'elle procédait d'une réaction à l'univers technoscientifique impensable, non symbolisable dans les termes de l'onto-théologie. Une fois que l'on a compris cette conjoncture complexe qui est aussi celle de la civilisation multiculturelle ou polysymbolique et pas simplement polytechnique, de nouvelles possibilités de transcendances se profilent et demandent à être accompagnées symboliquement. Comme à l'époque, j'étais encore incapable de penser un tel accompagnement, je décrivis comme « noire » ou « opaque », cette transcendance nouvelle. Depuis une dizaine d'années, je préfère parler de « transcendance opératoire à accompagner symboliquement ». Ce sont les balbutiements d'un tel accompagnement que la bioéthique et son affairement interdisciplinaire et multiculturel expriment peut-être le mieux, quoique de manière cacophonique, et en tirant à hue et à dia. Laissez-moi souligner encore ceci : la situation de la philosophie en ce début du XXIe siècle n'est plus comparable à ce qu'elle a été durant les années 1960 et 1970, spécialement en

France. La plupart des déconstructeurs sont retournés à des discours signifiants et même quelquefois référentiels, et les thèmes jadis forclos de la philosophie – telle la technique – sont devenus de plus en plus centraux dans le débat intellectuel public. Le terme de « technoscience », que j'ai été probablement le premier à utiliser – et à utiliser d'une manière thématique – dès le milieu des années 1970, est désormais courant. Mais ces nouveaux discours demeurent cependant encore trop souvent enfermés dans une sorte d'idéalisme socio-politique qui continue de marginaliser la transcendance opératoire et dont la portée ultime ne paraît pas aller au-delà de la critique de la mondialisation marchande de la technoscience capitaliste.

J.-N. M. — *Etes-vous en train de passer de la bioéthique à la Science-Fiction ?*

G. H. — A suivre ma démarche depuis vingt ans, le mouvement fut inverse. Bioéthique et SF sont des genres très différents, même si l'impact de l'imaginaire joue un rôle déterminant dans les débats bioéthiques. Jonas lui-même le reconnaissait, lui qui attendait de la SF de quoi alimenter son heuristique de la peur. Et *ST* consacre plusieurs passages à l'évocation du rôle de l'imaginaire dans la dynamique technoscientifique.

J.-N. M. — *Avez-vous l'intention d'écrire encore de la Science-Fiction ?*

G. H. — Ce n'est pas tant la rédaction de romans de SF que l'analyse du phénomène qui est une tentation récurrente chez moi. J'y ai déjà consacré, comme vous le savez pour avoir participé au second, deux essais collectifs[1]. Il ne me déplairait pas d'entreprendre un travail plus ambitieux d'analyse et de conceptualisation de l'imaginaire dans la littérature de SF et en décryptant son évolution historique récente, une sorte de « Philosophie de la SF », si vous voulez. Sans négliger les aspects proprement esthétiques, littéraires. Quelques pourcents de la production littéraire de la SF comprennent des ouvrages de très grande qualité. Si la bioéthique ne m'avait pas occupé autant durant ces douze dernières années peut-être m'y serais-je attelé.

1. *Science-Fiction et Fiction Spéculative*, Éditions de l'Université de Bruxelles, 1985 ; *Philosophie et Science-Fiction*, Paris, Vrin, 2000.

J.-N. M. — *La bioéthique n'était qu'une parenthèse ?*

G. H. — Je n'ai pas le sentiment d'évoluer en ouvrant et en refermant une succession de parenthèses. J'essaye d'intégrer ; cette tâche comprend la sauvegarde et la ré-élaboration des étapes passées. *ST* n'en est-il pas le meilleur témoignage ? Je reste en ce sens un herméneuticien. Je serais assez séduit par une écriture proche de l'autobiographie, attentive à articuler la réflexion et l'existence. Notre dialogue reflète un peu cette sensibilité-là. Le monde-devenir tissé de contingences, où nous vivons, n'invite-t-il pas à exprimer la pensée philosophique sous forme narrative et/ou fictionnelle et non plus, comme jadis, d'une manière systématique et spéculative ? Ce sont les circonstances autant qu'une évolution intérieure qui m'ont conduit à la bioéthique et à la biopolitique. Je n'oublierai pas ce que j'y ai appris et la liberté accrue qu'un virage éventuel vers l'esthétique m'accorderait ne serait pas naïve.

J.-N. M. — *Seriez-vous tenté de suivre l'engouement narratologique caractéristique du postmodernisme ?*

G. H. — Tenté peut-être. Mais pas sans distance critique. L'écriture philosophique ordinaire est idéaliste-réaliste, c'est-à-dire conceptuelle. Comment passer à une écriture narrative, nominaliste et particulière, tout en restant philosophe ? Ne faudrait-il plus parler exclusivement que de réalités empirico-individuelles et abandonner complètement les philosophèmes et les mythèmes de jadis ? Mais des références concrètes et particulières à quel point ? Parler IBM, ETA, Monsanto, Parlement Européen, 11 septembre 2001, ou tel décideur ou collectif ou telle génération d'ordinateurs, ou telle lignée de cellules souches embryonnaires cultivée à Singapour dans tel laboratoire par telle équipe sous la direction de tel savant, ou telle marque de maïs transgénique mise au point dans tel contexte…, au lieu de parler de la rationalité instrumentale, de la praxis, du capital, de la nature humaine, de l'informatique, de la démocratie, de l'éthique, de la liberté individuelle, de la biomédecine, de la technique ou du symbolique… ? Jusqu'où faut-il personnaliser la narration nominaliste ? IBM est aussi un conglomérat général… Et si vous évoquez un individu qui a joué un rôle important – un héros de l'histoire nominaliste et contingente – vous entrerez dans quels détails biographiques ?

Qu'allez-vous sélectionner ? L'historien professionnel connaît bien ces problèmes. Mais le philosophe ou l'intellectuel issu des sciences humaines ne fait pas à proprement parler de l'histoire – activité dont l'objectivité est, par lui, principiellement mise en doute ; sa construction narratologique n'est pas non plus simplement de la fiction. Elle est plutôt comme un récit exemplaire qui use de cas particuliers en les transformant subtilement en paradigmes. A l'abri de ces apparences empiristes, les gestes philosophiques sont réintroduits mais d'une manière invisible : conceptualisation, essentialisation, hypostase... Comme des concepts honteux ? Concrets ? Plus évocateurs ? Peut-être, mais aussi dangereusement simplificateurs et abusivement focalisateurs sur des personnes, des entreprises, des institutions, des événements, qui, métonymiquement ou métaphoriquement, viennent en place du tout et de la complexité qu'ils signifient, d'une manière exemplaire, dans le discours. La postmodernité narratologique est remplie de boucs émissaires potentiels. Al Qaeda contre WTC, Jihad contre Mac Donald's...ou le Roquefort français contre Monsanto et sa Terminator Technology[1]... Il suffit d'oublier la métonymie ou la synecdoque et de prendre la construction narrative pour la réalité. Les injustices et les déconvenues sont garanties. Nous rencontrons là une nouvelle forme de confusion entre les mots et les choses (que le nominalisme dénonçait à propos de l'idéalisme) à une époque où les mots ou les symboles sont aussi des choses, des choses-signes incluant, bien entendu, des êtres humains : telle grande marque commerciale, par exemple, qu'incarnent ses agences et succursales partout dans le monde. Voyez, par exemple, comment s'exprime Donna Haraway, une représentante américaine bien connue du postmodernisme constructiviste qui associe « science studies », « cultural studies » et « gender studies » : « I will again let biotechnology, especially genetic engineering, metonymically stand for all techno-

1. « La "terminator technology" est une technique de transgenèse permettant de produire des semences génétiquement modifiées donnant des plantes qui poussent et produisent une récolte normale mais dont le grain ne germe pas. Le grain récolté est stérile. Ce procédé technologique de stérilisation des semences a été baptisé 'terminator technology' par ses opposants. » (J.-N. Missa, dans *Nouvelle Encyclopédie de Bioéthique, o.c.*).

science. » [1]. Ou en poussant le nominalisme métonymique et narratologique encore beaucoup plus avant : « Oncomouse (il s'agit de la souris transgénique de Harvard que nous avons déjà évoquée) is a figure in the story field of biotechnology and genetic engineering, my synecdoche for all technoscience ». La conscience du stratagème rhétorique ne change rien à l'affaire : la réalité elle-même est conçue comme rhétorique, intrinsèquement. Comment écrire, quel style adopter pour la réflexion et la critique philosophiques contemporaines n'est pas une question simple. L'usage de concepts généraux, hérités de la tradition philosophique, même soigneusement détachés du réalisme idéaliste, bénéficie d'une puissance de symbolisation, de rassemblement, de sens, et d'éclairement, de plus en plus faible et limitée. La distance que cet usage ménage encore ressemble de plus en plus à de l'anachronisme. Faut-il donc, aujourd'hui, pour se faire entendre dans les débats intellectuels, substituer aux concepts les noms de grandes marques commerciales ou des acronymes très médiatisés ? Il est vrai que le journalisme est aussi une pratique d'accompagnement de la civilisation technoscientifique et multiculturelle mondiale. Peut-être même constitue-t-il l'activité symbolique la plus symptomatique de l'univers processuel.

J.-N. M. — *La philosophie au sens traditionnel est désuète ?*

G. H. — La philosophie est une tradition ; elle exige donc ce travail de tissage herméneutique que j'ai évoqué à propos des traditions culturelles et religieuses. En dépit de mon modernisme ou de mon post-modernisme, je ne méprise ni n'oublie cette tradition. Je la critique là où elle tend à se refermer sur elle-même, sur son histoire, sur son langage, à n'être plus qu'une herméneutique auto-référée. La philosophie est prise, aujourd'hui, dans des guerres symboliques qui ne se réduisent pas aux polémiques qui opposaient, naguère encore, simplement diverses tendances ou écoles philosophiques. Pratique culturelle ou sociale parmi les autres et de moins en moins privilégiée, la philosophie a des alliés et des ennemis très divers. La problématique narratologique que nous venons d'évoquer, la question de la postmodernité, la bioéthique

1. *Modest Witness @ Second Millenium. Female Man Meets Oncomouse (Feminism and Technoscience)*, Routledge, 1997 ; p. 22 et 103.

évidemment, les « *science et/ou cultural studies* » renvoient à des groupes en lutte « politique » en un sens très large. C'est, en gros, aussi la lutte qui oppose les « sciences humaines » et les « sciences dures ». Les enjeux immédiats sont à la fois symboliques (prestige, reconnaissance) et matériels (subventions, budgets). Les enjeux plus lointains sont davantage philosophiques : il s'agit de l'homme, de sa nature, de l'avenir. Sous une forme simplifiée, l'alternative est : ou bien encourager et renforcer les interventions symboliques sur l'homme et souligner et accentuer la dépendance du techno-scientifique par rapport au symbolique ; ou bien développer et renforcer les opérations technophysiques et souligner l'indépendance de l'opérativité technoscientifique par rapport aux cultures symbolistes. C'est une lutte très subtile et aussi sournoise, dans la mesure où un enjeu principal est l'abolition de l'alternative même. Mais une suppression au profit de qui ? Quant au philosophe, est-il vraiment davantage d'un côté que de l'autre ? Ce qui est sûr, c'est que, qu'il le veuille ou non, il sera « politiquement » désigné comme ennemi ou ami par les intérêts en présence.

J.-N. M. — *Où vous situez-vous ?*

G. H. — La guerre dont je parle est une guerre symbolique, la seule espèce de guerre à laquelle les philosophes puissent prendre part. Mais, en définitive, tout est aussi physique, y compris le symbolique. Au-delà de la guerre, c'est la synergie de l'un et de l'autre qui m'importe : l'accompagnement symbolique de l'opératoire, y compris là où l'opératoire objective le symbolique. La conscience, réflexive et critique, ouverte et évolutive, c'est cela. Mais rien n'est simple ni neutre. Ainsi ai-je appris, voici un peu plus d'un an, que ce que j'appelle « accompagnement » se trouvait institutionnalisé par la politique de RDTS de l'Union Européenne et qu'il était alloué un budget dit « Mesures d'accompagnement » au sein du Ve Programme-Cadre de R&D. Ces mesures visent des projets ayant pour finalité l'acculturation, l'éducation, l'information scientifico-culturelle du public, ainsi que le repérage et l'analyse des problèmes liés à la perception du public dans le domaine des technosciences du vivant. Ces problèmes de perception publique peuvent conduire à des rejets, des malentendus, des résistances irrationnelles, des représentations fausses, des espérances excessives, politiquement dommageables pour la RDTS et donc pour la civilisation que son dynamisme entretient. Ma conception de l'accompagnement est, du moins je le pense, beaucoup plus libre et critique. Il n'empêche que les rapprochement et les amalgames sont inévitables.

J.-N. M. — *Pourriez-vous préciser ?*

G. H. — Afin de comprendre la portée de ce que je dis, du moins telle que je la conçois moi-même, il faut situer mon discours. Les coordonnées fondamentales de cette situation sont : (1) mes interlocuteurs, mes lecteurs, mon auditoire est composé principalement d'allocutaires « symbolistes » : philosophes, science-humanistes, théologiens, intellectuels, ... ; (2) ma tradition philosophique est et reste, malgré les apports wittgensteiniens (mais Wittgenstein est un philosophe germanique) euro-continentale, franco-allemande, c'est-à-dire phénoménologico-dialectico-herméneutico-idéaliste jusque dans ses déliquescences logologiques ; (3) c'est fondamentalement, par rapport à cette origine et à cet environnement idéalistes et symbolistes encore dominants que je réagis d'une manière critique. La pratique de la bioéthique est une expression de l'accompagnement symbolique des technosciences qui peut être synergique. Cependant, tout n'est pas sérieusement audible dans les enceintes bioéthiques, biojuridiques et biopolitiques. Ce que j'avais à dire en tant que philosophe et qui y était audible, je l'y ai dit. Cela suit son chemin. Le pas est beaucoup plus lent que le mien.

J.-N. M. — *Et où vous conduit-il ?*

G. H. — Il est difficile de vivre dans l'univers que je décris, cet univers de processus, de créativité infinie, de futur ouvert et inanticipable, d'avenir à construire, à inventer, d'histoires accompagnatrices de perspectives qui s'étendent sur des millions, des milliards d'années... Nos aïeux vivaient au sein d'une réalité fondamentalement immuable, à laquelle ils s'imaginaient participer en dépit de l'éphémère de la vie. *Nihil novi sub sole.* Nous existons dans une construction inachevée dont nous n'avons pas les plans. Nous savons que sa forme future ne ressemblera à rien de ce que nous connaissons aujourd'hui. Peut-être ne gardera-t-elle en mémoire rien de ce que nous – l'espèce humaine – sommes et avons été. Aucune trace. Mon espérance et ma volonté sont qu'il n'en sera pas ainsi et que le très lointain futur aura la mémoire de la souffrance et du bonheur humains, de la souffrance et du bonheur des vivants. Cela dépend déjà de nous, des générations et des évolutions à venir. Mais la difficulté de vivre dans l'univers processuel est à la mesure de l'exaltation de l'aventure, de l'exploration, de la création permanente, de l'invention-découverte infinie de l'espace-temps. La vie individuelle y paraît dérisoirement courte, même si la longévité moyenne a crû sensiblement. Que pèsent ces quelques décennies lorsqu'il s'agit d'accompagner des processus dont on sait qu'ils se prolongeront durant des siècles suivant des formes, des voies et avec des conséquences totalement imprévisibles, des processus que les hommes du xxe siècle auront mis en route. Je pense, par exemple, à la conquête de l'espace, au génie génétique, à l'internet, à l'intelligence artificielle, aux nanotechnosciences, aux neurotechnosciences, à la prothétique cyborganique, à la technophysique quantique, ... et, bien sûr, aux recherches concernant la maîtrise de la sénescence. Il est frappant que les grandes entreprises, les grands projets de RDTS doivent être conçus selon une échelle temporelle qui ne tient plus à l'intérieur des limites d'une et même de plusieurs générations. Et il faut ajouter à l'imprévisibilité intrinsèque de la recherche technoscientifique, celle tout aussi radicale de l'évolution symbolique, sociale et politique. C'est cette réalité globale multi-processuelle, physique, technoscientifique, et symbolique que le philosophe doit accompagner.

J.-N. M. — *En somme, afin d'être adaptée à notre civilisation technoscientifique processuelle et futurologique, la durée de vie moyenne de l'individu devrait être beaucoup plus longue ?*

G. H. — Je pense que le rapport au temps dans l'économie de la condition humaine est en train de changer, de même que le rapport à la nature, au langage et à l'espèce humaine elle-même. Mais nous sommes encore très loin d'avoir assimilé, aussi émotionnellement, ces changements. La question du très lointain futur de l'espèce humaine n'est pas encore du tout comprise. Nous continuons de penser dans un cadre temporel millénariste, en projetant, consciemment ou non, une fin des temps ou de l'histoire pas tellement éloignée, avec ou sans éternité rédemptrice. Notre culture, nos institutions, notre politique et une partie dominante de notre imaginaire relèvent toujours de ces cadres symboliques traditionnels eschatologiques, caractéristiques des philosophies et des religions occidentales. Peut-être le passage du cap de l'an 2000 contribuera-t-il à les faire évoluer. L'apocalypse n'a pas eu lieu. Un océan temporel s'est révélé : un nouveau millénaire s'est ouvert devant nous. Lorsque j'écrivais *ST,* la vie me semblait encore infiniment longue et l'an 2000 représentait pour moi une sorte de borne au delà de laquelle je ne pensais pas, je ne me projetais pas consciemment. *ST,* qui se déroule semble-t-il en 2010 ou 2011, était donc situé dans mon très lointain futur.

J.-N. M. — *Et ce très lointain futur est devenu notre présent !*

G. H. — Et bientôt notre passé.

TABLE DES MATIÈRES

SPECIES TECHNICA

DIALOGUE AUTOUR DE *SPECIES TECHNICA* VINGT ANS PLUS TARD

ACHEVÉ D'IMPRIMER
EN JUIN 2002
PAR L'IMPRIMERIE
DE LA MANUTENTION
A MAYENNE
N° 200-02

Dépôt légal : 2e trimestre 2002